POMOLOGIE GÉNÉRALE

PAR A. MAS

SUITE DE LA PUBLICATION PÉRIODIQUE

LE VERGER

CINQUIÈME VOLUME

POIRES — N⁰ˢ 289 à 384

BOURG (AIN)
CHEZ Mᵐᵉ ALPHONSE MAS
Rue Lalande, 20.

PARIS
LIBRAIRIE DE G. MASSON
Boulevard St-Germain, 120.

1880

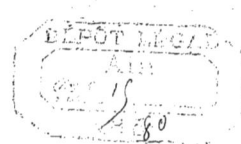

POMOLOGIE GÉNÉRALE

POIRES

TOME CINQUIÈME

POMOLOGIE GÉNÉRALE

PAR A. MAS

SUITE DE LA PUBLICATION PÉRIODIQUE

LE VERGER

CINQUIÈME VOLUME

POIRES — N°s 289 à 384

BOURG (AIN)	PARIS
CHEZ Mme ALPHONSE MAS	LIBRAIRIE DE G. MASSON
Rue Lalande, 20.	Boulevard St-Germain, 120.

1880

Bourg, Imprimerie Villefranche.

POMOLOGIE GÉNÉRALE

BREWER

(BRASSEUR)

(N° 289)

The Fruits and the fruit-trees of America. DOWNING.

OBSERVATIONS. — M. Downing n'indique pas l'origine de cette variété, probablement indigène de l'Amérique. Son nom semblerait signifier qu'elle a été obtenue dans le jardin de quelque brasserie. — L'arbre, d'une végétation normale sur cognassier, se soumet facilement à toutes formes et surtout à celle de pyramide. Sa fertilité est précoce et grande.

DESCRIPTION.

Rameaux de moyenne force, très-finement anguleux dans leur contour, à peine flexueux, à entre-nœuds de moyenne longueur, d'un rouge sanguin intense ; lenticelles blanches, très-petites, assez nombreuses, régulièrement espacées et peu apparentes.

Boutons à bois assez petits, coniques, finement aigus, à direction écartée du rameau, soutenus sur des supports très-peu saillants dont les côtés et l'arête médiane se prolongent très-finement ; écailles un peu entr'ouvertes, d'un marron rougeâtre brillant et largement bordé de gris argenté.

Pousses d'été d'un vert très-pâle et à peine duveteuses à leur sommet.

Feuilles des pousses d'été moyennes, un peu obovales, se terminant presque régulièrement en une pointe courte, fine, aiguë, bien fermes et recourbées en dessous, bien repliées sur leur nervure médiane et bien arquées, bordées de dents peu profondes, bien écartées entre elles et aiguës, se recourbant sur des pétioles de moyenne longueur, de moyenne force, redressés et souvent colorés de rouge.

Stipules bien longues, linéaires-étroites.

Feuilles stipulaires fréquentes.

Boutons à fruit moyens, conico-ovoïdes, allongés, un peu maigres et bien finement aigus; écailles d'un marron rougeâtre peu foncé et largement maculé de gris.

Fleurs grandes; pétales ovales-élargis, peu concaves, un peu atténués à leur sommet, à onglet un peu long, peu écartés entre eux; divisions du calice très-courtes et annulaires; pédicelles longs, peu forts et cotonneux.

Feuilles des productions fruitières grandes, elliptiques, plus ou moins élargies, se terminant brusquement en une pointe large et courte, à peine concaves ou presque planes, bordées de dents bien écartées entre elles, peu profondes, couchées, tantôt émoussées, tantôt un peu aiguës, vraiment pendantes sur des pétioles de moyenne longueur, de moyenne force et extraordinairement souples.

Caractère saillant de l'arbre : teinte générale du feuillage d'un beau vert vif et luisant; toutes les feuilles bien épaisses et celles des pousses d'été d'une consistance vraiment coriace; feuilles des productions fruitières bien pendantes sur leurs pétioles.

Fruit moyen ou presque moyen, conique-piriforme ou ovoïde-piriforme, peu ventru et allongé, atteignant sa plus grande épaisseur bien près de sa base; au-dessus de ce point, s'atténuant lentement par une courbe à peine convexe ou à peine concave en une pointe longue, d'une épaisseur bien maintenue, tronquée ou bien obtuse à son sommet; au-dessous du même point, s'arrondissant par une courbe bien convexe jusque dans la cavité de l'œil.

Peau fine, tendre, d'abord d'un vert très-clair semé de points très-nombreux, serrés, extraordinairement petits et ordinairement à peine visibles. On ne remarque ordinairement aucune trace de rouille dans la cavité de l'œil. A la maturité, **fin de septembre et commencement d'octobre**, le vert fondamental passe au jaune citron brillant et le côté du soleil se distingue seulement par un ton un peu plus chaud.

Œil grand, ouvert, placé dans une cavité peu profonde, largement plissée dans ses parois et par ses bords.

Queue bien longue, grêle, bien ligneuse, courbée, attachée dans un pli prononcé et souvent irrégulier formé par la pointe du fruit.

Chair blanche, transparente, fondante, abondante en eau douce, sucrée, délicatement et agréablement parfumée, constituant un fruit de bonne qualité, à cueillir un peu avant maturité afin de lui assurer toute sa finesse.

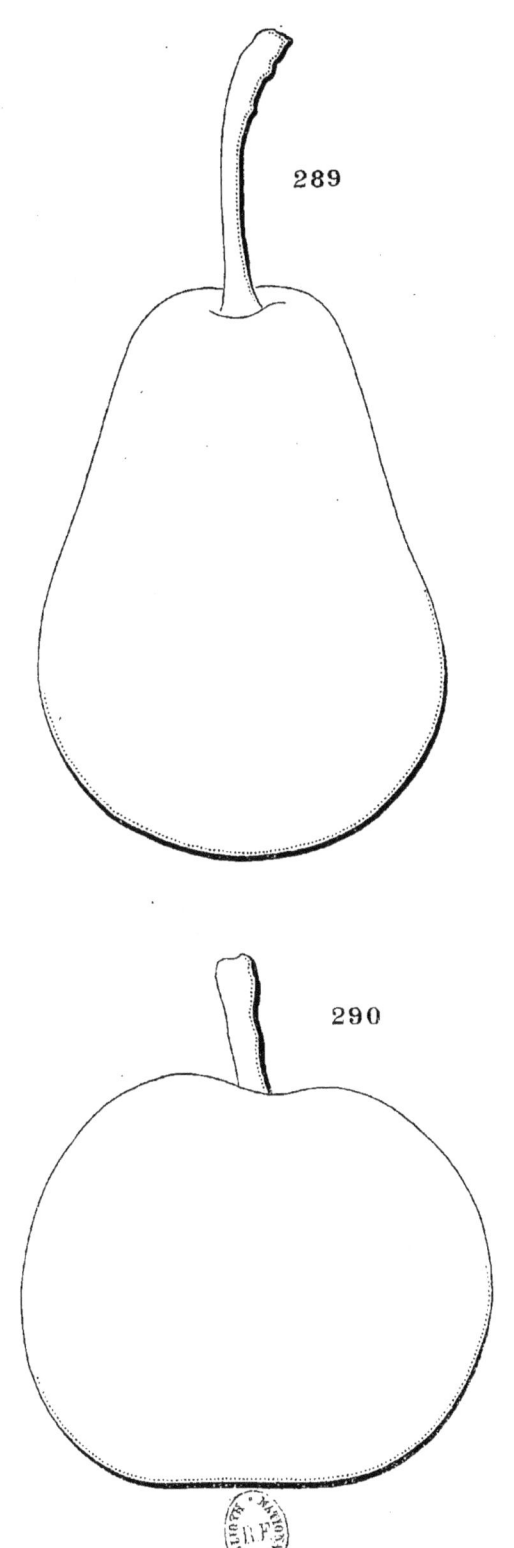

289. BREWER. 290. SEMIS DE GABOURELL.

SEMIS DE GABOURELL

(GABOURELL'S SEEDLING)

(N° 290)

Dictionnaire de pomologie. ANDRÉ LEROY.

OBSERVATIONS. — J'ai reçu, il y a plusieurs années, cette variété de M. Leroy. Il annonce qu'elle est de provenance américaine et porte le nom de la personne qui l'a obtenue. Je n'ai pu en trouver aucune trace dans les auteurs américains. — L'arbre, de végétation bien contenue sur cognassier, est surtout propre à former des fuseaux sur ce sujet, son bois étant ferme et ses productions fruitières de longue durée. Quoique peu vigoureux, il est rustique et d'une très-grande fertilité, mais son fruit, parfois un peu entaché d'âpreté et dont la chair laisse trop de marc dans la bouche, ne peut être considéré que comme de seconde qualité.

DESCRIPTION.

Rameaux de moyenne force et un peu courts, unis dans leur contour, à peine coudés à leurs entre-nœuds courts, d'un jaune verdâtre peu foncé et terne; lenticelles blanchâtres, petites, assez nombreuses et peu apparentes.

Boutons à bois gros, coniques, un peu courts, bien épaissis à leur base et cependant aigus, à direction bien écartée du rameau, soutenus sur des supports peu saillants dont les côtés et l'arête médiane ne se prolongent pas ; écailles d'un marron clair et très-largement bordées de gris blanchâtre.

Pousses d'été d'un vert décidément jaune et très-longtemps couvertes sur toute leur longueur d'un duvet cotonneux.

Feuilles des pousses d'été à peine moyennes, ovales-cordiformes, se terminant brusquement en une pointe un peu longue et recourbée en dessous, bien creusées en gouttière et un peu arquées, bordées de dents larges, peu profondes et émoussées, assez bien soutenues sur des pétioles de moyenne longueur, de moyenne force et presque horizontaux.

Stipules de moyenne longueur, filiformes.

Feuilles stipulaires rares.

Boutons à fruit assez gros, conico-ovoïdes, aigus ; écailles d'un marron noirâtre.

Fleurs petites ; pétales ovales-arrondis à leur sommet, concaves, bien écartés, entre eux, entièrement blancs avant l'épanouissement ; divisions du calice blanchâtres et cotonneuses, ainsi que les pédicelles qui sont courts et forts.

Feuilles des productions fruitières à peine moyennes, presque exactement cordiformes, se terminant brusquement en une pointe un peu longue, bien aiguë et recourbées en dessous, creusées en gouttière, souvent largement ondulées dans leur contour, entières ou presque entières par leurs bords, soutenues horizontalement sur des pétioles courts, grêles, un peu fermes et divergents.

Caractère saillant de l'arbre : teinte générale du feuillage d'un vert d'eau peu foncé ; toutes les feuilles garnies sur leur nervure médiane et sur leurs bords d'un duvet blanchâtre.

Fruit moyen, sphérique, plus ou moins déprimé à ses deux pôles, imitant bien par sa forme celle d'une pomme, ordinairement uni dans son contour, atteignant sa plus grande épaisseur à peu près au milieu de sa hauteur ; au-dessus et au-dessous de ce point, s'arrondissant par des courbes presque de même longueur et presque également convexes, soit du côté de la queue, soit du côté de l'œil vers lequel il s'atténue cependant un peu plus.

Peau un peu épaisse et ferme, d'abord d'un vert herbacé assez dense semé de points d'un gris brun, très-petits, très-nombreux et peu apparents. On remarque quelques traces d'une rouille brune et luisante dans la cavité de l'œil. A la maturité, **novembre**, le vert fondamental passe au jaune paille et conserve un ton un peu verdâtre sur certaines parties, et le côté du soleil est flammé d'un rouge sanguin sombre sur lequel apparaissent des points gris blanchâtre.

Œil moyen, fermé, à divisions verdâtres, larges et courtes, placé dans une cavité en forme d'entonnoir profond, un peu évasé, uni ou finement plissé dans ses parois.

Queue de moyenne longueur ou assez courte, forte, d'un brun verdâtre, ligneuse, attachée le plus souvent perpendiculairement dans une cavité profonde et largement évasée.

Chair d'un blanc légèrement teinté de jaune, bien fine, bien fondante, suffisante en eau sucrée, vineuse et assez agréablement relevée.

DUNMORE

(N° 291)

The Fruits and the fruit-trees of America. Downing.
The American fruit Culturist. Thomas.
The fruit Manual. Robert Hogg.
Dictionnaire de pomologie. André Leroy.
Illustrirtes Handbuch der Obstkunde. Oberdieck.

Observations. — Ce fut M. Knight, ancien président de la Société d'horticulture de Londres, qui obtint cette variété, depuis signalée et pour la première fois, en 1842, par M. Thompson dans le catalogue de cette Société. — L'arbre, d'une bonne vigueur, aussi bien sur cognassier que sur franc, forme de belles pyramides, bien feuillues et d'une fertilité moyenne. Son fruit pourrait être classé dans un meilleur rang, s'il n'était parfois un peu entaché d'astringence.

DESCRIPTION.

Rameaux peu forts, presque unis dans leur contour, bien allongés et fluets à leur sommet, presque droits, à entre-nœuds longs, d'un brun verdâtre, un peu teintés de rougeâtre vers leur partie supérieure; lenticelles blanchâtres, très-petites, peu nombreuses et peu apparentes.

Boutons à bois moyens, coniques, un peu épais et émoussés, à direction un peu écartée du rameau, soutenus sur des supports saillants dont l'arête médiane se prolonge très-peu distinctement; écailles d'un marron rougeâtre foncé et brillant, bordées de gris argenté.

Pousses d'été d'un vert olive terne, colorées de rouge sanguin et couvertes d'un duvet très-court et sur une assez longue étendue à leur partie supérieure.

Feuilles des pousses d'été petites, exactement ovales, se terminant presque régulièrement en une pointe courte et bien fine, creusées en gouttière et un peu arquées, bordées de dents très-fines, extraordinairement peu profondes et souvent un peu émoussées, assez bien soutenues sur des pétioles de moyenne longueur, extraordinairement grêles et redressés.

Stipules de moyenne longueur, linéaires très-étroites et finement dentées.

Feuilles stipulaires manquant ordinairement.

Boutons à fruit moyens, conico-ovoïdes, allongés et finement aigus ; écailles d'un marron rougeâtre brillant.

Fleurs moyennes ou petites ; pétales ovales-allongés, à long onglet, écartés entre eux, un peu concaves, entièrement blancs avant l'épanouissement ; divisions du calice courtes, bien étroites et recourbées en dessous ; pédicelles courts, assez forts et presque glabres.

Feuilles des productions fruitières assez grandes, ovales-cordiformes, se terminant un peu brusquement en une pointe extraordinairement courte et fine, peu repliées sur leur nervure médiane et à peine arquées, bordées de dents fines, très-peu profondes et émoussées, assez bien soutenues sur des pétioles de moyenne longueur, grêles et cependant raides.

Caractère saillant de l'arbre : teinte générale du feuillage d'un vert sombre et terne ; serrature de toutes les feuilles extraordinairement peu profonde ; différence d'ampleur très-remarquable entre les feuilles des pousses d'été et celles des productions fruitières.

Fruit moyen ou presque gros, ovoïde-piriforme, ordinairement uni dans son contour, atteignant sa plus grande épaisseur au-dessous du milieu de sa hauteur ; au-dessus de ce point, s'atténuant assez promptement par une courbe peu convexe ou d'abord convexe puis à peine concave en une pointe peu longue, aiguë ou un peu obtuse à son sommet ; au-dessous du même point, s'arrondissant par une courbe largement convexe jusque vers les bords de la cavité de l'œil.

Peau épaisse, d'abord d'un vert vif semé de points d'un vert plus foncé, larges, espacés et apparents. Une rouille brune et dense couvre ordinairement la base du fruit et parfois son sommet. A la maturité, **fin d'août et commencement de septembre**, le vert fondamental passe au jaune citron, le côté du soleil se dore, et sur les fruits les mieux exposés, se flamme d'un rouge brun quelquefois assez vif.

Œil grand, ouvert, à divisions réfléchies en dehors, placé dans une cavité étroite, peu profonde, souvent à peine divisée par ses bords en des rudiments de côtes qui ne se prolongent pas sur le ventre du fruit.

Queue longue, de moyenne force, épaissie à son point d'attache au rameau, bien courbée, attachée à fleur de la pointe du fruit, formant souvent un pli circulaire et irrégulier.

Chair blanche et un peu teintée de jaune sous la peau, fine, fondante, pierreuse vers le cœur, abondante en eau sucrée, relevée, agréable, lorsque son acide n'est pas trop développé.

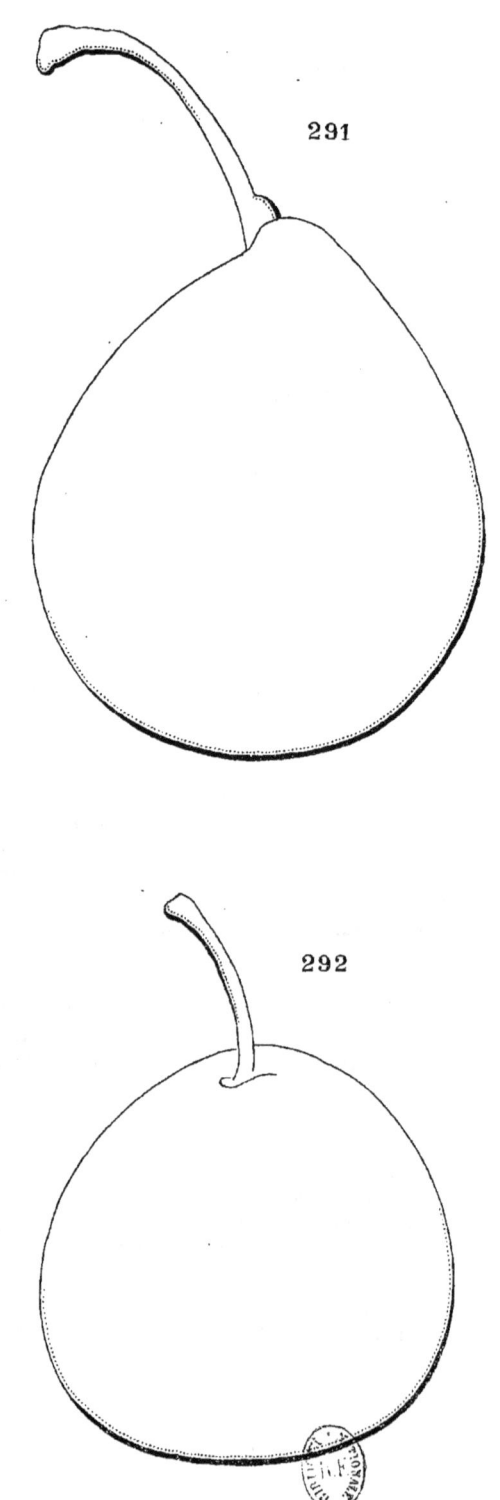

291. DUNMORE. 292. BERGAMOTTE HERTRICH.

BERGAMOTTE HERTRICH

(N° 292)

Catalogue Auguste-Napoléon Baumann, de Bollwiller.
Catalogue Simon-Louis, de Metz.

Observations. — Cette variété a été obtenue, il y a environ une douzaine d'années, par M. Baumann et d'un pepin de la Bergamotte Fortunée. Je ne l'ai encore trouvée décrite dans aucun ouvrage de pomologie et cependant elle mérite d'attirer l'attention des amateurs. Si sa végétation est un peu faible sur cognassier, sa fertilité et sa rusticité ne laissent rien à désirer. Son fruit n'est pas gros, mais il est de longue et facile conservation ; par sa qualité il égale et même surpasse le type dont il sort, car il n'est pas sujet à contracter l'âpreté dont la Bergamotte Fortunée est entachée dans certains sols. Je pense que l'arbre placé à l'espalier à une exposition moyenne produirait des récoltes réellement d'une bonne valeur.

DESCRIPTION.

Rameaux peu forts, presque unis dans leur contour, presque droits, à entre-nœuds courts, d'un rouge assez décidé; lenticelles petites, très-irrégulièrement espacées, rares et peu apparentes.

Boutons à bois petits, coniques, aigus, à direction un peu écartée du rameau, soutenus sur des supports très-peu saillants dont les côtés et l'arête médiane ne se prolongent que très-obscurément; écailles d'un marron rougeâtre brillant et largement maculées de gris argenté.

Pousses d'été d'un brun verdâtre à leur partie inférieure, colorées de rouge et peu duveteuses à leur sommet.

Feuilles des pousses d'été petites, ovales-elliptiques, se terminant un peu promptement en une pointe courte, peu repliées sur leur nervure médiane et arquées, bordées de dents larges, peu profondes et obtuses, assez mal soutenues sur des pétioles courts, grêles et presque horizontaux.

Stipules de moyenne longueur, filiformes.

Feuilles stipulaires assez fréquentes.

Boutons à fruit assez petits, conico-ovoïdes, allongés et aigus; écailles d'un beau marron rougeâtre foncé.

Fleurs moyennes; pétales elliptiques, quelquefois un peu aigus à leur sommet, un peu concaves, bordés de rose vif avant l'épanouissement; divisions du calice courtes, finement aiguës et étalées ; pédicelles assez courts, grêles, un peu rouges et glabres.

Feuilles des productions fruitières plus grandes, plus allongées que celles des pousses d'été, ovales-elliptiques, se terminant plus brusquement en une pointe courte, presque entières par leurs bords ou imperceptiblement dentées, un peu concaves, assez mal soutenues sur des pétioles un peu courts, peu forts et divergents.

Caractère saillant de l'arbre : toutes les feuilles très-épaisses et fermes ; branches bien perpendiculaires.

Fruit petit ou presque moyen, presque sphérique, un peu plus atténué du côté de la queue que du côté de l'œil, ordinairement uni dans son contour, atteignant sa plus grande épaisseur à peu près au milieu de sa hauteur; au-dessus et au-dessous de ce point, s'arrondissant par des courbes presque de même longueur et presque également convexes, soit du côté de la queue, soit du côté de l'œil autour duquel il s'aplatit un peu.

Peau un peu ferme, d'abord d'un vert mat semé de quelques points bruns, très-petits et à peine visibles sur les parties entièrement à l'ombre. On remarque des traces d'une rouille brune et fine dans la cavité de l'œil et une tache semblable dans celle de la queue. A la maturité, **courant et fin d'hiver,** le vert fondamental passe au jaune citron intense et le côté du soleil est flammé ou pointillé de rouge feu.

Œil grand, le plus souvent ouvert et parfois demi-ouvert, à divisions grisâtres, longues, étalées ou dressées dans une cavité large, peu profonde et un peu irrégulière.

Queue de moyenne longueur ou un peu longue, peu forte, à peine courbée, attachée le plus souvent perpendiculairement dans une petite cavité à peine irrégulière ou seulement dans une sorte de pli.

Chair un peu jaunâtre, fine, serrée, beurrée ou demi-beurrée, suffisante en eau douce, sucrée et délicatement parfumée.

BERGAMOTTE BUGI

(N° 293)

BUGI. *Jardin fruitier du Muséum.* Decaisne.
BERGAMOTTE DU BUGEY. *Dictionnaire de pomologie.* André Leroy.
BERGAMOTTE VON BUGI. *Pomona franconica.* Mayer.
Versuch einer Systematischen Beschreibung der Kernobstsorten. Diel.
Illustrirtes Handbuch der Obstkunde. Jahn.

Observations. — L'origine de cette variété est ancienne et douteuse. M. André Leroy, par la synonymie qu'il a adoptée, se range à l'opinion de pomologistes qui la supposent née dans le Bugey, formant la contrée montagneuse de notre département. J'en ai souvent parcouru les vergers et ne l'ayant jamais rencontrée, je crois qu'elle y est même entièrement inconnue. Aussi suis-je disposé à la croire d'origine italienne, d'après son nom de Bugi employé par Dom Claude Saint-Etienne et par La Quintinye, un de ses meilleurs descripteurs, et la synonymie de Pera Spina que lui attribue Merlet peut aussi confirmer cette opinion. — L'arbre, d'une bonne vigueur sur cognassier, se plie facilement à la forme pyramidale. Greffé sur franc, il est assez rustique pour convenir au verger.

DESCRIPTION.

Rameaux forts et ordinairement épaissis à leur sommet, unis dans leur contour, presque droits et de couleur verdâtre; lenticelles blanches, un peu larges, régulièrement espacées et apparentes.

Boutons à bois moyens, coniques-allongés et aigus, à direction peu écartée du rameau ou parallèle, soutenus sur des supports peu saillants dont les côtés et l'arête médiane ne se prolongent pas; écailles d'un beau marron brillant.

Pousses d'été d'un vert vif, colorées de rouge et bien duveteuses sur une longue étendue à leur partie supérieure.

Feuilles des pousses d'été moyennes, ovales ou ovales-elliptiques, se terminant un peu brusquement en une pointe peu longue, un peu concaves, bordées de dents très-peu profondes et peu appréciables ou souvent presque entières, soutenues horizontalement sur des pétioles courts, de moyenne force et redressés.

Stipules assez longues, linéaires-étroites.

Feuilles stipulaires fréquentes.

Boutons à fruit moyens, conico-ovoïdes, courts et émoussés ; écailles d'un marron foncé.

Fleurs moyennes ; pétales ovales-elliptiques, concaves, à onglet long, bien écartés entre eux ; divisions du calice courtes et peu recourbées en dessous ; pédicelles de moyenne longueur, grêles et un peu laineux.

Feuilles des productions fruitières grandes, elliptiques, se terminant brusquement en une pointe extraordinairement courte et très-fine, concaves, peu arquées, régulièrement bordées de dents peu profondes et émoussées, mollement soutenues sur des pétioles longs, forts et cependant bien souples.

Caractère saillant de l'arbre : teinte générale du feuillage d'un vert herbacé clair ; toutes les feuilles tendant à la forme elliptique ; pétioles des feuilles des productions fruitières remarquablement forts et cependant souples.

Fruit moyen, piriforme, court et ventru ou turbiné piriforme, ordinairement uni dans son contour, atteignant sa plus grande épaisseur plus ou moins au-dessous du milieu de sa hauteur ; au-dessus de ce point, s'atténuant assez promptement par une courbe d'abord largement convexe, puis largement concave en une pointe peu longue, un peu épaisse et bien obtuse ; au-dessous du même point, s'arrondissant par une courbe largement convexe jusque vers la cavité de l'œil.

Peau un peu ferme, d'abord d'un vert clair et gai semé de points d'un gris vert, nombreux, régulièrement espacés et apparents. Une tache d'une rouille brune couvre le sommet du fruit, prend un ton fauve dans la cavité de l'œil et rarement se disperse sur sa surface. A la maturité, **fin d'hiver et printemps**, le vert fondamental passe au jaune citron clair et le côté du soleil est indiqué seulement par un ton un peu plus chaud.

Œil grand, ouvert, à divisions fermes et dressées, placé dans une dépression peu profonde et ordinairement régulière.

Queue un peu longue, un peu forte, ligneuse et cependant un peu élastique, un peu arquée ou contournée, attachée tantôt obliquement, tantôt perpendiculairement dans une faible dépression ou entre des plis charnus formés par la pointe du fruit.

Chair blanche, assez fine, demi-cassante, suffisante en eau sucrée, acidulée, relevée d'une saveur fraîche qui rend le fruit agréable à son entière maturité, et du reste il est de bonne qualité pour les usages de la cuisine pendant tout l'hiver et le printemps.

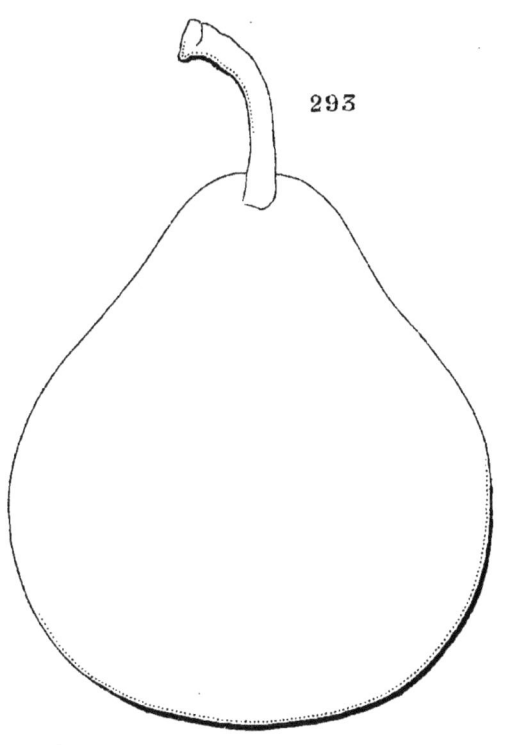
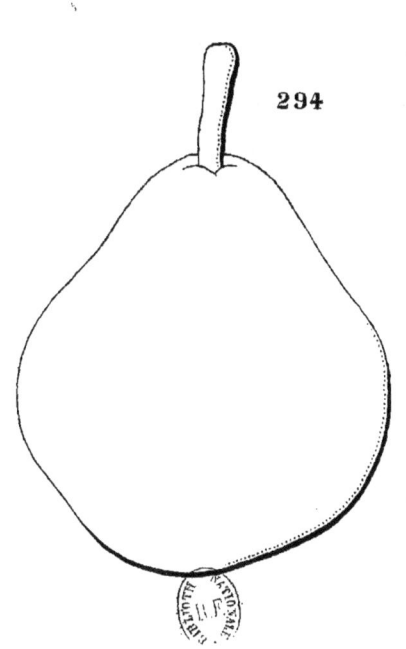

293. BERGAMOTTE BUGI. 294. POIRE SANS-PEAU D'AUTOMNE.

POIRE SANS-PEAU D'AUTOMNE

(N° 294)

Pomologie. Jean-Hermann Knoop.
HERBSTBIRNE OHNE SCHALE (Sans peau d'automne). *Versuch einer Systematischen Beschreibung der Kernobstsorten*. Diel.
Systematisches Handbuch der Obstkunde. Dittrich.
Illustrirtes Handbuch der Obstkunde. Jahn.
LANSAC. DAUPHINE. *Traité des Arbres fruitiers*. Duhamel.

Observations. — J'ai reçu d'Allemagne cette ancienne variété. Si je la rapporte à la *Lansac* de Duhamel c'est que la description de cet auteur lui convient mieux qu'à la poire *Lansac* décrite dans *Le Verger* et que j'ai nommée *Lansac de la Quintinye* comme l'ont désignée quelques pomologistes allemands. Quoique réellement différente de cette dernière, elle a cependant une ressemblance déjà constatée par Knoop, lorsqu'il disait dans sa *Pomologie* : « Cette poire est peu connue dans ce pays-ci; elle est originaire de Savoie ou proprement des Vallées. Son Altesse la princesse douairière d'Orange l'a reçue, sous cette dénomination, de Tournay il y a quelques années parmi d'autres excellentes sortes de poires. Au reste, elle a beaucoup de rapport avec la Lansac ; ainsi qu'il me paraît que c'est une même sorte. » Si Knoop eut mieux observé ces deux variétés dans leurs produits et leur végétation il n'eut pas émis ce doute. — L'arbre est d'une grande vigueur aussi bien sur cognassier que sur franc, et se charge bientôt des récoltes les plus abondantes.

DESCRIPTION.

Rameaux forts, allongés et fluets à leur partie supérieure, anguleux dans leur contour, flexueux, à entre-nœuds assez courts et peu inégaux entre eux, d'un brun verdâtre à l'ombre, colorés de rouge clair du côté du soleil et recouverts d'une pellicule métallique à leur sommet; lenticelles blanchâtres, petites, très-largement espacées et peu apparentes.

Boutons à bois moyens, coniques, un peu renflés sur le dos, peu aigus, à direction peu écartée du rameau ou presque parallèle, soutenus sur des supports très-peu saillants dont l'arête médiane se prolonge distinctement; écailles d'un marron rougeâtre peu foncé et un peu duveteuses.

Pousses d'été d'un vert clair et peu duveteuses à leur sommet.

Feuilles des pousses d'été petites, cordiformes, se terminant brusquement en une pointe peu longue, presque planes et un peu recourbées en dessous par leur pointe, bordées de dents très-peu profondes, souvent à peine appréciables, soutenues horizontalement sur des pétioles de moyenne longueur, grêles et presque horizontaux.

Stipules courtes, linéaires très-étroites.

Feuilles stipulaires manquant presque toujours.

Boutons à fruit gros, conico-ovoïdes, aigus ; écailles extérieures d'un marron rougeâtre peu foncé ; écailles intérieures couvertes d'un duvet fauve.

Fleurs bien grandes; pétales arrondis-élargis, concaves, finement ondulés dans leur contour, à onglet un peu long, se touchant entre eux ; divisions du calice courtes, bien recourbées en dessous; pédicelles longs, forts et laineux.

Feuilles des productions fruitières moyennes, ovales-cordiformes, s'atténuant peu pour se terminer assez brusquement en une pointe courte, un peu concaves et souvent largement ondulées dans leur contour, un peu arquées, entières ou bordées de dents inappréciables, bien soutenues sur des pétioles de moyenne longueur, de moyenne force et bien dressés.

Caractère saillant de l'arbre : teinte générale du feuillage d'un vert herbacé; la plupart des feuilles entières ou presque entières.

Fruit moyen ou presque moyen, sphérico-ovoïde, tantôt uni, tantôt un peu irrégulier dans son contour, atteignant sa plus grande épaisseur peu au-dessous du milieu de sa hauteur; au-dessus de ce point, s'atténuant peu par une courbe largement convexe ou largement concave en une pointe courte, très-épaisse, largement obtuse ou tronquée à son sommet; au-dessous du même point, s'arrondissant par une courbe bien convexe pour s'aplatir ensuite un peu autour de la cavité de l'œil.

Peau peu épaisse, d'abord d'un vert d'eau peu foncé semé de points gris, très-petits, très-peu apparents et manquant sur certaines parties. On remarque ordinairement de nombreuses traces de rouille se condensant dans la cavité de l'œil et s'étendant sur la base du fruit. A la maturité, **octobre,** le vert fondamental passe au jaune mat lavé et flammé de rouge du côté du soleil.

Œil grand, fermé, à divisions courtes, dressées, placé dans une cavité peu profonde, aplatie dans son fond, plissée dans ses parois et irrégulière par ses bords.

Queue un peu longue, assez forte, ligneuse, bien ferme, attachée un peu obliquement entre des plis charnus formés par la pointe du fruit.

Chair jaunâtre, peu fine, demi-fondante ou fondante, pierreuse vers le cœur, suffisante en eau richement sucrée et relevée, constituant un fruit de bonne qualité.

DUCHESSE DE MARS

(N° 295)

Album de pomologie. BIVORT.
Bulletin de la Société VAN MONS.
Pomologie de la Seine-Inférieure. PRÉVOST.
The Fruits and the fruit-trees of America. DOWNING.
The fruit Manual. ROBERT HOGG.
Dictionnaire de pomologie. ANDRÉ LEROY.

OBSERVATIONS. — L'origine de cette variété n'a pu jusqu'à présent être constatée par aucun pomologiste. Elle semblerait appartenir à la France d'après l'opinion du plus grand nombre. Si nous pouvons lui accorder le mérite de bonne qualité de son fruit, nous devons dire que l'époque de sa maturité n'a pas jusqu'à présent justifié chez nous le nom qu'elle porte. — Son arbre est délicat, d'une végétation insuffisante sur cognassier, meilleure sur franc, mais exigeant toujours un sol riche et bien assaini pour arriver à un développement normal et produire des récoltes de bonne conservation.

DESCRIPTION.

Rameaux de moyenne force, presque unis dans leur contour, presque droits, à entre-nœuds très-inégaux entre eux, d'un brun jaunâtre peu foncé ; lenticelles jaunâtres, assez peu nombreuses et peu apparentes.

Boutons à bois petits, très-courts, très-épais, émoussés, à direction écartée du rameau, soutenus sur des supports très-peu saillants et dont l'arête médiane se prolonge seule et faiblement ; écailles d'un marron noirâtre et brillant finement bordé de blanc argenté.

Pousses d'été grêles, d'un vert jaune et colorées de rouge vif à leur sommet peu duveteux.

Feuilles des pousses d'été petites, obovales et sensiblement atténuées à leur base, se terminant brusquement en une pointe courte et aiguë, planes ou presque planes, bordées de dents fines, peu profondes et émoussées, dressées sur des pétioles très-courts, très-grêles et très-raides.

Stipules de moyenne longueur, presque filiformes.

Feuilles stipulaires manquant presque toujours.

Boutons à fruit petits, conico-ovoïdes, courts et à pointe courte; écailles d'un marron bien foncé et brillant.

Fleurs presque moyennes; pétales ovales-élargis, bien concaves, d'un rose vif avant l'épanouissement; divisions du calice de moyenne longueur, finement aiguës et étalées; pédicelles courts, forts et un peu duveteux.

Feuilles des productions fruitières un peu plus grandes que celles des pousses d'été, exactement elliptiques, se terminant un peu brusquement en une pointe courte, planes ou presque planes, bordées de dents fines, très-peu profondes et émoussées, bien soutenues sur des pétioles courts, grêles et raides.

Caractère saillant de l'arbre : teinte générale du feuillage d'un vert clair; toutes les feuilles petites et presque planes; tous les pétioles courts, très-grêles et raides; sommité des pousses d'été bien colorée de rouge.

Fruit moyen, sphérico-cylindrique ou turbiné-sphérique, un peu irrégulier dans son contour, atteignant sa plus grande épaisseur tantôt près de sa base, tantôt à peu près au milieu de sa hauteur; au-dessus de ce point, s'atténuant par une courbe tantôt convexe, tantôt très-légèrement concave en une pointe courte, épaisse et très-largement tronquée; au-dessous du même point, s'arrondissant par une courbe plus ou moins convexe pour s'aplatir ensuite un peu autour de la cavité de l'œil.

Peau un peu épaisse, d'abord d'un vert décidé semé de points d'un gris brun larges et apparents, lorsqu'ils ne sont pas cachés sous un nuage d'une rouille verdâtre qui ordinairement recouvre presque entièrement sa surface et qui est aussi traversée par des traits d'une rouille brune plus épaisse et se condensant largement sur le sommet du fruit. A la maturité, **décembre et janvier**, le vert fondamental s'éclaircit un peu et le côté du soleil est à peine indiqué par une teinte un peu bronzée.

Œil grand, ouvert, à divisions d'un gris noir, fermes et étalées dans une dépression très-peu sensible et plissée dans ses parois.

Queue très-courte, bien forte, attachée au sommet du fruit entre des plis divergents.

Chair verdâtre, fine, beurrée, fondante, suffisante en eau sucrée et plus ou moins relevée.

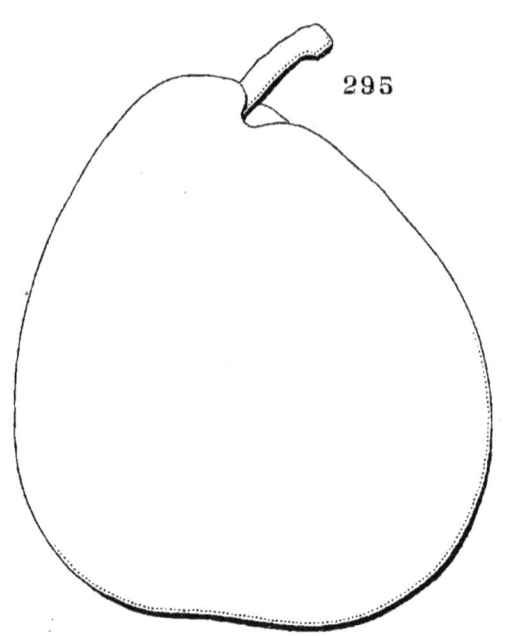

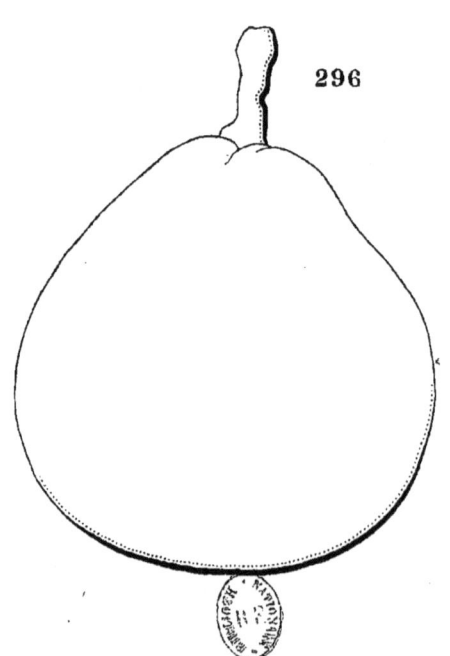

295, DUCHESSE DE MARS. 296, COULE-SOIF DE CERUTTI.

COULE-SOIF DE CERUTTI

(CERUTTIS DURST LOCHE)

(N° 296)

Illustrirtes Handbuch der Obstkunde. Jahn.

Observations. — M. Jahn, sans pouvoir donner son origine, dit que cette variété fut ainsi nommée du pharmacien Cerutti, de Camburg (Saxe-Meiningen), qui la multiplia aux environs de cette ville. — L'arbre est d'une bonne végétation, aussi bien sur cognassier que sur franc, bien disposé aux formes régulières, s'élevant en pyramides solides et aussi bien en fuseau. Il convient bien au grand verger pour sa rusticité et sa fertilité précoce et grande. Son fruit doit être entre-cueilli avant qu'il ait revêtu la livrée de l'entière maturité, si l'on veut le consommer véritablement à point.

DESCRIPTION.

Rameaux d'une bonne force et bien soutenus jusqu'à leur sommet souvent surmonté d'un bouton à fruit, à peine flexueux, à entre-nœuds courts, bruns du côté de l'ombre et un peu lavés d'un rouge vif du côté du soleil; lenticelles blanches, assez petites, bien nombreuses et apparentes.

Boutons à bois gros, coniques, un peu comprimés, aigus, à direction parallèle au rameau lorsqu'ils sont situés à sa partie supérieure, à direction écartée vers sa partie inférieure, soutenus sur des supports très-peu saillants dont l'arête médiane se prolonge distinctement; écailles d'un beau marron rougeâtre largement bordé de gris blanchâtre.

Pousses d'été d'un vert terne, lavées de rouge du côté du soleil et surtout à leur sommet qui est un peu duveteux.

Feuilles des pousses d'été moyennes, obovales-elliptiques, se terminant brusquement en une pointe assez longue et fine, peu repliées sur leur nervure médiane et bien arquées, souvent largement ondulées ou contournées sur leur longueur, très-irrégulièrement et peu profondément dentées ou presque entières, peu soutenues sur des pétioles longs, grêles et flexibles.

Stipules longues, en alênes fines.

Feuilles stipulaires manquant ordinairement.

Boutons à fruit gros, ovoïdes, assez renflés et aigus; écailles d'un marron rougeâtre foncé.

Fleurs grandes; pétales elliptiques bien élargis, bien concaves, à onglet peu long, se recourbant un peu entre eux; divisions du calice un peu longues, larges et bien réfléchies en dessous; pédicelles assez courts, un peu forts et peu duveteux.

Feuilles des productions fruitières assez grandes, les unes ovales-elliptiques et allongées, les autres ovales bien élargies, se terminant tantôt régulièrement en une pointe longue et recourbée, tantôt brusquement en une pointe très-courte, creusées en gouttière et arquées, entières ou irrégulièrement découpées par leurs bords, mal soutenues sur des pétioles longs, un peu forts et flexibles.

Caractère saillant de l'arbre : teinte générale du feuillage d'un vert bleu; toutes les feuilles entières ou presque entières par leurs bords parfois irrégulièrement dentés; tous les pétioles longs et flexibles.

Fruit moyen, turbiné, ordinairement uni dans son contour, atteignant sa plus grande épaisseur bien près de sa base; au-dessus de ce point, s'atténuant assez promptement par une courbe d'abord à peine convexe puis à peine concave en une pointe courte, épaisse et un peu tronquée à son sommet; au-dessous du même point, s'arrondissant par une courbe bien convexe pour s'aplatir ensuite un peu autour de la cavité de l'œil.

Peau épaisse, ferme, d'abord d'un vert très-clair semé de petits points d'un brun clair, très-nombreux, très-serrés et régulièrement espacés. Une rouille brune couvre ordinairement la cavité de l'œil et s'étend un peu sur la base du fruit. A la maturité, **fin d'août et commencement de septembre,** le vert fondamental s'éclaircit en jaune et passe au jaune paille à l'extrême maturité. Le côté du soleil se dore seulement un peu ou rarement se lave d'un rouge très-léger sur lequel les points deviennent aussi un peu rouges.

Œil très-grand, bien ouvert, à divisions larges et cependant finement aiguës, étalé dans une cavité peu profonde, souvent un peu évasée, tantôt régulière, tantôt divisée dans ses bords par des côtes très-aplanies qui ne se prolongent pas sur le ventre du fruit.

Queue assez courte, forte, bien épaissie à son point d'attache au rameau, fixée le plus souvent perpendiculairement entre des plis charnus formés par la pointe du fruit.

Chair blanchâtre, un peu transparente, grossière, demi-fondante, très-abondante en eau douce, bien sucrée, rafraîchissante, constituant un fruit de bonne qualité.

DUCHESSE DE BRABANT

(DE CAPEINICK)

(N° 297)

Catalogue PAPELEU, de Wetteren.

OBSERVATIONS. — Cette variété, obtenue par M. Capeinick et médaillée en 1853 à Bruxelles et à Tournay, ne doit point être confondue avec la Duchesse de Brabant, semis de Van Mons, propagé par M. Durieu, de Bruxelles. Elle s'en distingue par son arbre et par l'apparence et la maturité plus précoce de son fruit. — L'arbre est d'une végétation un peu maigre sur cognassier. Il se comporte mieux sur franc et convient bien au verger par sa rusticité, sa fertilité et la valeur de son fruit que j'ai toujours trouvé se rapprochant beaucoup de la première qualité.

DESCRIPTION.

Rameaux de moyenne force, unis dans leur contour, à entre-nœuds courts, de couleur noisette peu foncée; lenticelles grisâtres, larges, saillantes, peu nombreuses et peu apparentes.

Boutons à bois petits, coniques, aigus, à direction d'abord écartée du rameau, puis parallèle à mesure qu'ils se rapprochent plus de son sommet, soutenus sur des supports très-peu saillants dont l'arête médiane se prolonge seule et finement.

Pousses d'été d'un vert très-clair, lavées de rouge et peu duveteuses à leur sommet.

Feuilles des pousses d'été moyennes ou petites, ovales-elliptiques, se terminant presque régulièrement en une pointe aiguë, repliées sur leur nervure médiane et peu arquées, bordées de dents peu profondes et obtuses, soutenues horizontalement sur des pétioles de moyenne longueur, grêles et redressés.

Stipules moyennes, en forme d'alênes.

Feuilles stipulaires rares.

Boutons à fruit petits, coniques, maigres et un peu allongés, un peu aigus; écailles entr'ouvertes et d'un brun terne.

Fleurs moyennes; pétales elliptiques, concaves, à onglet peu long, un peu écartés entre eux; divisions du calice de moyenne longueur et recourbées en dessous; pédicelles assez longs, très-grêles et un peu duveteux.

Feuilles des productions fruitières petites, ovales-elliptiques, un peu allongées, se terminant presque régulièrement en une pointe peu longue, à peine repliées sur leur nervure médiane ou presque planes, bordées de dents très-fines, très-peu profondes et peu aiguës, s'abaissant peu sur des pétioles de moyenne longueur, peu forts, un peu redressés et flexibles.

Caractère saillant de l'arbre : teinte générale du feuillage d'un beau vert brillant; toutes les feuilles plutôt un peu allongées qu'élargies.

Fruit moyen, régulièrement piriforme, uni dans son contour, atteignant sa plus grande épaisseur bien au-dessous du milieu de sa hauteur; au-dessus de ce point, s'atténuant par une courbe d'abord peu convexe, puis peu concave pour se terminer en une pointe plus ou moins longue et bien obtuse; au-dessous du même point, s'atténuant peu par une courbe peu convexe pour ensuite s'aplatir un peu autour de la cavité de l'œil.

Peau assez mince et cependant ferme, d'abord d'un vert clair et gai semé de points d'un gris vert, nombreux, serrés et un peu apparents. On remarque parfois quelques traces de rouille dans la cavité de l'œil et rarement sur sa surface. A la maturité, **fin d'août et commencement de septembre,** le vert fondamental passe au beau jaune citron, luisant et doré du côté du soleil ou lavé d'un peu de rouge sanguin sur lequel les points deviennent plus saillants.

Œil moyen, presque fermé, à divisions fermes, dressées, dépassant souvent un peu les bords de la cavité très-petite, très-peu profonde, évasée dans laquelle il est placé.

Queue assez courte, peu forte, ligneuse, d'un brun brillant, droite ou peu courbée, attachée à fleur de la pointe du fruit.

Chair blanche, assez fine, fondante, très-abondante en eau très-sucrée, relevée, rafraîchissante et agréable.

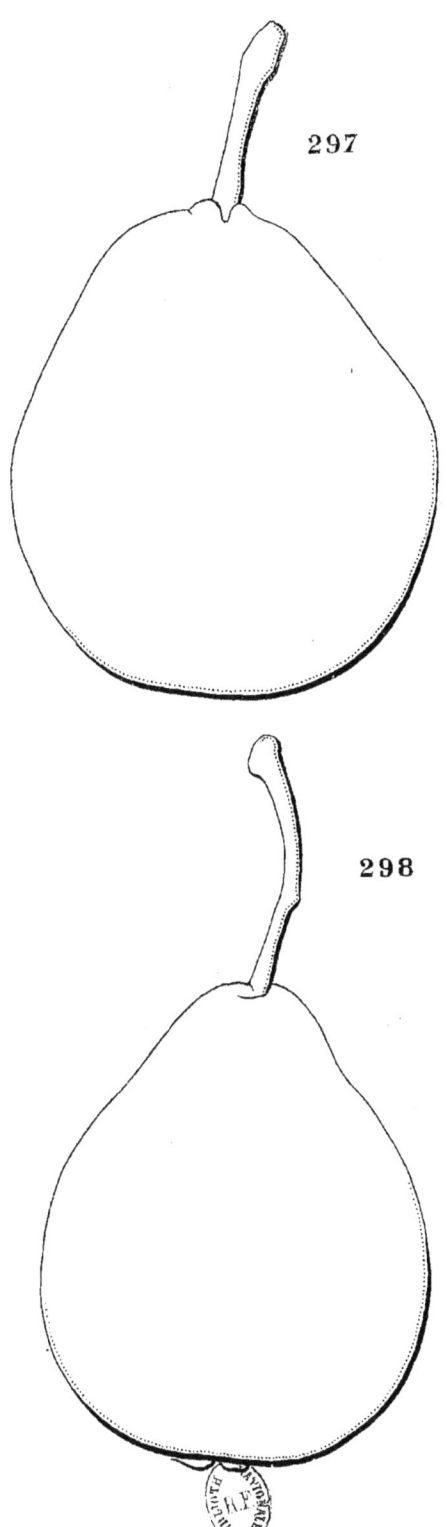

297. DUCHESSE DE BRABANT DE CAPEINICK. 298. MADAME ELISA DUMAS.

MADAME ÉLISA DUMAS

(N° 298)

Inédite.

Observations. — M. Bonnefoy, autrefois pépiniériste à St-Genis-Laval, près Lyon, et l'obtenteur du Doyenné Nérard, me communiqua cette variété en 1857, comme un de ses semis, et sans m'indiquer les qualités de la personne à laquelle il le dédiait. — L'arbre, d'une bonne végétation sur cognassier, forme facilement de jolies pyramides d'un rapport précoce et soutenu. Il convient très-bien aussi à la haute tige par sa rusticité, et son fruit joli, de bonne qualité, peut être recherché sur les marchés à l'époque hâtive de sa maturité.

DESCRIPTION.

Rameaux peu forts, unis dans leur contour, à peine flexueux, d'un brun un peu teinté de verdâtre par places ; lenticelles blanches, largement espacées et apparentes.

Boutons à bois moyens, coniques, un peu épais et obtus, à direction très-peu écartée du rameau, soutenus sur des supports très-peu saillants dont les côtés et l'arête médiane ne se prolongent pas ; écailles presque entièrement recouvertes d'un gris de perle.

Pousses d'été allongées, d'un vert intense et colorées d'un rouge vif à leur sommet.

Feuilles des pousses d'été ovales-elliptiques et allongées, très-sensiblement atténuées à leurs deux extrémités, se terminant régulièrement en une pointe un peu longue, bien aiguë et ferme, bordées de dents profondes et très-aiguës, creusées en gouttière et bien arquées, se recourbant sur des pétioles longs, peu forts et un peu flexibles.

Stipules de moyenne longueur, lancéolées.

Feuilles stipulaires fréquentes.

Boutons à fruit gros, coniques, courts et très-obtus ; écailles couvertes d'un duvet gris mélangé de fauve.

Fleurs petites ; pétales arrondis, plissés par leurs bords ; pédicelles de moyenne longueur, grêles et presque glabres.

Feuilles des productions fruitières petites, ovales bien allongées et bien étroites, se terminant régulièrement en une pointe peu aiguë, peu repliées sur leur nervure médiane et bien arquées, bordées de dents fines, assez profondes et aiguës, se recourbant bien sur des pétioles assez longs, très-grêles et cependant raides.

Caractère saillant de l'arbre : teinte générale du feuillage d'un vert gai ; pousses d'été bien colorées ; toutes les feuilles plus ou moins étroites et bien arquées.

Fruit moyen, conico-ovoïde, bien uni dans son contour, atteignant sa plus grande épaisseur bien peu au-dessous du milieu de sa hauteur ; au-dessus de ce point, s'atténuant par une courbe largement convexe en une pointe peu longue, épaisse et bien obtuse ; au-dessous du même point, s'atténuant par une courbe plus convexe pour ensuite s'aplatir un peu autour de la cavité de l'œil.

Peau épaisse, d'abord d'un vert blanchâtre semé de points d'un gris noir, cernés de blanchâtre, petits et régulièrement espacés. Parfois des taches d'une rouille brune et rude au toucher se dispersent sur sa surface. A la maturité, **août,** le vert fondamental passe au jaune paille clair doré du côté du soleil, sur lequel se détachent vigoureusement des points d'un brun rougeâtre.

Œil moyen, fermé, à divisions fines et dressées, comprimé dans une cavité assez profonde, irrégulière et plissée dans ses parois.

Queue longue, grêle, ligneuse, courbée, un peu épaissie à son point d'attache au rameau, insérée dans une cavité étroite et très-peu profonde.

Chair blanche, un peu ferme sans être cassante, un peu pierreuse vers le cœur, abondante en eau sucrée, vineuse et agréablement rafraîchissante.

DOYENNÉ ROSE

(N° 299)

The Fruits and the fruit-trees of America. Downing.
Dictionnaire de pomologie. André Leroy.

Observations. — M. Edouard Sageret, l'auteur de la *Pomologie physiologique* et qui essaya des semis de poirier, sans beaucoup de succès comme il l'avoue lui-même, fut l'obtenteur de cette variété dont le premier rapport eut lieu, d'après M. André Leroy, de 1830 à 1834. — L'arbre est d'une végétation assez maigre, aussi bien sur cognassier que sur franc. Il est d'une fertilité moyenne, et son fruit est d'assez bonne qualité pour justifier sa propagation.

DESCRIPTION.

Rameaux faibles, presque unis dans leur contour, sensiblement coudés à leurs entre-nœuds d'un jaunâtre terne ; lenticelles blanchâtres, peu nombreuses et très-peu apparentes.

Boutons à bois petits ou presque moyens, coniques, épaissis à leur base et cependant finement aigus, à direction un peu écartée du rameau, soutenus sur des supports presque nuls dont les côtés et l'arête médiane ne se prolongent pas ; écailles d'un marron rougeâtre clair, largement bordées de gris blanchâtre.

Pousses d'été d'un vert jaune, peu colorées de rouge et longtemps duveteuses sur une assez grande longueur à leur sommet.

Feuilles des pousses d'été petites, elliptiques-arrondies, se terminant très-brusquement en une pointe un peu longue et bien aiguë, bien creusées en gouttière et arquées, bordées de dents fines, peu profondes et un peu aiguës, soutenues horizontalement sur des pétioles courts, grêles et redressés.

Stipules de moyenne longueur, filiformes.

Feuilles stipulaires fréquentes.

Boutons à fruit coniques, maigres et allongés; écailles d'un marron rougeâtre clair, les extérieures largement bordées de gris blanchâtre.

Fleurs bien petites; pétales obovales, blancs avant l'épanouissement; divisions du calice longues, bien atténuées à leur extrémité et recourbées en dessous; pédicelles très-courts, de moyenne force et un peu duveteux.

Feuilles des productions fruitières petites, ovales, se terminant un peu brusquement en une pointe courte, creusées en gouttière, bordées de dents fines, très-peu profondes et obtuses, irrégulièrement soutenues sur des pétioles de moyenne longueur, grêles, raides et divergents.

Caractère saillant de l'arbre : branchage et feuillage menus; toutes les feuilles petites; feuilles des pousses d'été et feuilles stipulaires presque toutes sensiblement arquées.

Fruit moyen, conique ou conico-cylindrique, souvent irrégulier dans ses proportions et plus haut d'un côté que de l'autre, atteignant sa plus grande épaisseur près de sa base; au-dessus de ce point, s'atténuant par une courbe peu convexe et parfois même à peine concave en une pointe plus ou moins épaisse, plus ou moins longue, tantôt obtuse, tantôt tronquée; au-dessous du même point, s'arrondissant par une courbe assez convexe pour ensuite s'aplatir un peu autour de la cavité de l'œil.

Peau fine, mince, d'abord d'un vert pâle semé de points bruns, assez nombreux, bien régulièrement espacés, apparents et cependant manquant quelquefois sur certaines parties. Une tache d'une rouille fauve, très-fine, couvre ordinairement le sommet du fruit, s'étend dans la cavité de l'œil et même au-delà de ses bords. A la maturité, **octobre et novembre**, le vert fondamental passe au jaune citron brillant et le côté du soleil se couvre, sur une assez grande étendue, d'un joli rouge rosat qui donne au fruit une certaine ressemblance avec le *Certeau d'Automne*.

Œil petit, demi-fermé, à divisions très-courtes et fermes, placé dans une cavité peu profonde, bien évasée par ses bords quelquefois divisés en côtes très-aplanies.

Queue courte, forte, un peu charnue et épaissie à son point d'attache dans une cavité irrégulière ou entre des plis divergents dont un se prolonge quelquefois sur toute la hauteur du fruit.

Chair bien blanche, demi-fine, demi-cassante, cependant encore assez tendre, abondante en eau sucrée, délicatement parfumée et relevée d'un acide agréable.

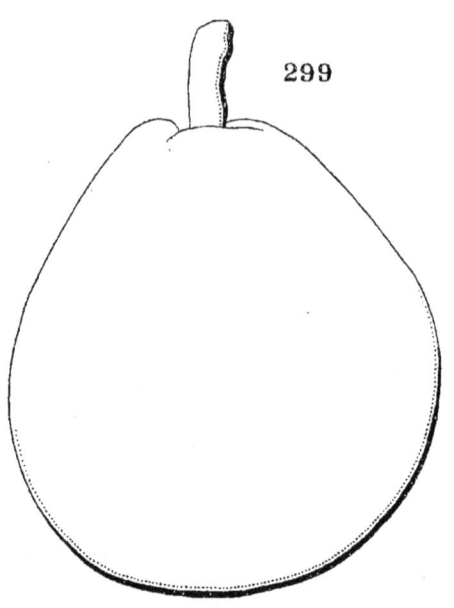
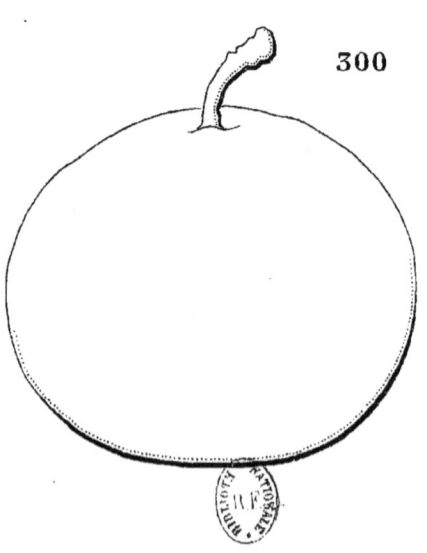

299. DOYENNÉ ROSE. 300. NAIN A BOIS MONSTRUEUX.

Imp. E. Protat, à Mâcon.

NAIN A BOIS MONSTRUEUX

(N° 300)

POIRIER A BOIS MONSTRUEUX. *Comice horticole d'Angers.*
NAIN VERT. *Jardin fruitier du Muséum.* Decaisne.
Dictionnaire de pomologie. André Leroy.

Observations. — Si je donne à cette variété un nom qu'elle n'a pas encore porté, c'est qu'il me semble qu'il représente mieux ses caractères que ceux qu'elle avait reçus précédemment. D'après M. André Leroy, M. de Nerbonne l'aurait obtenue dans sa terre de Bouchetierre, sur la commune d'Huillé, près Durtal (Maine-et-Loire). Dans l'intention d'étudier la loi ou plutôt la probabilité de reproduction des variétés de poiriers par le semis, j'avais, il y a quinze ans, semé quelques pepins de cette variété bien caractérisée. J'ai obtenu, dans la proportion d'un tiers, des sujets nains et à bois monstrueux, ayant aussi le plus grand rapport, par leur feuillage, avec la variété dont ils sortent. Malheureusement ils ne sont pas encore en état de rapport et je désirerais choisir ceux dont les fruits seraient aussi les plus semblables, afin d'essayer si une seconde génération me donnerait une plus grande proportion d'individus réunissant les caractères du type. Je voudrais me confirmer dans cette opinion qu'il serait possible par la sélection d'arriver à créer des races fruitières, aussi bien que l'on a créé des races de légumes et de plantes cultivées pour leurs fleurs. Le pêcher nain, dont j'ai obtenu des semis entiers reproduisant exactement leur type, en serait une preuve. Aurai-je le temps d'obtenir la même preuve en agissant sur le poirier ?

DESCRIPTION.

Rameaux très-courts, épais, à entre-nœuds très-courts, d'un vert foncé maculé de gris jaunâtre ; lenticelles blanchâtres, petites et allongées.

Boutons à bois petits, coniques, très-courts, épais et obtus, exactement appliqués au rameau ; écailles d'un marron peu foncé.

Pousses d'été d'un vert herbacé.

Feuilles des pousses d'été grandes, ovales-arrondies ou ovales-élargies, peu concaves et arquées, bordées de dents larges et obtuses ou plutôt comme festonnées dans leur contour, bien soutenues sur des pétioles longs, très-forts et redressés.

Stipules très-longues, presque filiformes.

Feuilles stipulaires manquant toujours.

Boutons à fruit moyens, coniques, épais, courts, un peu obtus ; écailles d'un marron clair maculé de brun foncé.

Fleurs grandes, souvent semi-doubles ; pétales très-élargis, irréguliers et ondulés dans leur contour, entièrement blancs avant l'épanouissement ; pédicelles courts, forts et presque glabres.

Feuilles des productions fruitières bien moins grandes que celles des pousses d'été, ovales-arrondies et obtuses, planes ou un peu concaves, bordées de dents très-peu profondes ou plutôt crénelées, bien soutenues sur des pétioles courts, assez grêles et cependant raides.

Caractère saillant de l'arbre : teinte générale du feuillage d'un vert sombre et foncé ; rameaux épaissis en massue à leur sommet.

Fruit petit ou presque moyen, sphérique bien déprimé à ses deux pôles, ordinairement uni dans son contour, atteignant sa plus grande épaisseur à peu près au milieu de sa hauteur ; au-dessus et au-dessous de ce point, s'arrondissant par des courbes presque égales et presque aussi convexes, soit du côté de l'œil, soit du côté de la queue, vers laquelle parfois il s'atténue un peu plus sensiblement, tandis qu'au contraire, il s'aplatit autour de la cavité de l'œil.

Peau un peu épaisse, d'abord d'un vert sombre et mat semé de points d'un gris brun, assez espacés et peu apparents. A la maturité, **septembre,** le vert fondamental passe au jaune verdâtre et rarement le côté du soleil porte quelque signe distinctif.

Œil grand, à divisions verdâtres, fragiles, placé dans une cavité peu profonde et évasée qui ne le contient pas toujours entièrement.

Queue un peu longue, ligneuse, courbée, implantée perpendiculairement dans une cavité un peu profonde et dont les bords s'arrondissent largement.

Chair blanche, assez fine, un peu ferme, suffisante en eau peu sucrée, assez parfumée et rafraîchissante, dont la saveur rappelle un peu celle de la *Bergamotte d'Automne.*

MUSETTE

(N° 301)

Jardin fruitier du Muséum. Decaisne.
MUSETTE D'ANJOU. *Pomologie de la Seine-Inférieure.* Prévost.
Dictionnaire de pomologie. André Leroy.

Observations. — M. André Leroy croit que cette variété est originaire de l'Anjou. M. Decaisne dit qu'il existe une autre poire portant le nom de Musette d'Anjou. N'ayant pu trouver de renseignements plus certains, je pense qu'il est prudent de rester dans le doute, et du reste cette variété, si elle n'était curieuse par la forme de son fruit, mérite peu d'attirer l'attention des cultivateurs d'arbres fruitiers.

DESCRIPTION.

Rameaux d'une force moyenne et bien soutenue jusqu'à leur sommet, obscurément anguleux dans leur contour, droits, à entre-nœuds très-courts et inégaux entre eux, d'un brun jaunâtre un peu teinté de vert du côté de l'ombre, d'un brun rougeâtre peu foncé et souvent un peu ombré de gris du côté du soleil ; lenticelles blanchâtres, extraordinairement petites, nombreuses et peu apparentes.

Boutons à bois moyens, coniques, courts, bien épaissis à leur base et bien aigus, à direction plus ou moins écartée du rameau, soutenus sur des supports très-peu saillants dont les côtés et l'arête médiane se prolongent très-finement ; écailles entièrement recouvertes de gris blanchâtre.

Pousses d'été d'un vert terne, longtemps couvertes d'un duvet grisâtre, lavées de rouge à leur sommet.

Feuilles des pousses d'été moyennes, arrondies-élargies, se terminant très-brusquement en une pointe extrêmement courte et ferme, bien repliées sur leur nervure médiane et arquées, bordées de dents très-larges et très-obtuses, comme festonnées, bien soutenues sur des pétioles forts, assez courts, redressés et raides.

Stipules assez longues, linéaires, étroites, un peu dentées.

Feuilles stipulaires manquant ordinairement.

Boutons à fruit gros, coniques, obtus; écailles un peu entr'ouvertes, d'un marron peu foncé et terne.

Fleurs moyennes; pétales ovales, repliés en dedans par l'accumulation des fleurs sur le même bouquet; pédicelles presque nuls, un peu cotonneux.

Feuilles des productions fruitières moyennes, ovales-élargies et ovales-arrondies, se terminant peu brusquement en une pointe très-fine et recourbée, peu repliées sur leur nervure médiane, bordées de dents larges, peu profondes et un peu aiguës, se recourbant sur des pétioles assez longs, de moyenne force, raides et redressés.

Caractère saillant de l'arbre : teinte générale du feuillage d'un vert gai; feuilles très-épaisses tendant plus ou moins à la forme arrondie, toutes bien repliées et arquées.

Fruit petit ou presque moyen, de la forme d'une cornue ou de certaines courges à col allongé et renflées en gourde vers leur autre extrémité.

Peau épaisse, d'abord d'un vert blanchâtre semé de points grisâtres cernés de vert, petits et peu apparents. A la maturité, **août**, le vert fondamental passe au jaune paille clair, un peu doré sur le côté du soleil où les points sont plus nombreux, plus larges et d'un gris noir.

Œil petit, fermé, à divisions jaunes, fines, dressées, placé dans une légère dépression comme à fleur de la base du fruit.

Queue nulle ou presque nulle et consistant seulement en une sorte d'anneau ligneux qui la fixe à la bourse.

Chair grosse, laissant beaucoup de marc dans la bouche, peu abondante en eau sucrée, un peu musquée et le plus souvent d'une âpreté assez prononcée.

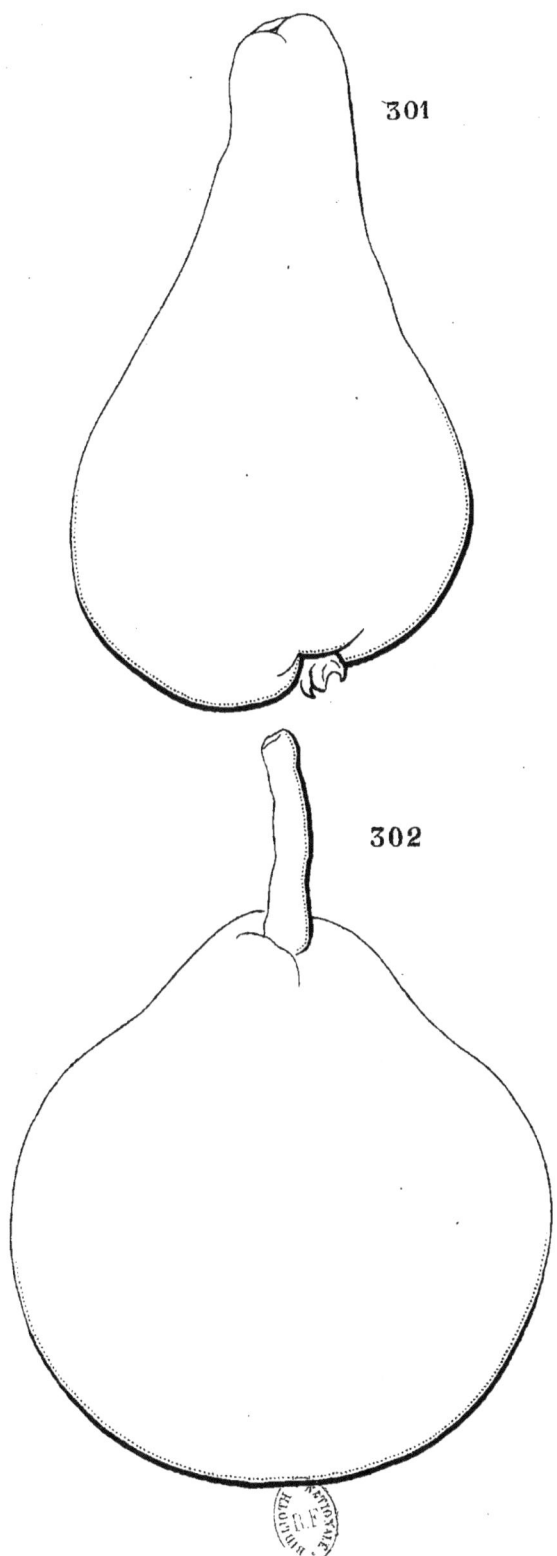

301. MUSETTE. 302 DE FONTARABIE.

DE FONTARABIE

(N° 302)

Dictionnaire de pomologie. ANDRÉ LEROY.

OBSERVATIONS. — Le nom de cette variété indique-t-il le lieu de son origine ou seulement celui d'où sa culture s'est propagée ? Il est impossible d'en acquérir la certitude d'après les renseignements des auteurs, et même nous soupçonnons que la poire Fontarabie des anciens pomologistes, de Merlet entre autres, est différente de celle que nous allons décrire. Les quelques lignes qu'il consacre à sa description viennent à l'appui de notre opinion et prouvent une fois de plus qu'il ne faut pas croire à la simple étiquette d'une variété citée par un auteur des siècles qui nous ont précédés, qu'elle est identique à celle à laquelle on donne aujourd'hui le même nom. Aussi avons-nous toujours tenu pour règle de ne pas employer ces synonymes sans preuves et qui n'ajoutent rien à l'histoire de certaines variétés dont l'origine restera toujours douteuse. — L'arbre, d'une bonne végétation aussi bien sur cognassier que sur franc, s'accommode facilement des formes régulières et surtout de celle de fuseau. Sa fertilité est précoce, grande et soutenue, et son fruit, propre aux différents usages du ménage, est d'une longue et facile conservation.

DESCRIPTION.

Rameaux de moyenne force, très-obscurément anguleux dans leur contour, presque droits, à entre-nœuds courts, d'un brun jaunâtre à peine teinté de rouge du côté du soleil ; lenticelles blanchâtres, peu larges, un peu saillantes, assez peu nombreuses et peu apparentes.

Boutons à bois petits, coniques, très-courts, épais et obtus, appliqués ou presque appliqués au rameau, soutenus sur des supports un peu saillants dont l'arête médiane se prolonge seule et très-obscurément ; écailles d'un marron rougeâtre très-foncé et largement bordées de gris blanchâtre.

Pousses d'été un peu flexueuses, d'un vert extraordinairement clair, le plus souvent non colorées de rouge à leur partie supérieure, couvertes d'un duvet blanc et très-court.

Feuilles des pousses d'été moyennes, ovales ou ovales un peu élargies, se terminant plus ou moins brusquement en une pointe courte et fine, souvent bien concaves, bordées de dents très-peu profondes, couchées et un peu aiguës, très-bien soutenues sur des pétioles très-courts, un peu forts et bien redressés.

Stipules longues, lancéolées.

Feuilles stipulaires fréquentes.

Boutons à fruit gros, coniques, courts, un peu renflés, à pointe très-courte et émoussée ; écailles d'un marron peu foncé et brillant, celles extérieures finement bordées de blanc jaunâtre.

Fleurs moyennes; pétales obovales-allongés, peu larges, peu concaves, à onglet long, très-écartés entre eux ; divisions du calice de moyenne longueur, larges et peu recourbées en dessous; pédicelles de moyenne longueur, de moyenne force et cotonneux.

Feuilles des productions fruitières grandes, ovales-élargies ou ovales-arrondies, se terminant un peu brusquement en une pointe courte, planes ou à peine concaves, bordées de dents très-peu profondes et peu aiguës, bien soutenues sur des pétioles un peu longs, un peu forts et redressés.

Caractère saillant de l'arbre : teinte générale du feuillage d'un vert clair et d'une manière vraiment caractéristique; presque toutes les feuilles tendant plutôt à la forme arrondie qu'à la forme ovale; pétioles des feuilles des pousses d'été remarquablement courts.

Fruit gros, sphérique-turbiné, ordinairement déformé dans son contour par des côtes épaisses et aplanies, atteignant sa plus grande épaisseur, tantôt presque au milieu de sa hauteur, tantôt un peu au-dessous ; au-dessus de ce point, s'atténuant par une courbe d'abord bien convexe puis brusquement concave en une pointe courte, peu épaisse et tronquée à son sommet; au-dessous du même point, s'atténuant plus ou moins par une courbe largement convexe pour diminuer sensiblement d'épaisseur vers la cavité de l'œil.

Peau épaisse, ferme, d'abord d'un vert très-pâle, blanchâtre, semé de points d'un gris brun, très-petits, nombreux, très-peu apparents, manquant souvent sur certaines parties. Rarement trouve-t-on quelques traces de rouille sur sa surface. A la maturité, **fin d'hiver et printemps,** le vert fondamental passe au jaune paille brillant, le côté du soleil se lave d'un rouge vermillon plus intense à proportion que le fruit était mieux exposé, et sur ce rouge les points sont cernés d'un peu de jaune.

Œil grand, ouvert, à divisions presque appliquées aux parois d'une cavité étroite, profonde, dont les bords, sans être unis, sont assez réguliers pour que le fruit puisse se tenir bien solidement debout.

Queue de moyenne longueur, plus ou moins forte, ordinairement perpendiculaire et épaissie à son point d'attache entre des plis charnus et divergents formés par la pointe du fruit.

Chair bien blanche, grossière, un peu pierreuse vers le cœur, ferme, cassante, peu abondante en eau douce, bien sucrée et sans parfum appréciable.

POIRE BIGARRÉE

(BUNTE BIRNE)

(N° 303)

Anleitung der besten Obstes. OBERDIECK.
Illustrirtes Handbuch der Obstkunde. OBERDIECK.

OBSERVATIONS. — Très-répandue dans le Hanovre, cette variété semble en être originaire. — L'arbre est d'une belle et bonne végétation. Il est rustique et d'une fertilité à toute épreuve. Il convient à la grande culture dans les sols et sous les climats peu favorables, et son fruit, d'une maturation très-prolongée, dont la chair prend un beau rouge à la cuisson, est de première qualité pour la cuisine.

DESCRIPTION.

Rameaux peu forts, bien fluets à leur sommet, à peine anguleux dans leur contour, flexueux, à entre-nœuds courts, d'un brun jaunâtre et terne à l'ombre, d'un rouge rosat du côté du soleil; lenticelles blanches, très-inégales entre elles, extraordinairement nombreuses, bien saillantes et bien apparentes.

Boutons à bois moyens, coniques-allongés et aigus, à direction très-écartée du rameau, soutenus sur des supports bien ressortis et dont l'arête médiane se prolonge bien distinctement; écailles d'un marron foncé.

Pousses d'été allongées, d'un vert jaunâtre sur toute leur longueur et cotonneuses à leur sommet.

Feuilles des pousses d'été petites ou moyennes, ovales un peu allongées, sensiblement atténuées à leur base, se terminant en une pointe longue et recourbée, ordinairement largement ondulées dans leur contour ou contournées, entières par leurs bords garnis d'un duvet cotonneux, assez bien soutenues sur des pétioles de moyenne longueur, peu forts et peu redressés.

Stipules en alênes courtes et fines, très-caduques.

Feuilles stipulaires rares.

Boutons à fruit petits, coniques, très-allongés, très-maigres et bien finement aigus; écailles d'un marron rougeâtre clair maculé de marron plus foncé.

Fleurs petites; pétales ovales, un peu atténués à leur sommet, concaves; divisions du calice longues, finement aiguës et peu recourbées en dessous; pédicelles de moyenne longueur et bien grêles.

Feuilles des productions fruitières plus petites que celles des pousses d'été, d'un vert plus foncé, plus régulièrement ondulées, se terminant en une pointe plus courte, bien soutenues sur des pétioles courts, grêles, raides et divergents.

Caractère saillant de l'arbre : toutes les feuilles épaisses et sensiblement ondulées; aspect cotonneux des sommités des pousses.

Fruit petit ou presque moyen, ovoïde, atteignant sa plus grande épaisseur à peu près au milieu de sa hauteur; au-dessus de ce point, s'atténuant par une courbe convexe ou rarement un peu concave en une pointe courte et obtuse; au-dessous du même point, s'atténuant brusquement par une courbe à peine convexe pour diminuer très-sensiblement d'épaisseur vers la cavité de l'œil, de telle manière qu'il ne peut nullement se tenir debout.

Peau épaisse, croquante, d'abord d'un vert clair semé de points bruns, nombreux et bien apparents. Des taches verruqueuses d'une rouille rude et bronzée se dispersent sur sa surface et cette rouille devient plus fine, en se condensant, soit sur le sommet du fruit, soit autour de la cavité de l'œil. A la maturité, **septembre**, le vert fondamental passe au blanc légèrement teinté de jaune, le côté du soleil se couvre d'un beau rouge cerise, traversé par des raies de couleur plus foncée, les points du côté de l'ombre ne changent pas, mais du côté opposé ils sont gris blanchâtre et cernés de rouge foncé.

Œil petit, demi-ouvert, à divisions fermes, dressées, saillantes sur la base du fruit dans laquelle il est comme enchâssé.

Queue assez longue, grêle, ligneuse, ferme, d'un brun clair, insérée dans un pli où elle est le plus souvent repoussée obliquement par une excroissance charnue.

Chair blanche, grossière, sèche, mais très-sucrée et hautement parfumée.

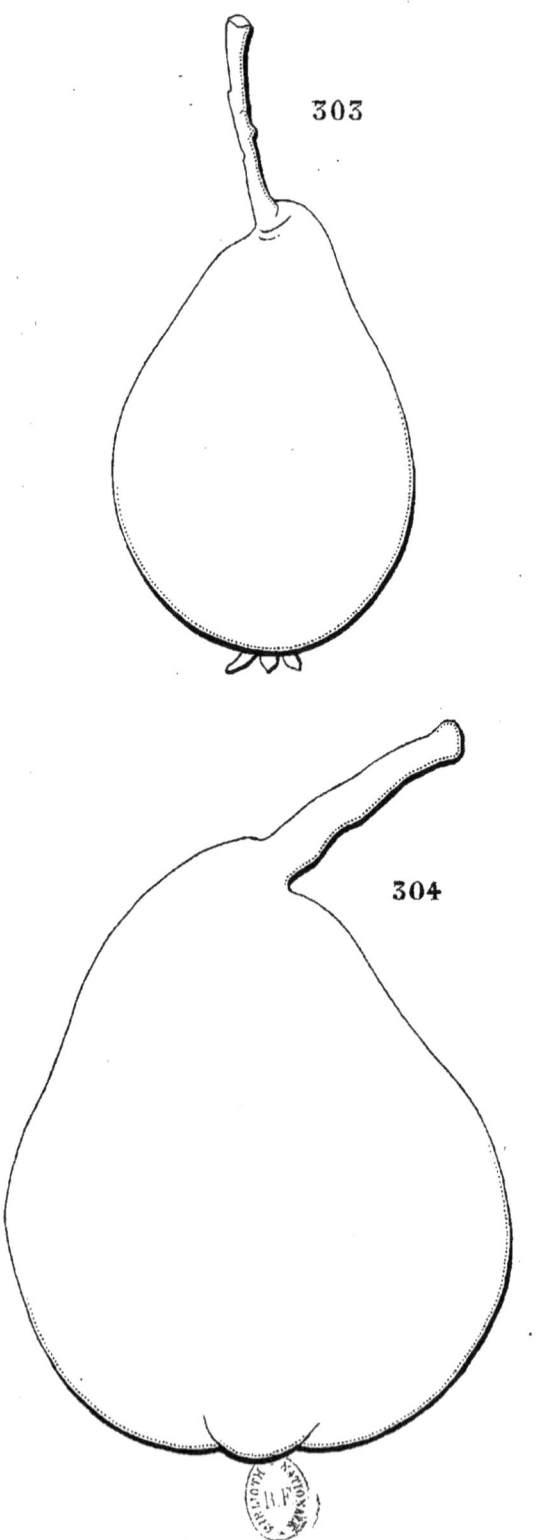

303. POIRE BIGARRÉE.   304. HENRI DESPORTES.

HENRI DESPORTES

(N° 304)

Dictionnaire de pomologie. André Leroy.

Observations. — Cette variété obtenue par M. André Leroy, le célèbre pépiniériste Angevin, donna ses premiers fruits en 1862 et fut dédiée par lui au directeur de ses cultures, M. Henri Desportes. — L'arbre n'offre rien de bien saillant dans sa végétation et semble devoir convenir au verger par sa rusticité et sa fertilité. Son fruit, par la consistance de sa peau, est d'un transport facile et son eau très-vineuse permet qu'une cueillette anticipée ne nuise pas à la saveur de sa chair.

DESCRIPTION.

Rameaux de moyenne force, unis dans leur contour, à peine flexueux, d'un rouge lie de vin foncé; lenticelles blanchâtres, petites, arrondies, peu nombreuses et peu apparentes.

Boutons à bois moyens, coniques, très-courts et très-épais, obtus, à direction un peu écartée du rameau, souvent éperonnés et soutenus sur des supports saillants dont les côtés et l'arête médiane ne se prolongent pas; écailles d'un marron rougeâtre bordé de gris blanchâtre.

Pousses d'été d'un vert vif, à peine lavées de rouge et presque glabres à leur sommet.

Feuilles des pousses d'été grandes, obovales un peu allongées, se terminant presque régulièrement en une pointe très-courte et recourbée, à peine repliées sur leur nervure médiane et à peine arquées, bordées de dents larges, peu profondes et obtuses, s'abaissant un peu sur des pétioles longs, un peu forts et un peu redressés.

Stipules longues, lancéolées-étroites et dentées.

Feuilles stipulaires manquant le plus souvent.

Boutons à fruit assez gros, coniques, émoussés ; écailles d'un marron peu foncé, celles extérieures largement bordées de gris blanchâtre.

Fleurs moyennes ; pétales ovales bien élargis, arrondis à leur sommet, bien concaves, à onglet court, se recouvrant un peu entre eux; divisions du calice courtes et bien recourbées en dessous; pédicelles de moyenne longueur, de moyenne force et duveteux.

Feuilles des productions fruitières de la même grandeur que celles des pousses d'été, ovales ou un peu obovales, se terminant en une pointe presque nulle, à peine repliées sur leur nervure médiane et à peine arquées, entières ou à peine dentées par leurs bords, mal soutenues sur des pétioles longs, de moyenne force, divergents et souples.

Caractère saillant de l'arbre : teinte générale du feuillage d'un beau vert brillant; tous les pétioles longs et un peu souples; stipules souvent bien allongées.

Fruit moyen ou presque gros, piriforme-ventru ou turbiné-ventru, le plus souvent un peu court, un peu irrégulier dans son contour, atteignant sa plus grande épaisseur bien au-dessous du milieu de sa hauteur; au-dessus de ce point, s'atténuant plus ou moins promptement par une courbe d'abord convexe, puis concave, et quelquefois seulement convexe pour se terminer en une pointe aiguë ; au-dessous du même point, s'arrondissant par une courbe bien convexe jusque dans la cavité de l'œil.

Peau épaisse et ferme, d'abord d'un vert clair et gai semé de points d'un gris vert, très-petits, nombreux et bien régulièrement espacés. On ne trouve ordinairement quelques traces de rouille que dans la cavité de l'œil. A la maturité, **fin d'août**, le vert fondamental passe au jaune citron doré du côté du soleil et parfois lavé et moucheté d'un rouge vineux.

Œil moyen, ouvert, à divisions courtes, grisâtres et recourbées en dehors, placé dans une cavité peu profonde, évasée par ses bords, souvent plissée d'une manière prononcée.

Queue forte, épaissie à son point d'attache au rameau, attachée un peu obliquement soit à fleur de la pointe du fruit, soit dans une petite cavité souvent irrégulière.

Chair blanche, assez fine, fondante, un peu pierreuse au-dessus du cœur, abondante en eau sucrée, vineuse et relevée.

DIEUDONNÉ ANTHOINE

(N° 305)

Annales de pomologie belge. Bivort.
Notices pomologiques. de Liron d'Airoles.
Dictionnaire de pomologie. André Leroy.

Observations. — Cette variété, obtenue par M. Dieudonné Anthoine, d'Ecaussines-d'Enghien (Belgique), donna ses premiers fruits en 1850. — Sa végétation est bonne, régulière sur cognassier et se prête facilement à toutes formes. Elle pourrait être classée entre celles de premier mérite, si son fruit, dans certains sols, ne contractait pas un peu trop d'astringence dans sa saveur.

DESCRIPTION.

Rameaux fluets, allongés, presque unis dans leur contour, presque droits, à entre-nœuds courts, d'un rougeâtre terne et peu foncé; lenticelles blanchâtres, inégales entre elles, assez peu nombreuses et peu apparentes.

Boutons à bois petits, courts, épais, un peu émoussés, à direction peu écartée du rameau, soutenus sur des supports très-peu saillants dont l'arête médiane se prolonge seule et obscurément; écailles d'un marron rougeâtre et brillant bordé de blanc argenté.

Pousses d'été d'un vert peu foncé et terne, bien colorées de rouge à leur sommet et longtemps couvertes sur une longue étendue d'un duvet fin.

Feuilles des pousses d'été petites, exactement ovales, se terminant régulièrement en une pointe finement aiguë, bien repliées sur leur nervure médiane et à peine arquées, bordées de dents fines, peu profondes, couchées et aiguës, bien soutenues sur des pétioles courts, grêles et redressés.

Stipules longues, tantôt lancéolées, tantôt en forme d'alènes.

Feuilles stipulaires se présentant quelquefois.

Boutons à fruit moyens, coniques, un peu émoussés ; écailles d'un marron rougeâtre clair largement bordé de gris blanchâtre.

Fleurs assez grandes ; pétales ovales-elliptiques, concaves, à onglet court, se touchant entre eux; divisions du calice de moyenne longueur, bien aiguës, peu recourbées en dessous ; pédicelles courts, grêles un peu duveteux.

Feuilles des productions fruitières petites, exactement ovales, se terminant presque régulièrement en une pointe peu longue et bien aiguë, bien planes, bordées de dents extraordinairement fines et peu profondes, à peine appréciables, assez bien soutenues sur des pétioles de moyenne longueur, bien grêles et un peu raides.

Caractère saillant de l'arbre : teinte générale du feuillage d'un vert clair et mat; toutes les feuilles petites; celles des pousses d'été bien creusées en gouttière et celles des productions fruitières au contraire bien planes.

Fruit moyen, turbiné-ventru, souvent un peu bosselé dans son contour, atteignant sa plus grande épaisseur au-dessous du milieu de sa hauteur; au-dessus de ce point, s'atténuant promptement par une courbe d'abord peu convexe puis à peine concave en une pointe courte, épaisse à sa base, un peu maigre et tronquée à son sommet; au-dessous du même point, s'arrondissant d'abord par une courbe bien convexe pour ensuite s'aplatir largement autour de la cavité de l'œil.

Peau fine, mince, d'abord d'un vert d'eau peu foncé et mat semé de petits points d'un gris vert, irrégulièrement espacés, assez nombreux, peu apparents, se confondant avec des traces ou taches d'une rouille d'un gris brun, se dispersant çà et là sur sa surface et se condensant soit dans la cavité de la queue, soit dans celle de l'œil. A la maturité, **fin de septembre,** le vert fondamental passe au jaune citron brillant doré ou lavé de rouge vermillon du côté du soleil.

Œil grand, tantôt ouvert, tantôt mi-clos, à divisions grisâtres, étalées ou dressées dans une cavité étroite, peu profonde, souvent plissée dans ses parois et divisée par ses bords en côtes très-aplanies qui se prolongent un peu sur la base du fruit.

Queue courte, un peu forte, un peu épaissie à son point d'attache au rameau, ligneuse, d'un beau brun brillant, insérée le plus souvent perpendiculairement dans une très-petite cavité souvent un peu plissée par ses bords.

Chair d'un blanc un peu jaunâtre, transparente, bien fine, entièrement fondante, abondante en eau sucrée, relevée, agréable, mais parfois un peu trop acidulée et astringente.

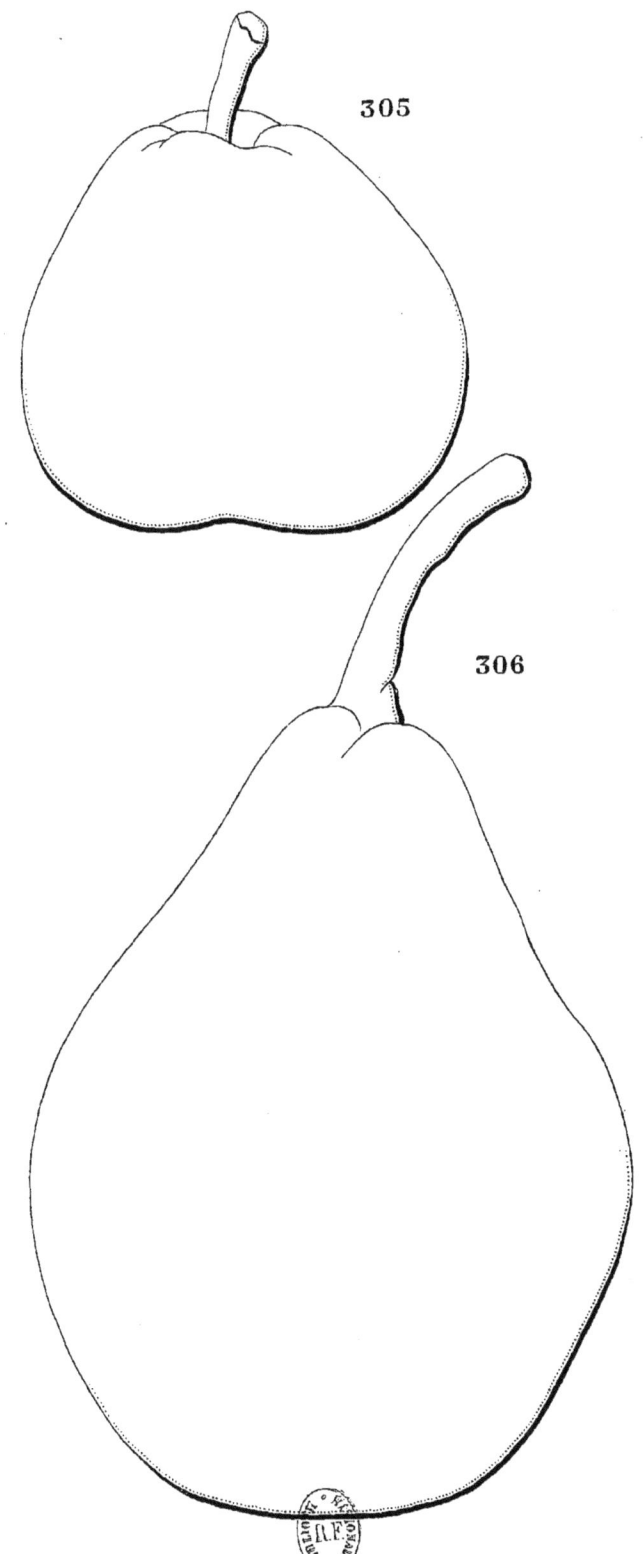

305. DIEUDONNÉ ANTHOINE.   306. D'ANGORA.

D'ANGORA

(N° 306)

Jardin fruitier du Muséum. Decaisne.
Dictionnaire de pomologie. André Leroy.

Observations. — Cultivée aux environs d'Angora ou Angoury (Asie-Mineure), cette variété fut communiquée au Jardin des Plantes de Paris par M. Léon Leclerc, de Laval, qui l'obtint, avec assez de difficulté, de son pays d'origine. Ses fruits, dit-on, très-estimés à Constantinople, où ils sont consommés l'hiver, sembleraient avoir perdu chez nous beaucoup de leur qualité et du mérite de leur maturité tardive. La différence d'époque de maturité est difficile à expliquer, car un fruit tardif dans des contrées chaudes, devrait l'être encore plus dans notre zone tempérée. Quant à la qualité, elle est probablement peu changée; ce n'est pas la première fois que je remarque que les populations des pays du Midi sont beaucoup moins sévères que nous à apprécier la saveur d'un fruit. — L'arbre est d'une bonne végétation aussi bien sur cognassier que sur franc, et semble s'accommoder beaucoup mieux d'une indépendance complète, quoiqu'il supporte encore assez bien les contraintes de la taille. C'est à tort que l'on a donné le nom de cette variété comme synonyme de la Belle Angevine.

DESCRIPTION.

Rameaux bien forts, bien unis dans leur contour, coudés à leurs entrenœuds inégaux entre eux, d'un brun rougeâtre; lenticelles larges, d'un blanc jaunâtre, un peu allongées, très-irrégulièrement espacées, peu nombreuses et bien apparentes.

Boutons à bois gros, coniques, aigus, à direction tantôt parallèle au rameau, tantôt un peu écartée, soutenus sur des supports étroits et un peu saillants dont les côtés et l'arête médiane ne se prolongent pas; écailles presque noires et largement bordées de gris blanchâtre.

Pousses d'été d'un vert assez intense, teinté de rouge par places, recouvertes sur la plus grande partie de leur longueur d'un duvet gris blanchâtre et assez long.

Feuilles des pousses d'été grandes, ovales-élargies, se terminant brusquement en une pointe courte, repliées sur leur nervure médiane, largement ondulées ou contournées, irrégulièrement découpées plutôt que dentées par leurs bords, soutenues horizontalement sur des pétioles de moyenne longueur, forts et peu redressés.

Stipules assez courtes, en alênes recourbées et très-caduques.

Feuilles stipulaires se présentent quelquefois.

Boutons à fruit gros, ovoïdes, finement aigus ; écailles bien lisses, d'un marron foncé presque noir.

Fleurs extrêmement grandes ; pétales arrondis-élargis, souvent irrégulièrement découpés par leurs bords ; divisions du calice longues, épaisses, réfléchies en dessous et recourbées en dessus par leur pointe ; pédicelles très-longs, bien forts et peu duveteux.

Feuilles des productions fruitières ovales-élargies ou obovales-elliptiques, se terminant un peu brusquement en une pointe recourbée en dessous, creusées en gouttière, irrégulièrement et très-peu profondément découpées par leurs bords, assez bien soutenues sur des pétioles longs, forts et un peu redressés.

Caractère saillant de l'arbre : feuillage peu abondant et d'un vert herbacé ; toutes les feuilles d'une ampleur et d'une épaisseur remarquables ; fruits revêtant les couleurs de la maturité longtemps d'avance.

Fruit gros, piriforme bien ventru, ordinairement un peu inconstant dans sa forme et irrégulier dans son contour, atteignant sa plus grande épaisseur bien près de sa base ; au-dessus de ce point, s'atténuant assez promptement par une courbe d'abord largement convexe puis plus ou moins concave en une pointe peu longue, peu épaisse, plus ou moins obtuse et souvent recourbée à son sommet ; au-dessous du même point, s'arrondissant brusquement pour ensuite se déprimer largement autour de la cavité de l'œil.

Peau épaisse, ferme sous le couteau, d'abord d'un vert blanchâtre semé de points gris, très-petits, pointillés en creux, largement espacés, très-peu apparents et souvent à peine visibles. On ne trouve aucune trace de rouille sur sa surface. A la maturité, **septembre**, le vert fondamental passe au jaune paille qui devient plus intense, presque doré du côté du soleil, lavé d'un peu de rouge disposé en cercle autour des points gris qui sont aussi quelquefois d'un rouge sanguin.

Œil très-grand, demi-fermé, à divisions longues, fermes, chiffonnées, un peu étalées ou dressées, enfoncé dans une cavité peu profonde, largement évasée, divisée par ses bords en côtes prononcées qui parfois se prolongent un peu sur la base du fruit.

Queue longue, charnue à sa base, épaissie à son point d'attache au rameau, courbée et repoussée obliquement sur la pointe du fruit plissée circulairement.

Chair d'un blanc jaunâtre, transparente, assez grossière, demi-fondante, un peu pierreuse vers le cœur, bien abondante en eau richement sucrée à la manière du vin doux et sans parfum appréciable.

ROUSSELET BLANC

(N°. 307)

Catalogue Van Mons. 1823.

Observations.—D'après le Catalogue de Van Mons, cette variété serait un de ses gains. Elle avait été envoyée par lui, avec quelques autres arbres de semis, à la Société d'Emulation de l'Ain et elle s'est conservée dans quelques jardins de notre Revermont. — L'arbre, de vigueur contenue sur cognassier, s'accommode bien de la forme pyramidale. Sa fertilité est précoce, grande et soutenue. Son fruit est de première qualité.

DESCRIPTION.

Rameaux de moyenne force, un peu anguleux dans leur contour, presque droits, à entre-nœuds courts, de couleur noisette à peine teintée de rouge sanguin vers les nœuds et vers leur sommet.

Boutons à bois très-petits, coniques, courts, bien aigus, à direction peu écartée du rameau, soutenus sur des supports peu saillants dont les côtés et l'arête médiane se prolongent plus ou moins distinctement; écailles d'un marron rougeâtre très-foncé, presque noir.

Pousses d'été d'un vert pâle, non lavées de rouge et peu duveteuses à leur sommet.

Feuilles des pousses d'été moyennes, un peu obovales, se terminant brusquement en une pointe un peu longue et large, peu concaves et à peine arquées, bordées de dents larges, très-couchées et aiguës, bien soutenues sur des pétioles de moyenne longueur, assez grêles, redressés et peu flexibles.

Stipules en alênes assez longues et finement aiguës.

Feuilles stipulaires manquant ordinairement.

Boutons à fruit gros, conico-ovoïdes, bien aigus; écailles d'un marron rougeâtre très-foncé.

Fleurs petites; pétales ovales-élargis, arrondis à leur sommet, concaves, lavés de rose avant l'épanouissement; divisions du calice assez longues, finement aiguës et recourbées en dessous; pédicelles assez courts, de moyenne force et un peu laineux.

Feuilles des productions fruitières moyennes, ovales-élargies, se terminant un peu brusquement en une pointe courte, concaves, bordées de dents très-couchées et émoussées, souvent très-peu profondes et peu appréciables, assez bien soutenues sur des pétioles un peu longs, de moyenne force, redressés et peu souples.

Caractère saillant de l'arbre : teinte générale du feuillage d'un vert herbacé vif et brillant; serrature de toutes les feuilles formée de dents remarquablement couchées.

Fruit petit ou assez petit, turbiné-sphérique, uni dans son contour, atteignant sa plus grande épaisseur un peu au-dessous du milieu de sa hauteur; au-dessus de ce point, s'atténuant par une courbe largement convexe pour se terminer presque en une demi-sphère parfois surmontée d'une pointe très-courte; au-dessous du même point, s'arrondissant par une courbe plus convexe pour s'aplatir ensuite souvent un peu autour de l'œil.

Peau mince et cependant un peu ferme, d'abord d'un vert clair, blanchâtre, sur lequel ressortent peu de très-petits points d'un gris clair. On ne remarque ordinairement aucune trace de rouille sur sa surface. A la maturité, **milieu et fin d'août,** le vert fondamental passe au jaune paille et le côté du soleil, sur une large étendue, se couvre d'un joli rouge sanguin dont la vivacité est atténuée par une sorte de fleur blanchâtre qui recouvre aussi toute la surface du fruit, et sur ce rouge ressortent des points d'un jaune doré très-petits et très-nombreux.

Œil très-grand, ouvert, à divisions larges, courtes et étalées, placé presque à fleur de la base du fruit dans une dépression très-peu sensible.

Queue courte, peu forte, un peu épaissie à son point d'attache au rameau, bien ligneuse, attachée le plus souvent perpendiculairement dans un pli très-peu prononcé formé par la pointe du fruit.

Chair blanchâtre, assez fine, demi-beurrée, un peu ferme et tassée, suffisante en eau sucrée, vineuse et relevée d'un agréable parfum de Rousselet.

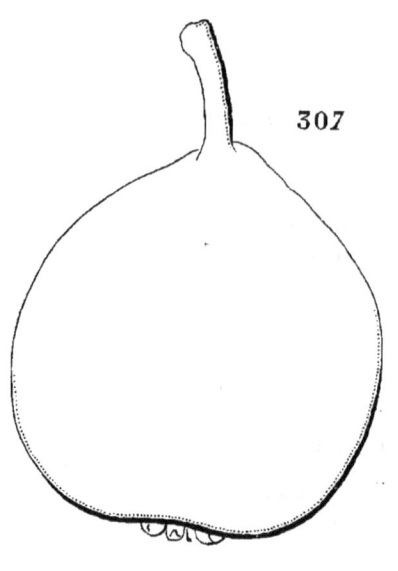
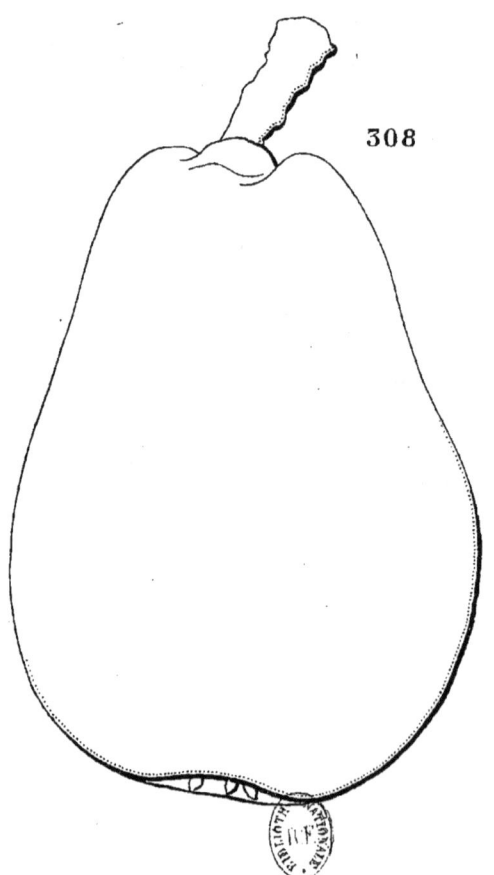

307. ROUSSELET BLANC.   308. AGATHE DE LESCOURS.

Imp. E. Protat, à Mâcon.

AGATHE DE LESCOURS

(N° 308)

Dictionnaire de pomologie. André Leroy.

Observations. — Je n'ai pas été plus heureux que M. André Leroy, et je n'ai pu trouver l'origine de cette variété que je tiens de son obligeance. J'ai pu constater seulement que sa végétation tout à fait insuffisante sur cognassier est très-modérée sur franc. Son bois peu fort et son fruit assez gros et mal attaché indiquent la nécessité de l'appui à un treillage pour la sûreté de ses récoltes.

DESCRIPTION.

Rameaux de moyenne force, peu anguleux dans leur contour, presque droits, à entre-nœuds courts, d'un brun clair et jaunâtre ; lenticelles petites, peu nombreuses et très-peu apparentes.

Boutons à bois petits, coniques, maigres, finement aigus, à direction parallèle ou presque parallèle au rameau, soutenus sur des supports un peu saillants et dont l'arête médiane se prolonge quelquefois et finement ; écailles rougeâtres.

Pousses d'été d'un vert clair, bien colorées de rouge et bien duveteuses à leur sommet.

Feuilles des pousses d'été ovales-elliptiques, élargies à leur milieu et bien atténuées à leurs deux extrémités, bien recourbées par leur pointe, un peu repliées sur leur nervure médiane et bien arquées, bordées de dents larges, peu profondes et obtuses, retombant mollement sur des pétioles longs, assez grêles et flexibles.

Stipules de moyenne longueur, filiformes.

Feuilles stipulaires assez fréquentes.

Boutons à fruit moyens, conico-ovoïdes, un peu allongés et aigus; écailles un peu entr'ouvertes, d'un marron rougeâtre clair.

Fleurs grandes; pétales ovales-élargis et allongés, bien concaves, presque blancs avant l'épanouissement; divisions du calice très-étroites et étalées; pédicelles assez longs, grêles et duveteux.

Feuilles des productions fruitières plus longues, plus élargies et moins atténuées à leurs deux extrémités que celles des pousses d'été, un peu repliées sur leur nervure médiane et arquées, crénelées dans leur contour plutôt que dentées, retombant mollement sur des pétioles de moyenne longueur, grêles et horizontaux.

Caractère saillant de l'arbre : feuilles des productions fruitières remarquablement plus amples que celles des pousses d'été; toutes les feuilles retombant sur des pétioles grêles et flexibles.

Fruit assez gros, conique-piriforme, parfois un peu irrégulier dans son contour, atteignant sa plus grande épaisseur bien au-dessous du milieu de sa hauteur; au-dessus de ce point, s'atténuant par une courbe d'abord à peine convexe puis à peine concave en une pointe longue, assez épaisse, largement obtuse ou tronquée à son sommet; au-dessous du même point, s'atténuant peu par une courbe à peine convexe pour ensuite s'arrondir jusque dans la cavité de l'œil.

Peau un peu épaisse, d'abord d'un vert foncé semé de points d'un gris vert, nombreux, serrés et régulièrement espacés. A la maturité, **fin d'août,** le vert fondamental passe au jaune encore un peu verdâtre et le côté du soleil est indiqué par une large tache de rouille d'un brun doré, qui s'étend depuis le sommet du fruit jusque dans la cavité de l'œil.

Œil moyen, ouvert, à divisions fermes, caduques, placé dans une petite cavité qui le contient à peine.

Queue assez courte, forte, élastique, attachée le plus souvent perpendiculairement sur une bosse charnue et comprimée formée par la pointe du fruit.

Chair d'un blanc verdâtre et veinée de vert, assez fine, fondante, abondante en eau bien sucrée et agréablement parfumée.

MOUILLE-BOUCHE DE BORDEAUX

(N° 309)

Notices pomologiques. DE LIRON D'AIROLES.
JANSEMINE. *Jardin fruitier du Muséum.* DECAISNE.
Dictionnaire de pomologie. ANDRÉ LEROY.

OBSERVATIONS. — D'après les renseignements obtenus par M. de Liron d'Airoles et M. Decaisne, cette variété serait cultivée, depuis plus de deux siècles, dans les environs de Bordeaux et semblerait originaire de la contrée. Quoiqu'elle porte le nom de Jansemine dans la Gironde, nous avons préféré celui que nous lui donnons, comme étant le plus répandu ou le plus connu des horticulteurs. — L'arbre, de bonne vigueur aussi bien sur cognassier que sur franc, ne se plie pas facilement aux formes régulières. Sa véritable destination est la haute tige dont la tête prend une grande dimension. Sa fertilité est précoce, très-grande, vraiment prodigieuse quelquefois, mais au détriment de la qualité du fruit qui, dans les meilleures conditions, est d'assez bonne qualité et souvent médiocre.

DESCRIPTION.

Rameaux très-forts, obscurément anguleux dans leur contour, un peu flexueux, à entre-nœuds de moyenne longueur ou un peu longs, d'un vert jaunâtre à peine bruni du côté du soleil ; lenticelles blanchâtres, larges, largement espacées et apparentes.

Boutons à bois assez gros, coniques, courts, épais et obtus, à direction écartée du rameau, soutenus sur des supports saillants dont les côtés et l'arête médiane se prolongent plus ou moins distinctement; écailles d'un marron peu foncé et brillant.

Pousses d'été d'un vert d'eau, lavées d'un joli rouge rosat vif et duveteuses sur une assez grande longueur à leur partie supérieure.

Feuilles des pousses d'été assez grandes, ovales-élargies, se terminant régulièrement en une pointe finement aiguë, largement creusées en gouttière et un peu arquées, bordées de dents bien larges, profondes et émoussées, soutenues horizontalement sur des pétioles courts, forts, bien fermes et bien redressés.

Stipules longues, linéaires, plus ou moins étroites.

Feuilles stipulaires ne manquant presque jamais.

Boutons à fruit gros, conico-ovoïdes, émoussés; écailles d'un marron clair.

Fleurs petites; pétales ovales un peu élargis, concaves, souvent aigus à leur sommet, à onglet très-court, peu écartés entre eux; divisions du calice courtes, étalées ou à peine recourbées en dessous; pédicelles de moyenne longueur, de moyenne force et peu duveteux.

Feuilles des productions fruitières plus grandes que celles des pousses d'été, plus allongées et moins élargies, se terminant brusquement en une pointe très-courte, très-fine et recourbée en dessous, largement creusées en gouttière et arquées, bordées de dents écartées entre elles, assez peu profondes et émoussées, s'abaissant un peu sur des pétioles peu longs, de moyenne force et peu souples.

Caractère saillant de l'arbre : teinte générale du feuillage d'un vert d'eau vif et brillant; serrature de toutes les feuilles formée de dents larges et bien écartées entre elles; toutes les feuilles remarquablement épaisses.

Fruit assez petit ou presque moyen, turbiné-sphérique, uni dans son contour, atteignant sa plus grande épaisseur peu au-dessous du milieu de sa hauteur; au-dessus de ce point, s'atténuant par une courbe largement convexe en une pointe courte, épaisse et obtuse à son sommet; au-dessous du même point, s'arrondissant par une courbe bien convexe pour ensuite s'aplatir un peu autour de la cavité de l'œil.

Peau un peu ferme, d'abord d'un vert pâle semé de points d'un vert plus foncé, larges et régulièrement espacés. On ne remarque ordinairement aucune trace de rouille sur sa surface. A la maturité, **fin de juillet et commencement d'août**, le vert fondamental passe au jaune clair blanchâtre, les points passent au gris verdâtre et deviennent plus apparents, et le côté du soleil n'est le plus souvent indiqué que par un ton un peu plus chaud.

Œil grand, ouvert, à divisions courtes, grisâtres, étalées dans une cavité très-peu profonde, évasée et bien unie par ses bords.

Queue de moyenne longueur, de moyenne force, d'un brun clair et un peu teinté de vert, droite ou à peine courbée, attachée le plus souvent perpendiculairement dans un pli peu prononcé ou souvent presque à fleur de la pointe du fruit.

Chair blanche, peu fine, un peu pierreuse vers le cœur, abondante en eau douce, sucrée, assez agréable mais peu relevée.

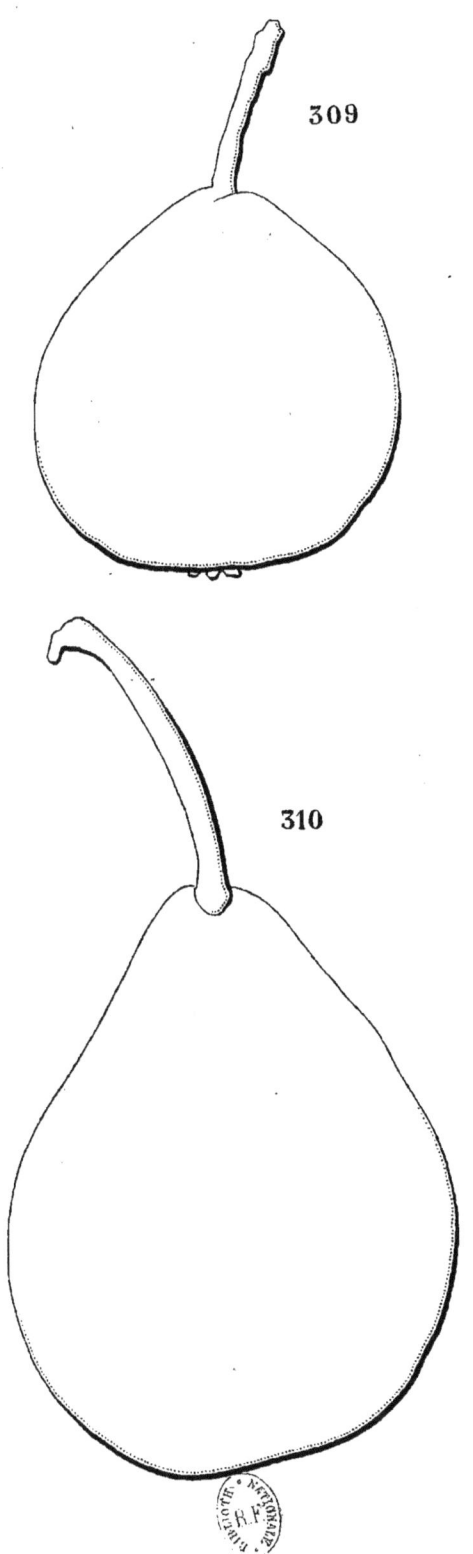

309. MOUILLE-BOUCHE DE BORDEAUX. 310. AUGUSTINE LELIEUR.

Peingeon. Del.

AUGUSTINE LELIEUR

(N° 310)

Dictionnaire de pomologie. ANDRÉ LEROY.
The Fruits and the fruit-trees of America. DOWNING.

OBSERVATIONS. — Cette variété est supposée d'origine belge. Les Catalogues de 1857 et de 1858 de la Société Van Mons en font mention. Fut-elle propagée par elle pour la première fois? Je l'ai reçue de M. Papeleu, pépiniériste à Wetteren, en 1859. Elle fut probablement dédiée à la fille de M. le comte Lelieur, auteur de la *Pomone française*. Forme pyramidale facile à obtenir. Grande fertilité. Fruit de bonne qualité.

DESCRIPTION.

Rameaux forts, peu allongés, bien droits, unis ou très-finement anguleux dans leur contour, à entre-nœuds très-courts, d'un jaune terne; lenticelles blanchâtres, assez nombreuses, peu apparentes.

Boutons à bois moyens, courts, épatés, à pointe très-courte, presque appliqués au rameau, soutenus sur des supports très-peu saillants; écailles d'un marron noir et brillant, largement bordées de gris argenté.

Pousses d'été d'un vert olive foncé teinté de brun à leur base, d'un vert clair lavé de rougeâtre et un peu duveteuses à leur sommet.

Feuilles des pousses d'été ovales-étroites et bien allongées, se terminant en une pointe effilée, bien repliées sur leur nervure médiane et bien arquées, irrégulières dans leurs bords, dépourvues de dents appréciables, assez peu soutenues sur des pétioles courts, très-forts et presque horizontaux.

Stipules de moyenne longueur, lancéolées-aiguës.

Feuilles stipulaires manquant toujours.

Boutons à fruit gros, courts, épais, obscurément anguleux, à pointe presque nulle; écailles intérieures d'un beau marron clair; écailles extérieures d'un marron plus foncé et légèrement bordées de gris blanchâtre.

Fleurs moyennes; pétales ovales-allongés, obtus, entièrement blancs avant l'épanouissement; pédicelles de moyenne longueur, forts et un peu cotonneux.

Feuilles des productions fruitières plus grandes, plus élargies que celles des pousses d'été, bien repliées sur leur nervure médiane et bien arquées, bordées quelquefois de dents peu prononcées, mal soutenues sur des pétioles de moyenne longueur, forts, redressés, mais pliant sous le poids de la feuille.

Caractère saillant de l'arbre : toutes les feuilles bien arquées et bien repliées sur leur nervure médiane, d'une blancheur remarquable.

Fruit moyen, piriforme-allongé, souvent irrégulier dans son contour, atteignant sa plus grande épaisseur bien près de sa base; au-dessus de ce point, s'atténuant par une courbe d'abord peu convexe puis légèrement concave en une pointe longue, un peu épaisse, souvent recourbée et bien obtuse à son sommet; au-dessous du même point, s'atténuant peu par une courbe peu convexe pour s'arrondir ensuite autour de la cavité de l'œil.

Peau un peu épaisse et rude, comme chagrinée, d'abord d'un vert clair, blanchâtre, semé de points bruns, très-petits, assez nombreux et peu apparents. On remarque aussi une rouille fine d'un brun clair couvrant la cavité de l'œil et le sommet du fruit. A la maturité, **commencement et courant d'hiver,** le vert fondamental passe au jaune citron clair et sur les fruits bien exposés, le côté du soleil est lavé d'un rouge orangé sur lequel les points sont cernés de jaune.

Œil assez grand, fermé, à divisions larges, serré dans une cavité étroite, le contenant à peine et dont les bords, peu épais, se divisent en côtes peu prononcées qui ne se prolongent pas d'une manière sensible sur la hauteur du fruit.

Queue longue, assez peu forte, ligneuse, d'un beau brun rouge, attachée ordinairement obliquement à la pointe recourbée du fruit.

Chair blanche, demi-fine, bien fondante, abondante en eau douce, sucrée, agréablement rafraîchissante.

D'ALOUETTE

(N° 311)

Dictionnaire de pomologie. André Leroy.

Observations. — D'après M. André Leroy, cette variété serait un semis de hasard trouvé sur la ferme du Barbancinet, commune de Saulgé-l'Hôpital (Maine-et-Loire). Elle porte le nom du champ sur lequel elle est née. — L'arbre, de vigueur normale sur cognassier, s'accommode bien de la forme pyramidale qui lui est naturelle. Son meilleur emploi est la haute tige, formant une tête élevée et bien régulière. Sa fertilité est précoce et grande. Son fruit, de troisième qualité, n'est propre qu'aux usages du ménage.

DESCRIPTION.

Rameaux de moyenne force, finement anguleux dans leur contour, droits, à entre-nœuds courts vers leur partie inférieure, un peu allongés vers leur partie supérieure, d'un vert olive foncé ; lenticelles blanchâtres, très-petites, assez peu nombreuses et peu apparentes.

Boutons à bois moyens, coniques, élargis à leur base et très-courtement aigus, à direction parallèle ou presque parallèle au rameau, soutenus sur des supports très-saillants dont l'arête médiane se prolonge finement et bien distinctement ; écailles d'un marron rougeâtre foncé.

Pousses d'été d'un vert vif, bien colorées de rouge et peu duveteuses à leur sommet.

Feuilles des pousses d'été moyennes, ovales-allongées, se terminant peu brusquement en une pointe longue, creusées en gouttière et non arquées, bordées de dents larges, peu profondes, couchées et plus ou moins émoussées, s'abaissant un peu sur des pétioles de moyenne longueur, de moyenne force et un peu souples.

Stipules longues, linéaires, très-étroites, souvent presque filiformes.

Feuilles stipulaires manquant ordinairement.

Boutons à fruit moyens, conico-ovoïdes, un peu allongés et aigus; écailles d'un beau marron rougeâtre peu foncé.

Fleurs petites; pétales arrondis-élargis, peu concaves, à onglet très-court, se recouvrant un peu entre eux; divisions du calice courtes et peu recourbées en dessous; pédicelles longs, grêles et presque glabres.

Feuilles des productions fruitières ovales-allongées et peu larges, se terminant régulièrement en une pointe courte, bien creusées en gouttière et à peine arquées, bordées de dents très-peu profondes, aiguës et souvent peu appréciables, s'abaissant un peu sur des pétioles de moyenne longueur, de moyenne force et peu redressés.

Caractère saillant de l'arbre : teinte générale du feuillage d'un vert herbacé peu brillant; toutes les feuilles allongées et peu larges, bien creusées en gouttière et à peine ou non arquées.

Fruit petit, ovoïde, un peu raboteux dans sa surface, atteignant sa plus grande épaisseur assez sensiblement au-dessous du milieu de sa hauteur; au-dessus de ce point, s'atténuant par une courbe à peine convexe ou à peine concave en une pointe peu longue et presque aiguë à son sommet; au-dessous du même point, s'arrondissant par une courbe bien convexe jusque vers l'œil.

Peau ferme, d'abord d'un vert très-clair et mat semé de points gris, largement et régulièrement espacés. Parfois on remarque des traces d'une rouille fauve, soit sur le sommet du fruit, soit sur sa base. A la maturité, **fin d'août,** le vert fondamental passe au jaune paille et le côté du soleil, sur les fruits bien exposés, est lavé ou flammé de rouge sanguin.

Œil moyen, demi-ouvert, à divisions fines, dressées, placé tantôt à fleur de la base du fruit, tantôt dans une dépression très-peu prononcée.

Queue un peu longue, grêle, souple, attachée le plus souvent perpendiculairement à fleur de la pointe du fruit.

Chair blanche, peu fine, demi-cassante, peu abondante en eau douce, sucrée et peu relevée.

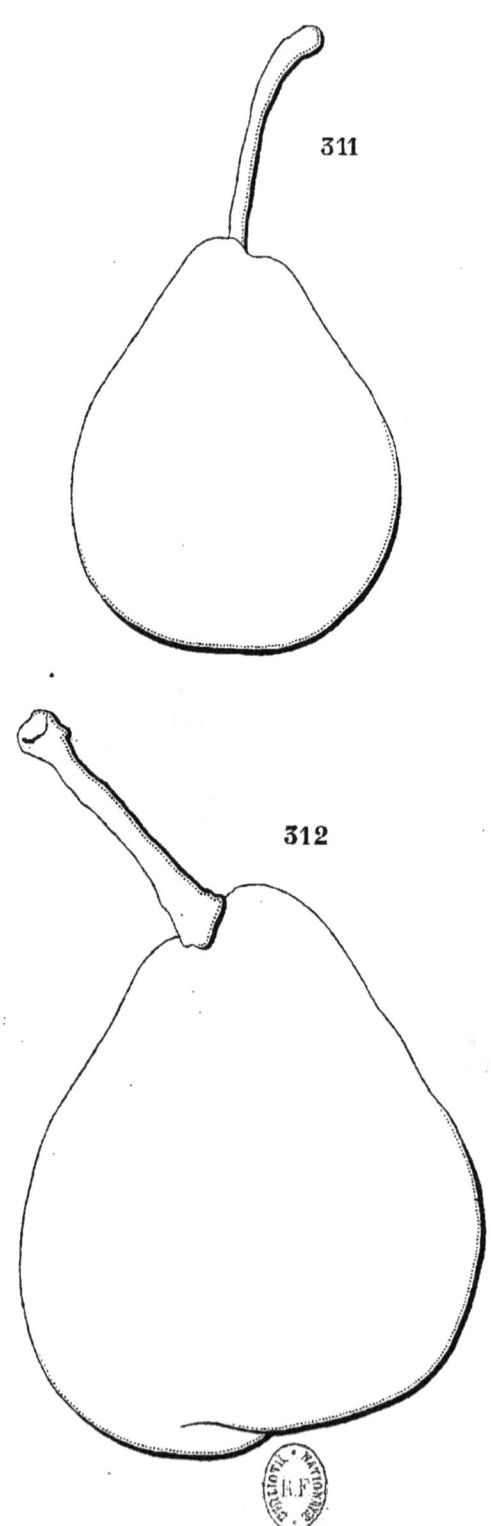

311. D'ALOUETTE.   312. AVOCAT NÉLIS.

AVOCAT NÉLIS

(N° 312)

Bulletin de la Société Van Mons.
Catalogue Narcisse Gaujard, de Wetteren.
Dictionnaire de pomologie. André Leroy.

Observations. — Cette variété fut obtenue vers 1846 par M. Grégoire, de Jodoigne, et dédiée à M. Nélis, avocat à Malines. — L'arbre, d'une vigueur moyenne sur cognassier, s'accommode facilement des formes régulières. Son fruit, de très-longue et facile conservation, ne peut être considéré que comme poire à compotes.

DESCRIPTION.

Rameaux de moyenne force, anguleux dans leur contour, flexueux, à entre-nœuds tantôt courts, tantôt un peu allongés, d'un brun verdâtre à l'ombre, à peine teintés de rouge du côté du soleil ; lenticelles blanches, assez nombreuses, peu larges et cependant un peu apparentes.

Boutons à bois exactement coniques, un peu courts, bien aigus, souvent éperonnés, à direction bien écartée du rameau, soutenus sur des supports un peu renflés dont les côtés et l'arête médiane se prolongent un peu obscurément ; écailles d'un marron rougeâtre foncé et brillant, bordées de gris argenté.

Pousses d'été d'un vert clair et vif, lavées de rouge et peu duveteuses à leur sommet.

Feuilles des pousses d'été moyennes, ovales, bien atténuées du côté de leur pointe et un peu moins du côté du pétiole, se terminant régulièrement, repliées sur leur nervure médiane et non arquées, bordées de dents assez larges, inégales entre elles et émoussées, mal soutenues sur des pétioles courts, un peu forts et cependant flexibles.

Stipules assez longues, linéaires.

Feuilles stipulaires fréquentes.

Boutons à fruit moyens, coniques, maigres, allongés et finement aigus; écailles d'un beau marron bien foncé et bien brillant.

Fleurs bien grandes; pétales ovales-elliptiques et allongés, bien concaves, parfois aigus à leur sommet, à onglet très-long, très-écartés entre eux; divisions du calice assez longues et recourbées en dessous; pédicelles assez courts, peu forts et peu duveteux.

Feuilles des productions fruitières moyennes, ovales-elliptiques ou ovales un peu élargies, se terminant presque régulièrement en une pointe bien aiguë, un peu concaves, un peu repliées sur leur nervure médiane, régulièrement bordées de dents fines, peu profondes et aiguës, assez peu soutenues sur des pétioles longs, grêles et divergents.

Caractère saillant de l'arbre : teinte générale du feuillage d'un vert vif; les plus jeunes feuilles lavées de rouge ainsi que les feuilles stipulaires.

Fruit moyen, conique-piriforme, ordinairement uni dans son contour, atteignant sa plus grande épaisseur bien au-dessous du milieu de sa hauteur; au-dessus de ce point, s'atténuant par une courbe d'abord peu convexe puis ensuite peu concave en une pointe plus ou moins longue, tantôt un peu tronquée, tantôt peu obtuse ou presque aiguë à son sommet; au-dessous du même point, s'atténuant par une courbe peu convexe pour ensuite s'aplatir autour de la cavité de l'œil.

Peau fine, mince, entièrement recouverte d'une rouille fine, dense et uniforme. A la maturité, **fin d'hiver et printemps,** la rouille se dore et le côté du soleil est peu facile à reconnaître.

Œil grand, demi-ouvert, à divisions frêles et souvent caduques, placé dans une cavité étroite, plus ou moins profonde, unie dans ses parois et ordinairement régulière par ses bords.

Queue assez courte ou de moyenne longueur, forte, un peu charnue, semblant former la continuation du fruit ou parfois un peu repoussée et obliquement dans un pli formé par sa pointe lorsqu'elle est tronquée.

Chair d'un blanc jaunâtre, fine, serrée, cassante ou demi-cassante à l'extrême maturité, peu abondante en eau douce, bien sucrée, mais sans parfum appréciable.

POIRE D'AMOUR DE MEISSEN

(MEISSENER LIEBCHENSBIRNE)

(N° 313)

Versuch einer Systematischen Beschreibung der Kernobstsorten. Diel.
Systematisches Handbuch der Obstkunde. Dittrich.
Catalogue Jahn. 1864.

Observations. — Diel dit qu'il reçut cette variété de son ami M. Beyer, de Meissenen (Saxe). Elle semblerait être originaire des environs de cette ville. Diel constate aussi qu'elle est différente des autres poires de ce nom, et j'ajoute qu'elle doit être distinguée de la poire Ah! mon Dieu, déjà décrite dans le *Verger* et qui est souvent appelée Poire d'Amour. — L'arbre, de vigueur contenue sur cognassier, s'accommode bien des formes régulières. Son véritable emploi est cependant la haute tige qui est d'une fertilité très-précoce, très-grande et bien soutenue. Sa rusticité le recommande pour le verger de campagne. Son fruit est d'assez bonne qualité.

DESCRIPTION.

Rameaux de moyenne force, unis dans leur contour, presque droits, à entre-nœuds longs, d'un brun jaunâtre du côté de l'ombre, d'un brun rougeâtre du côté du soleil; lenticelles blanchâtres, peu larges, un peu allongées, largement espacées et apparentes.

Boutons à bois moyens, coniques, un peu renflés sur le dos, aigus, à direction écartée du rameau vers lequel ils se recourbent un peu par leur pointe, soutenus sur des supports un peu saillants dont l'arête médiane ne se prolonge pas ; écailles d'un beau marron rougeâtre en grande partie recouvert de gris blanchâtre.

Pousses d'été d'un vert pâle et un peu teinté de jaune, un peu lavées de rouge et presque glabres à leur sommet.

Feuilles des pousses d'été moyennes ou petites, exactement elliptiques, se terminant brusquement en une pointe extraordinairement courte et aiguë, creusées en gouttière et non arquées, bordées de dents extraordinairement peu profondes, bien couchées, peu appréciables, soutenues horizontalement sur des pétioles courts, un peu forts, redressés et un peu flexibles.

Stipules de moyenne longueur, en alènes fines.

Feuilles stipulaires assez fréquentes.

Boutons à fruit assez gros, conico-ovoïdes, aigus ; écailles d'un beau marron rougeâtre.

Fleurs petites ; pétales ovales-arrondis, peu concaves, à onglet un peu long, écartés entre eux ; divisions du calice très-courtes, très-aiguës et étalées ; pédicelles courts, grêles et glabres.

Feuilles des productions fruitières moyennes, exactement elliptiques, se terminant en une pointe extraordinairement courte ou nulle, entières ou presque entières par leurs bords, un peu concaves et à peine arquées, assez bien soutenues sur des pétioles courts, de moyenne force, divergents et peu flexibles.

Caractère saillant de l'arbre : teinte générale du feuillage d'un vert herbacé ; toutes les feuilles tendant à la forme elliptique, entières ou à peine dentées.

Fruit petit ou assez petit, conique-piriforme, uni dans son contour, atteignant sa plus grande épaisseur au-dessous du milieu de sa hauteur ; au-dessus de ce point, s'atténuant par une courbe d'abord peu convexe puis largement concave en une pointe un peu longue, maigre et un peu obtuse à son sommet ; au-dessous du même point, s'arrondissant régulièrement par une courbe largement convexe jusque vers l'œil.

Peau fine et cependant un peu ferme, d'abord d'un vert clair et gai semé de points gris cernés d'un peu de vert plus foncé, nombreux et régulièrement espacés. On ne remarque ordinairement aucune trace de rouille sur sa surface. A la maturité, **commencement et milieu d'août**, le vert fondamental passe au jaune citron clair ou au jaune paille largement lavé du côté du soleil d'un très-joli rouge vermillon vif et semé de points d'un gris blanchâtre, très-nombreux et bien apparents.

Œil assez grand, ouvert, à divisions recourbées en dehors, placé presque à fleur de la base du fruit dans une dépression très-peu prononcée et parfois plissée dans ses parois.

Queue courte, un peu forte, d'un brun clair et brillant, un peu courbée, un peu élastique, attachée à la pointe du fruit qui, en se déjetant de côté, lui donne une direction un peu oblique.

Chair un peu jaune, demi-fine, demi-beurrée, suffisante en eau douce, sucrée et agréable.

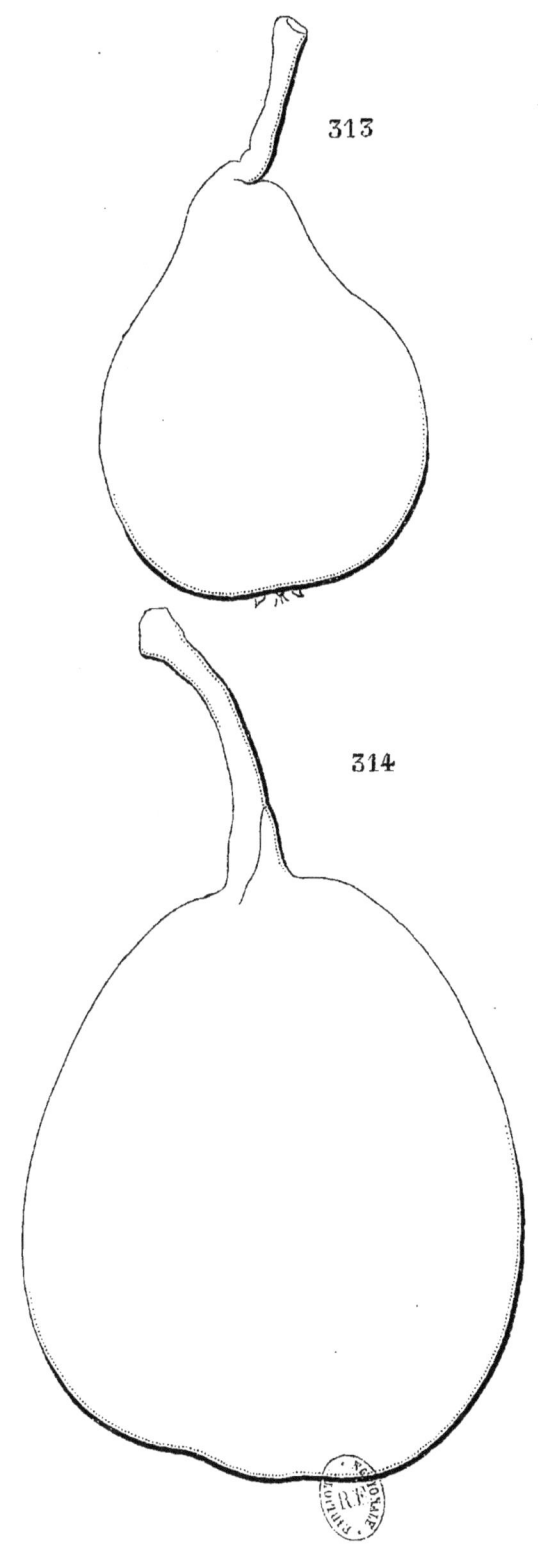

313. POIRE D'AMOUR DE MEISSEN.   314. BEURRÉ PAULINE DELZENT.

BEURRÉ PAULINE DELZENT

(N° 314)

Notices pomologiques. DE LIRON D'AIROLES.

OBSERVATIONS. — Cette variété est un gain de M. Lefèvre-Boitelle, propriétaire à Amiens (Somme), et M. Douchin, de la même ville, en fut le premier propagateur. Elle fut probablement dédiée à une personne de la famille de M. Delzent, devenu depuis propriétaire des arbres de semis de M. Lefèvre-Boitelle. Son premier rapport eut lieu en 1853. — L'arbre, de vigueur contenue sur cognassier, est propre aux formes régulières, surtout à celle de pyramide. Sa fertilité est précoce et bonne. Son fruit est de bonne qualité et cependant parfois un peu entaché d'âpreté.

DESCRIPTION.

Rameaux de moyenne force, allongés et fluets à leur partie supérieure, unis ou presque unis dans leur contour, un peu flexueux, à entre-nœuds de moyenne longueur, rougeâtres ; lenticelles blanchâtres, larges, peu nombreuses et apparentes.

Boutons à bois moyens, coniques-allongés, aigus, à direction bien écartée du rameau, soutenus sur des supports saillants dont l'arête médiane ne se prolonge pas ou seulement très-obscurément ; écailles d'un marron rougeâtre terne.

Pousses d'été d'un vert très-clair, lavées d'un joli rouge rosat et peu duveteuses sur une grande longueur à leur partie supérieure.

Feuilles des pousses d'été petites, ovales-allongées, sensiblement atténuées vers le pétiole, se terminant régulièrement en une pointe bien aiguë, un peu creusées en gouttière et à peine arquées, bordées de dents écartées entre elles, assez peu profondes, bien couchées et émoussées, s'abaissant peu sur des pétioles courts, grêles et un peu souples.

Stipules en alênes de moyenne longueur et finement aiguës.

Feuilles stipulaires se présentent quelquefois.

Boutons à fruit moyens, coniques-allongés, maigres et aigus ; écailles d'un marron rougeâtre terne.

Fleurs presque moyennes ; pétales ovales-élargis, concaves, à onglet court, se touchant un peu entre eux ; divisions du calice courtes et peu recourbées en dessous ; pédicelles courts, grêles et un peu duveteux.

Feuilles des productions fruitières un peu plus grandes que celles des pousses d'été, ovales-lancéolées, bien allongées et étroites, se terminant régulièrement en une pointe peu aiguë, un peu creusées en gouttière et parfois contournées sur leur longueur, à peine arquées, bordées de dents très-peu profondes, bien couchées et obtuses, s'abaissant un peu sur des pétioles longs, grêles et un peu flexibles.

Caractère saillant de l'arbre : teinte générale du feuillage d'un vert un peu bleu et mat ; toutes les feuilles ovales-allongées et étroites, surtout celles des productions fruitières qui sont presque lancéolées ; tous les pétioles grêles.

Fruit gros, conico-ovoïde, uni dans son contour sur la plus grande partie de sa hauteur, atteignant sa plus grande épaisseur bien au-dessous du milieu de sa hauteur ; au-dessus de ce point, s'atténuant par une courbe peu convexe en une pointe longue, épaisse et largement obtuse ; au-dessous du même point, s'arrondissant par une courbe largement convexe jusque dans la cavité de l'œil.

Peau un peu épaisse, d'abord d'un vert d'eau sombre et semé de points d'un gris brun, larges, nombreux et bien apparents. Une large tache d'une rouille brune couvre la cavité de l'œil et s'étend un peu au-delà de ses bords. A la maturité, **octobre, novembre,** le vert fondamental s'éclaircit en jaune mat et le côté du soleil se couvre d'un ton un peu plus chaud.

Œil moyen, ouvert, placé dans une cavité peu profonde, évasée, plissée dans ses parois et par ses bords, et ses plis se prolongent souvent d'une manière un peu sensible sur la base du fruit.

Queue longue, d'un brun noirâtre, un peu forte, ligneuse, courbée, épaissie à son point d'attache au rameau et à celui où elle est fixée à la pointe très-obtuse du fruit.

Chair blanchâtre, un peu teintée de vert sous la peau, demi-fine, beurrée, fondante, un peu granuleuse vers le cœur, suffisante en eau sucrée, vineuse, relevée et vraiment agréable.

BESI DE VAN MONS

(WILDLING VON VAN MONS)

(N° 315)

Catalogue JAHN. 1864.

OBSERVATIONS. — J'ai reçu cette variété de M. Jahn, qui annonce qu'elle lui fut envoyée sans renseignements par le Pasteur Jacobi. Aurait-elle été obtenue par Van Mons, ou lui aurait-elle été dédiée? — L'arbre, de vigueur très-contenue sur cognassier, pourrait, avec des soins, former sur ce sujet de petites pyramides ou des fuseaux. Il convient mieux en haute tige, dans le verger de campagne, où sa rusticité indique sa place. Sa fertilité est précoce, très-grande les années de rapport, mais interrompue par des alternats complets. Son fruit est d'assez bonne qualité et d'assez longue maturation.

DESCRIPTION.

Rameaux assez forts, peu allongés, souvent un peu épaissis à leur sommet, unis dans leur contour, droits, à entre-nœuds assez courts, d'un vert jaunâtre à l'ombre, à peine teintés de rouge du côté du soleil ; lenticelles blanchâtres, petites, nombreuses et peu apparentes.

Boutons à bois assez petits, très-courts, élargis à leur base, obtus ou émoussés, à direction peu écartée du rameau, soutenus sur des supports peu saillants dont l'arête médiane ne se prolonge pas; écailles d'un marron rougeâtre presque entièrement voilé de gris.

Pousses d'été d'un vert très-clair, non lavées de rouge à leur sommet, couvertes sur presque toute leur longueur d'un duvet blanc, court et fin.

Feuilles des pousses d'été petites, ovales-elliptiques, un peu allongées et peu larges, se terminant peu brusquement en une pointe longue et étroite, creusées en gouttière et un peu arquées, bordées de dents fines, très-peu profondes, couchées, peu aiguës et garnies d'un duvet blanc, bien soutenues sur des pétioles un peu longs, fermes et dressés.

Stipules assez courtes, presque filiformes et très-caduques.

Feuilles stipulaires manquant le plus souvent.

Boutons à fruit moyens ou assez petits, conico-ovoïdes, émoussés; écailles d'un marron rougeâtre clair et terne.

Fleurs petites; pétales elliptiques-arrondis, concaves, à onglet très-court, se touchant entre eux; divisions du calice de moyenne longueur et recourbées en dessous seulement par leur pointe; pédicelles de moyenne longueur, grêles et un peu laineux.

Feuilles des productions fruitières petites, ovales-elliptiques, se terminant assez brusquement en une pointe un peu longue et bien recourbées en dessous, creusées en gouttière et souvent largement ondulées dans leur contour, exactement entières par leurs bords, bien soutenues sur des pétioles courts, grêles, fermes et dressés.

Caractère saillant de l'arbre : teinte générale du feuillage d'un vert d'eau vif et luisant; toutes les feuilles petites; feuilles des productions fruitières remarquablement entières par leurs bords et bien recourbées en dessous par leur pointe; tous les pétioles grêles et cependant fermes.

Fruit petit, sphérico-conique, plus ou moins court, uni dans son contour, atteignant sa plus grande épaisseur au-dessous du milieu de sa hauteur; au-dessus de ce point, s'atténuant plus ou moins promptement par une courbe peu convexe en une pointe plus ou moins courte, épaisse et largement obtuse à son sommet; au-dessous du même point, s'arrondissant par une courbe largement convexe jusque dans la cavité de l'œil.

Peau un peu ferme, unie, d'abord d'un vert clair et gai semé de petits points d'un gris vert, nombreux, plus apparents sur certaines parties, moins apparents sur d'autres. Rarement on remarque quelques traces de rouille sur sa surface A la maturité, **novembre,** le vert fondamental passe au jaune paille et le côté du soleil est seulement un peu doré.

Œil extraordinairement grand, à divisions larges et recourbées en dehors, placé presque à fleur de la base du fruit dans une dépression très-peu profonde, très-évasée et parfois un peu ondulée par ses bords.

Queue de moyenne longueur, très-grêle, bien ligneuse, bien droite, attachée perpendiculairement à fleur de la pointe du fruit.

Chair blanche, peu fine, un peu grenue, beurrée, en peu pierreuse vers le cœur, abondante en eau sucrée, acidulée et relevée d'un parfum excitant.

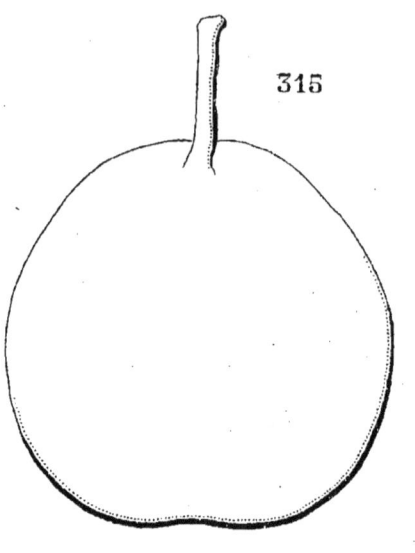
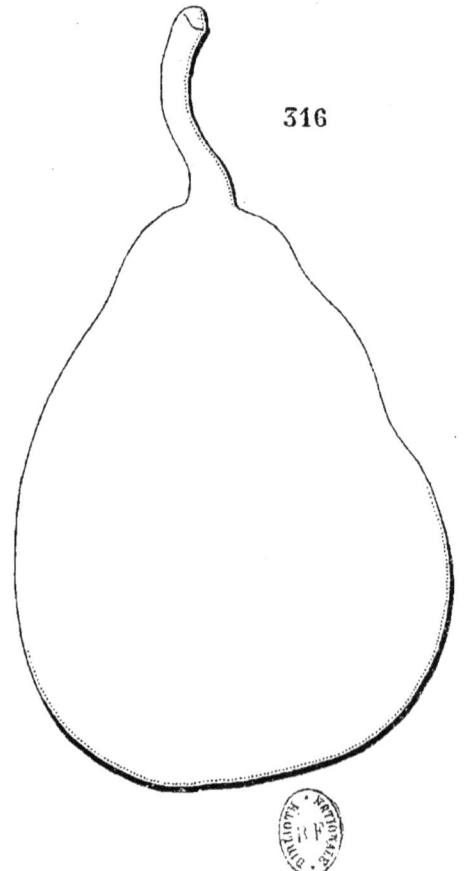

315, BESI DE VAN MONS.   316, SABINE.

SABINE

(N° 316)

Catalogue Van Mons. 1823.
Systematischen Beschreibung der Kernobstsorten. Diel.
Systematisches Hanbuch der Obstkunde. Dittrich.
Dictionnaire de pomologie. André Leroy.
SABINE VAN MONS. *Handbuch aller bekannten Obstsorten.* Biedenfeld.

Observations. — Cette variété fut-elle obtenue par Van Mons, ainsi qu'il l'annonce dans son Catalogue? M. André Leroy cite un passage d'un article publié par Van Mons, dans les *Annales générales des sciences physiques*, qui indiquerait qu'il fut seulement le premier qui ait élevé et acheté le pied-mère, encore jeune, dans un jardin de Schaerbeeck, probablement aux environs de Mons. Il la dédia à M. Joseph Sabine, alors secrétaire de la Société d'horticulture de Londres. Elle ne doit pas être confondue avec la Jaminette, déjà décrite dans le *Verger*, et à laquelle on a souvent donné le nom de Sabine. — L'arbre, d'assez bonne vigueur sur cognassier, est propre à la forme pyramidale. Sa fertilité est peu précoce et par la suite un peu inconstante. Son fruit est de première qualité.

DESCRIPTION.

Rameaux forts et bien allongés, bien anguleux dans leur contour, bien flexueux, à entre-nœuds longs, de couleur jaunâtre; lenticelles blanches, allongées, nombreuses et apparentes.

Boutons à bois gros, coniques, bien aigus, à direction bien écartée du rameau, souvent éperonnés, soutenus sur des supports extraordinairement saillants dont l'arête médiane se prolonge très-distinctement; écailles d'un marron presque noir et brillant, bordées de gris blanchâtre.

Pousses d'été d'un vert très-clair, lavées de rouge et soyeuses à leur sommet.

Feuilles des pousses d'été moyennes, ovales-allongées, bien atténuées vers le pétiole, s'atténuant assez longuement à leur autre extrémité pour se terminer régulièrement en une pointe aiguë, creusées en gouttière et à peine arquées, bordées de dents profondes, un peu recourbées et aiguës, assez peu soutenues sur des pétioles bien longs, peu forts, presque horizontaux et peu flexibles.

Stipules longues, linéaires-lancéolées, dentées.

Feuilles stipulaires assez fréquentes.

Boutons à fruit gros, conico-ovoïdes et aigus ; écailles d'un beau marron noirâtre et brillant.

Fleurs petites ; pétales assez exactement ovales, étalés et recourbés en dessus, assez écartés entre eux, un peu veinés de rose avant l'épanouissement ; divisions du calice de moyenne longueur, un peu larges à leur base et recourbées en dessous par leur pointe ; pédicelles assez courts, de moyenne force et laineux.

Feuilles des productions fruitières grandes, ovales-allongées et peu larges, se terminant régulièrement en une pointe finement aiguë, largement creusées en gouttière ou repliées sur leur nervure médiane et souvent largement ondulées dans leur contour, bordées de dents fines, très-peu profondes, couchées et émoussées ou peu aiguës, mal soutenues sur des pétioles très-longs, assez forts et cependant bien souples.

Caractère saillant de l'arbre : teinte générale du feuillage d'un vert clair, vif et bien brillant ; toutes les feuilles allongées et peu larges ; tous les pétioles extraordinairement longs.

Fruit moyen, tantôt irrégulièrement conique, tantôt ovoïde-piriforme, souvent un peu déformé dans son contour, atteignant sa plus grande épaisseur bien au-dessous du milieu de sa hauteur ; au-dessus de ce point, s'atténuant par une courbe irrégulièrement concave ou irrégulièrement convexe en une pointe plus ou moins longue, peu épaisse et obtuse à son sommet ; au-dessous du même point, tantôt s'arrondissant par une courbe bien convexe jusque dans la cavité de l'œil, tantôt s'atténuant par une courbe largement convexe pour diminuer sensiblement d'épaisseur vers la cavité de l'œil.

Peau un peu épaisse, d'abord d'un vert clair et vif semé de points bruns, bien arrondis, nombreux, serrés et bien régulièrement espacés. Une rouille brune, dense et uniforme couvre la cavité de l'œil, le sommet du fruit et souvent se disperse en larges taches sur sa surface. A la maturité, **commencement et courant d'hiver**, le vert fondamental passe au jaune citron clair et le côté du soleil est bien doré ou, dans les années chaudes et sèches, lavé d'un rouge cramoisi peu dense et cependant vif.

Œil grand, ouvert, à divisions grisâtres, placé dans une cavité peu profonde, étroite et le plus souvent régulière.

Queue de moyenne longueur, plus ou moins forte, élastique, charnue à son point d'attache sur la pointe du fruit dont elle semble former la continuation.

Chair d'un blanc à peine teinté de jaune, fine, fondante, à peine pierreuse vers le cœur, abondante en eau douce, sucrée et délicatement parfumée.

PINNEO

(N° 317)

The Fruits and the fruit-trees of America. Downing.
PINNEO OR BOSTON. *The American fruit Culturist.* Thomas.

Observations. — Downing dit que cette ancienne variété américaine est réputée originaire du district de Columbia, comté de Tolland, Connecticut. Il lui attribue aussi les synonymes Graves, Silliman's Russet, Early Denzelona, Hébron, Lebanon et celui de Summer Virgalieu qui lui est donné par erreur, car il appartient à une variété distincte. — L'arbre, de vigueur un peu insuffisante sur cognassier, ne maintient la régularité de sa forme qu'à l'aide d'une taille courte. Sa fertilité est précoce, grande et soutenue. Son fruit est d'assez bonne qualité.

DESCRIPTION.

Rameaux de moyenne force, presque unis dans leur contour, à peine flexueux, à entre-nœuds courts, d'un jaune clair; lenticelles blanchâtres, petites, assez peu nombreuses et un peu apparentes.

Boutons à bois moyens, régulièrement coniques et aigus, à direction écartée du rameau, soutenus sur des supports un peu saillants dont l'arête médiane se prolonge très-peu distinctement; écailles d'un marron très-clair.

Pousses d'été d'un vert clair, lavées de rouge violet et longtemps duveteuses sur une assez grande partie de leur longueur.

Feuilles des pousses d'été à peine moyennes, ovales-elliptiques et tendant à la forme arrondie, se terminant brusquement en une pointe fine et recourbée en dessous, irrégulièrement bordées de dents larges et obtuses, un peu creusées en gouttière et arquées, assez bien soutenues sur des pétioles longs, de moyenne force et redressés.

Stipules très-longues, linéaires très-étroites.

Feuilles stipulaires fréquentes.

Boutons à fruit petits, conico-ovoïdes, peu aigus; écailles d'un marron jaunâtre.

Fleurs moyennes; pétales obovales-arrondis, concaves, à onglet peu long, écartés entre eux, lavés de rose avant l'épanouissement; divisions du calice courtes, finement aiguës et à peine recourbées en dessous; pédicelles un peu longs, forts et duveteux.

Feuilles des productions fruitières un peu plus grandes que celles des pousses d'été, les unes ovales-élargies, les autres ovales-elliptiques, toutes se terminant un peu brusquement en une pointe courte, peu repliées sur leur nervure médiane ou presque planes, presque entières ou bordées de dents peu appréciables, mal soutenues sur des pétioles assez longs, grêles et flexibles.

Caractère saillant de l'arbre : teinte générale du feuillage d'un vert jaune; les plus jeunes feuilles presque jaunes et pâles; pousses d'été longtemps duveteuses.

Fruit presque moyen, presque sphérique, parfois un peu conique et même un peu piriforme, uni dans son contour, atteignant sa plus grande épaisseur à peu près au milieu ou peu au-dessous du milieu de sa hauteur; au-dessus de ce point, s'arrondissant le plus souvent en demi-sphère ou s'atténuant par une courbe peu convexe en une pointe courte, épaisse et bien obtuse; au-dessous du même point, s'arrondissant par une courbe bien convexe pour ensuite s'aplatir un peu autour de la cavité de l'œil.

Peau un peu épaisse, d'abord d'un vert d'eau, souvent entièrement ou presque entièrement caché sous une couche d'une rouille grise et uniforme. A la maturité, **commencement et milieu d'août**, le vert fondamental passe au jaune clair, la rouille se dore un peu du côté du soleil ou parfois se couvre d'un peu de rouge feu.

Œil grand, ouvert, placé dans une cavité peu profonde, évasée, sillonnée dans ses parois et presque unie par ses bords.

Queue tantôt courte et un peu forte, tantôt plus allongée, épaissie à son point d'attache au rameau, à peine courbée, un peu élastique, fixée dans un pli plus ou moins prononcé formé par la pointe du fruit.

Chair blanche, demi-fine, beurrée, suffisante en eau douce, sucrée, relevée d'un parfum de musc assez prononcé.

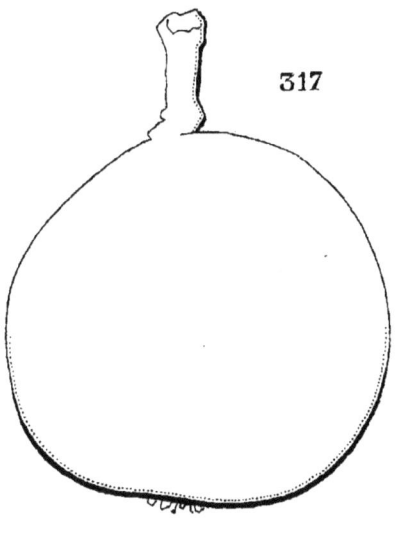
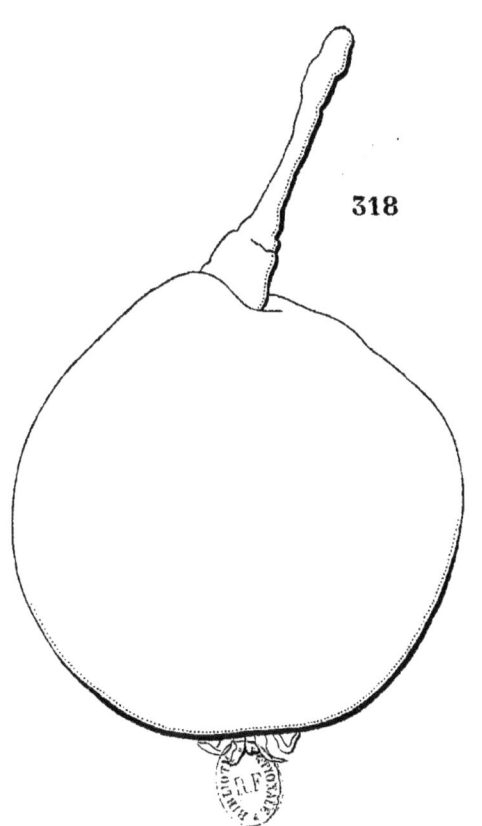

317. PINNEO. 318. EXCELLENTE DE MOINE.

EXCELLENTE DE MOINE

(EDEL MÖNCHSBIRNE)

(N° 318)

DIE EDLE MÖNSCHBIRNE. *Beschereibung der neuer Obstsorten.* LIEGEL.
Illustrirtes Handbuch der Obsthunde. JAHN.

OBSERVATIONS. — Liegel dit qu'il reçut cette variété en 1835 du Bourgmestre Rossy, de Schönburg, en Moravie (Autriche). — L'arbre, de bonne vigueur sur cognassier, s'accommode bien des formes régulières. Sa fertilité est précoce, bonne et assez soutenue. Son fruit, qui se produit en bouquets, est de bonne qualité.

DESCRIPTION.

Rameaux forts, assez courts, souvent épaissis en massue à leur sommet, unis dans leur contour, à peine flexueux, à entre-nœuds de moyenne longueur, d'un vert intense ombré de gris; lenticelles blanches, larges, largement espacées et bien apparentes.

Boutons à bois gros, coniques, un peu allongés et cependant courtement aigus, à direction parallèle au rameau vers lequel ils se courbent par leur pointe, soutenus sur des supports assez peu saillants dont l'arête médiane ne se prolonge pas; écailles d'un marron peu foncé et brillant.

Pousses d'été d'un vert vif, lavées de rouge et peu duveteuses à leur sommet.

Feuilles des pousses d'été moyennes ou petites, ovales-arrondies, très-brusquement et très-courtement atténuées vers le pétiole, se terminant brusquement en une pointe peu longue, étroite et bien recourbée en dessous, à peine repliées sur leur nervure médiane et arquées, bordées de dents fines, peu profondes et aiguës, bien soutenues sur des pétioles longs, grêles et cependant bien raides et redressés.

Stipules en alènes très-courtes et très-caduques.

Feuilles stipulaires manquant ordinairement.

Boutons à fruit petits, coniques, à peine renflés et courtement aigus ; écailles d'un marron foncé et brillant.

Fleurs moyennes ; pétales ovales-arrondis, bien concaves, se recouvrant un peu entre eux ; divisions du calice de moyenne longueur, finement aiguës et recourbées en dessous ; pédicelles longs, peu forts et laineux.

Feuilles des productions fruitières plus grandes que celles des pousses d'été, elliptiques-arrondies, le plus souvent obtuses et parfois se terminant en une pointe très-courte, bien concaves, bordées de dents très-fines, très-peu profondes et aiguës, mollement soutenues sur des pétioles de moyenne longueur, de moyenne force et souples.

Caractère saillant de l'arbre : teinte générale du feuillage d'un vert herbacé vif et brillant ; toutes les feuilles tendant à la forme elliptique ou à la forme arrondie ; serrature de toutes les feuilles formée de dents remarquablement fines, bien acérées et peu profondes.

Fruit moyen ou assez gros, tantôt sphérico-ovoïde, tantôt ovoïde un peu plus allongé, bien épais, uni dans son contour, atteignant souvent sa plus grande épaisseur un peu au-dessous du milieu de sa hauteur ; au-dessus de ce point, se terminant tantôt presque en demi-sphère, tantôt en une pointe plus ou moins courte et obtuse à son sommet ; au-dessous du même point, s'atténuant par une courbe largement convexe pour diminuer très-sensiblement d'épaisseur vers la cavité de l'œil.

Peau un peu épaisse, d'abord d'un vert pré semé de points d'un gris vert, larges, bien nombreux et assez apparents. On ne remarque ordinairement aucune trace de rouille sur sa surface. A la maturité, **milieu et fin d'août,** le vert fondamental s'éclaircit à peine et le côté du soleil est peu distinct.

Œil très-grand, ouvert, à divisions recourbées en dehors, placé presque à fleur de la base du fruit dans une dépression très-étroite, peu profonde et ordinairement largement plissée dans ses parois.

Queue longue, peu forte, ligneuse et ferme, charnue et plissée circulairement à son point d'attache sur le fruit dont le plus souvent elle semble former la continuation.

Chair d'un blanc un peu verdâtre surtout sous la peau, assez fine, beurrée, à peine pierreuse vers le cœur, suffisante en eau douce, sucrée et délicatement parfumée.

PULSIFER

(N° 319)

The Fruits and the fruit-trees of America. Downing.
The American fruit Culturist. Thomas.

Observations. — D'après Downing, cette variété aurait été obtenue par le docteur John Pulsifer, de Hennepin (Illinois). — L'arbre, de vigueur un peu insuffisante sur cognassier, exige quelques soins pour être maintenu sous formes régulières. Sa fertilité est précoce, bonne et soutenue. Son fruit est seulement de seconde qualité.

DESCRIPTION.

Rameaux peu forts, unis ou presque unis dans leur contour, presque droits, à entre-nœuds courts, d'un brun rougeâtre; lenticelles blanchâtres, très-petites, peu nombreuses et peu apparentes.

Boutons à bois assez petits, coniques, bien aigus, à direction écartée du rameau, soutenus sur des supports un peu saillants dont l'arête médiane ne se prolonge pas ou très-peu distinctement; écailles d'un marron rougeâtre brillant.

Pousses d'été d'un vert pâle, à peine ou non lavées de rouge et finement duveteuses sur une assez grande longueur à leur sommet.

Feuilles des pousses d'été très-petites, ovales-lancéolées, se terminant presque régulièrement en une pointe finement aiguë, à peine repliées sur leur nervure médiane et non arquées, entières par leurs bords, bien dressées sur des pétioles très-courts, extraordinairement grêles et très-raides.

Stipules en alènes très-courtes et très-fines.

Feuilles stipulaires manquant ordinairement.

Boutons à fruit petits, coniques, un peu renflés et obtus; écailles d'un beau marron brillant.

Fleurs assez petites; pétales elliptiques-arrondis, peu concaves, à onglet court, se touchant entre eux; divisions du calice courtes, très-finement aiguës et à peine recourbées en dessous; pédicelles de moyenne longueur, peu forts et peu duveteux.

Feuilles des productions fruitières assez petites, les unes ovales-élargies, les autres elliptiques-arrondies, se terminant très-brusquement en une pointe très-courte et très-fine, très-largement creusées en gouttière et peu arquées, bordées de dents peu profondes, couchées et aiguës, bien soutenues sur des pétioles courts, très-grêles et redressés.

Caractère saillant de l'arbre : teinte générale du feuillage d'un vert bleu mat; feuilles des pousses d'été remarquablement petites et lancéolées; tous les pétioles extraordinairement courts et grêles.

Fruit petit, ovoïde-piriforme, uni dans son contour, atteignant sa plus grande épaisseur au-dessous du milieu de sa hauteur; au-dessus de ce point, s'atténuant par une courbe d'abord peu convexe puis peu concave en une pointe courte, maigre, peu obtuse ou un peu aiguë à son sommet; au-dessous du même point, s'arrondissant par une courbe largement convexe jusque dans la cavité de l'œil.

Peau un peu épaisse, d'abord d'un vert assez intense semé de petites taches grisâtres, nombreuses et un peu rudes au toucher. Une rouille fauve recouvre ordinairement le sommet du fruit et la cavité de l'œil. A la maturité, **fin de juillet et commencement d'août,** le vert fondamental passe au jaune citron voilé d'une teinte verdâtre, et le côté du soleil se distingue par un ton un peu plus chaud ou rarement est lavé d'un peu de rouge.

Œil grand, ouvert ou demi-ouvert, à divisions courtes, grisâtres, étalées ou un peu dressées, placé dans une cavité très-peu profonde, évasée, souvent sillonnée dans ses parois et par ses bords.

Queue assez courte, un peu forte, un peu courbée, ligneuse, attachée presque à fleur de la pointe du fruit dans un pli très-peu prononcé et qui manque souvent.

Chair blanchâtre, peu fine, demi-fondante, suffisante en eau assez sucrée, mais peu relevée.

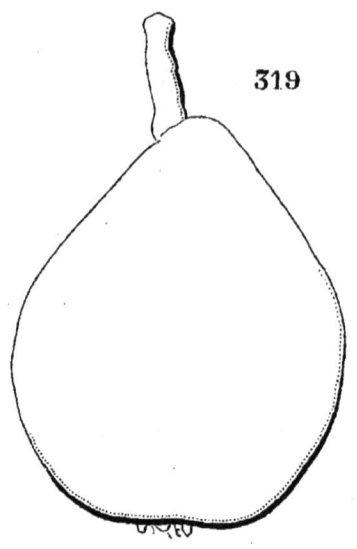

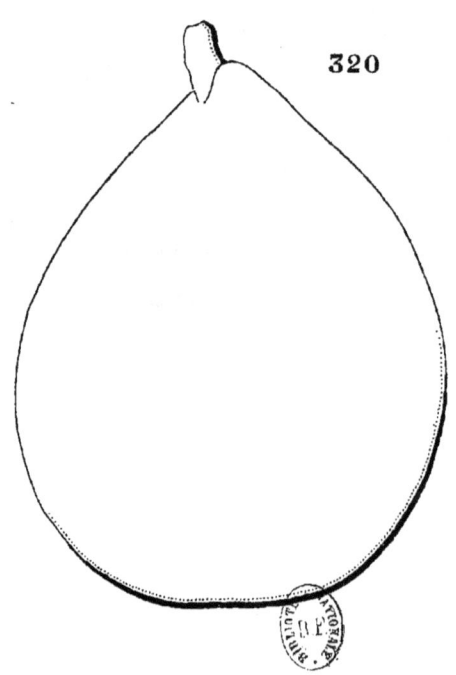

319. PULSIFER.   320. L'INCONSTANTE.

L'INCONSTANTE

(N° 320)

Catalogue Papeleu, de Wetteren.
Bulletin de la Société Van Mons.

Observations.—Cette variété est citée dans le Catalogue de M. Papeleu, de Wetteren, et plusieurs fois dans les *Bulletins* de la Société Van Mons, comme ayant été obtenue par M. Bivort. Quelle fut l'époque de son premier rapport et serait-elle un semis de Van Mons, dont M. Bivort aurait été seulement le promoteur? Nous n'avons pu trouver de réponse à ces deux questions.—L'arbre, de bonne vigueur sur cognassier, s'accommode assez bien des formes régulières. Sa fertilité, seulement moyenne, est interrompue par des alternats complets. Son fruit, inconstant dans sa forme et dans sa saveur, est tantôt de bonne qualité, tantôt seulement médiocre, subissant facilement les influences de la saison.

DESCRIPTION.

Rameaux d'une bonne force et bien soutenue jusqu'à leur sommet, unis ou presque unis dans leur contour, presque droits, à entre-nœuds assez courts ou de moyenne longueur, d'un jaune verdâtre ; lenticelles blanches, petites, assez nombreuses et apparentes.

Boutons à bois petits, coniques, courts, élargis à leur base et courtement aigus, à direction bien écartée du rameau, soutenus sur des supports très-peu saillants dont l'arête médiane ne se prolonge pas ou très-peu distinctement ; écailles d'un marron peu foncé et terne.

Pousses d'été d'un vert clair, à peine lavées de rouge à leur sommet et légèrement duveteuses sur toute leur longueur.

Feuilles des pousses d'été moyennes ou assez grandes, ovales-elliptiques, se terminant assez brusquement en une pointe longue et large, peu repliées sur leur nervure médiane et un peu arquées, bordées de dents larges, profondes, un peu recourbées et émoussées, s'abaissant peu sur des pétioles courts, forts, redressés et assez fermes.

Stipules longues, linéaires-lancéolées.

Feuilles stipulaires assez fréquentes.

Boutons à fruit moyens, coniques, un peu renflés, peu aigus ou émoussés; écailles d'un marron peu foncé.

Fleurs grandes, souvent semi-doubles ; pétales ovales-élargis ou ovales-arrondis, presque planes ; divisions du calice larges, finement aiguës et recourbées en dessous ; pédicelles très-courts, forts et duveteux.

Feuilles des productions fruitières moyennes, moins larges et plus allongées que celles des pousses d'été, se terminant régulièrement en une pointe peu aiguë, largement creusées en gouttière et à peine arquées, bordées de dents peu profondes, couchées et émoussées ou parfois presque entières, assez peu soutenues sur des pétioles de moyenne longueur, peu forts et un peu flexibles.

Caractère saillant de l'arbre : teinte générale du feuillage d'un vert herbacé clair, vif et brillant; feuilles des pousses d'été longuement acuminées.

Fruit moyen, conique ou conique-piriforme, un peu variable dans sa forme, souvent un peu courbé sur sa hauteur, uni dans son contour, atteignant sa plus grande épaisseur bien au-dessous du milieu de sa hauteur ; au-dessus de ce point, s'atténuant par une courbe à peine convexe ou à peine concave en une pointe plus ou moins longue et se prolongeant souvent beaucoup en un col charnu surmonté de la queue; au-dessous du même point, s'arrondissant par une courbe largement convexe jusque dans la cavité de l'œil.

Peau fine, mince, d'abord d'un vert pâle semé de points d'un gris fauve, très-petits, peu apparents et manquant souvent sur certaines parties. On remarque ordinairement quelques traits divergents d'une rouille fauve et bien fine dans la cavité de l'œil. A la maturité, **octobre,** le vert fondamental passe au jaune clair, conservant souvent une teinte un peu verdâtre et le côté du soleil est souvent un peu doré ou parfois lavé d'un léger nuage de rouge.

Œil petit, fermé, placé dans une cavité étroite, un peu profonde et ordinairement régulière.

Queue très-courte, plus ou moins forte, charnue, formant exactement la continuation de la pointe du fruit.

Chair blanchâtre, demi-fine, bien fondante, à peine un peu granuleuse vers le cœur, abondante en eau douce, sucrée et plus ou moins parfumée.

BESI DE MONCONDROICEU

(WILDLING VON MONCONDROICEU)

(N° 321)

Anleitung der besten Obstes. Oberdieck.
Catalogue Jahn. 1864.

Observations. — J'ai reçu cette variété de M. Jahn. M. Oberdieck, en la citant dans son catalogue annexé à son *Anleitung der besten Obstes*, annonce seulement qu'elle lui fut envoyée du château d'Herrenhausen, près de Hanovre. — L'arbre, de vigueur normale sur cognassier, s'accommode bien des formes régulières et surtout de celle de pyramide. Sa fertilité est assez précoce, bonne et bien soutenue. Son fruit est un peu petit, mais de première qualité.

DESCRIPTION.

Rameaux de moyenne force, presque unis dans leur contour, à peine flexueux, à entre-nœuds de moyenne longueur, jaunâtres du côté de l'ombre, un peu teintés de rouge du côté du soleil; lenticelles blanches, petites, assez peu nombreuses et peu apparentes.

Boutons à bois gros, coniques-allongés et bien aigus, à direction très-peu écartée du rameau, soutenus sur des supports peu saillants dont l'arête médiane ne se prolonge pas ou très-peu distinctement; écailles d'un marron rougeâtre très-foncé.

Pousses d'été d'un vert clair et vif, lavées de rouge et peu duveteuses à leur sommet.

Feuilles des pousses d'été petites, ovales-allongées et peu larges, souvent brusquement atténuées vers le pétiole et se terminant presque régulièrement en une pointe étroite et aiguë, creusées en gouttière et à peine arquées, bordées de dents peu profondes, couchées et obtuses, bien soutenues sur des pétioles courts, grêles, bien fermes et peu redressés.

Stipules en alènes courtes, fines et caduques.

Feuilles stipulaires manquant ordinairement.

Boutons à fruit moyens, conico-ovoïdes, allongés et aigus ; écailles d'un beau marron rougeâtre foncé.

Fleurs petites ; pétales ovales-elliptiques, bien concaves, à onglet court, se touchant presque entre eux ; divisions du calice de moyenne longueur, finement aiguës et peu recourbées en dessous ; pédicelles de moyenne longueur, de moyenne force et à peine duveteux.

Feuilles des productions fruitières un peu plus grandes que celles des pousses d'été, assez régulièrement ovales, un peu allongées, se terminant peu brusquement en une pointe longue et étroite, un peu concaves ou souvent presque planes, régulièrement bordées de dents fines, peu profondes et émoussées, bien soutenues sur des pétioles de moyenne longueur, grêles et cependant raides.

Caractère saillant de l'arbre : teinte générale du feuillage d'un vert tendre et mat ; toutes les feuilles plus ou moins petites, un peu allongées et peu larges ; tous les pétioles grêles et cependant raides.

Fruit petit, sphérico-ovoïde ou irrégulièrement sphérique, souvent plus haut d'un côté que de l'autre, atteignant sa plus grande épaisseur à peu près au milieu de sa hauteur ; au-dessus de ce point, s'arrondissant presque en demi-sphère et par une courbe assez convexe ; au-dessous du même point, s'arrondissant par une courbe presque également convexe pour ensuite s'aplatir sur une petite étendue autour de la cavité de l'œil.

Peau épaisse, d'abord d'un vert gai semé de points bruns, larges, nombreux, régulièrement espacés et bien apparents, souvent entremêlés de taches d'une rouille brune, épaisse, un peu rude au toucher et qui se condense sur le sommet du fruit et dans la cavité de l'œil où elle prend un ton fauve. A la maturité, **décembre,** le vert fondamental passe au jaune citron et le côté du soleil se dore chaudement ou se lave d'un nuage de rouge doré.

Œil grand, ouvert, placé dans une cavité peu profonde, évasée et ordinairement régulière.

Queue courte, très-forte, ligneuse, un peu courbée, attachée obliquement dans un pli plus ou moins prononcé et souvent un peu irrégulier.

Chair blanchâtre, fine, beurrée, fondante, abondante en jus sucré, acidulé et relevé d'une saveur distinguée.

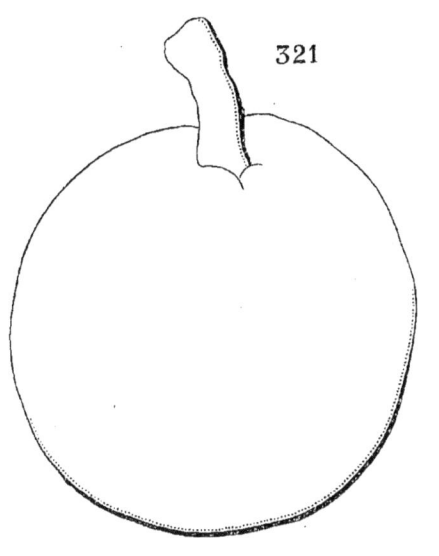

321. BESI DE MONCONDROIGEU.   322. GLACE D'HIVER.

GLACE D'HIVER

(N° 322)

Catalogue Papeleu, de Wetteren. 1856-1857.
Catalogue Thiery, de Haelen. 1859.
WINTER EISBIRNE. *Illustrirtes Handbuch der Obstkunde.* Jahn.

Observations. — MM. Thiery et Papeleu ne donnent dans leurs Catalogues aucune indication sur l'origine de cette variété qui s'est propagée de la Belgique en France et en Allemagne. — L'arbre, de vigueur contenue sur cognassier, s'accommode bien des formes régulières et surtout de celle de pyramide. Sa fertilité est précoce, bonne, mais interrompue par des alternats assez complets. Son fruit, de longue et facile conservation, est seulement propre aux usages du ménage.

DESCRIPTION.

Rameaux assez peu forts, obscurément anguleux dans leur contour, un peu flexueux, à entre-nœuds courts, d'un brun verdâtre à l'ombre, d'un brun rougeâtre du côté du soleil ; lenticelles d'un blanc jaunâtre, un peu larges, assez peu nombreuses et un peu apparentes.

Boutons à bois petits, coniques, bien aigus, à direction parallèle au rameau, soutenus sur des supports peu saillants dont l'arête médiane se prolonge assez peu distinctement ; écailles d'un marron rougeâtre brillant.

Pousses d'été d'un vert vif, bien colorées de rouge et peu duveteuses à leur sommet.

Feuilles des pousses d'été moyennes, ovales-allongées, se terminant un peu brusquement en une pointe très-longue, à peine repliées sur leur nervure médiane et non arquées, bordées de dents très-peu profondes et obtuses, souvent peu appréciables, mal soutenues sur des pétioles longs, grêles et flexibles.

Stipules de moyenne longueur, filiformes.

Feuilles stipulaires manquant ordinairement.

Boutons à fruit petits, coniques, un peu allongés, maigres et un peu aigus ; écailles d'un marron jaunâtre.

Fleurs petites ; pétales ovales, bien atténués à leur sommet, à onglet assez long, un peu écartés entre eux, très-légèrement lavés de rose avant l'épanouissement ; divisions du calice finement aiguës et un peu réfléchies en dessous ; pédicelles assez longs, grêles et peu duveteux.

Feuilles des productions fruitières moyennes, ovales-elliptiques et allongées, se terminant presque régulièrement en une pointe courte, peu repliées sur leur nervure médiane et peu arquées, bordées de dents très-fines, très-peu profondes et un peu émoussées, s'abaissant bien sur des pétioles longs, grêles et flexibles.

Caractère saillant de l'arbre : teinte générale du feuillage d'un vert vif et brillant ; serrature de toutes les feuilles formée de dents remarquablement peu profondes ; tous les pétioles grêles et flexibles.

Fruit moyen, sphérico-conique, tantôt uni, tantôt à peine déformé dans son contour par des côtes très-aplanies, atteignant sa plus grande épaisseur un peu au-dessous du milieu de sa hauteur ; au-dessus de ce point, s'atténuant plus ou moins promptement par une courbe peu convexe en une pointe courte, épaisse et bien obtuse à son sommet ; au-dessous du même point, s'arrondissant par une courbe bien convexe pour ensuite s'aplatir un peu autour de la cavité de l'œil.

Peau un peu épaisse, d'abord d'un vert vif semé de points bruns, larges, nombreux et apparents. Une rouille fauve couvre la cavité de l'œil et se disperse parfois sur la surface du fruit. A la maturité, **fin d'hiver et printemps,** le vert fondamental passe au jaune citron, souvent chaudement doré du côté du soleil.

Œil petit, demi-ouvert, placé dans une cavité un peu profonde, évasée et souvent largement ondulée par ses bords.

Queue courte, peu forte, attachée le plus souvent obliquement dans une petite cavité divisée dans ses bords par des plis divergents plus ou moins prononcés, ne se prolongeant pas toujours et d'une manière très-peu sensible sur la hauteur du fruit.

Chair blanchâtre, fine, tassée, cassante, devenant un peu tendre à l'extrême maturité, suffisante en eau douce, sucrée, sans parfum appréciable.

BEURRÉ ZOTMAN

(N° 323)

Bulletin de la Société Van Mons.
FRANZ-MADAME VON DUVES. *Catalogue* JAHN. 1864.

OBSERVATIONS. — Je reçus d'abord cette variété de la Société Van Mons. Elle est indiquée, dans son Catalogue, comme provenant ou ayant été obtenue par M. Loisel de Fauquemont. Plus tard, je reconnus que le Franz-Madame Von Duves, de M. Jahn, et qu'il tenait de M. Oberdieck, était entièrement identique. Serait-elle d'origine belge? — L'arbre, de bonne vigueur aussi bien sur cognassier que sur franc, s'accommode assez bien des formes régulières et surtout de celle de pyramide. Son meilleur emploi est la haute tige dans le verger où sa rusticité, sa fertilité très-précoce et très-grande lui font mériter une place. Son fruit, seulement de seconde qualité, offre la plus jolie apparence et ressemble volontiers à une poire de marbre que l'on aurait ornée de couleurs les plus délicates.

DESCRIPTION.

Rameaux forts, un peu anguleux dans leur contour, presque droits, à entre-nœuds inégaux entre eux, d'un brun verdâtre peu foncé ; lenticelles blanchâtres, larges, allongées, largement espacées et apparentes.

Boutons à bois moyens, coniques-allongés, maigres et aigus, à direction peu écartée du rameau, soutenus sur des supports saillants dont les côtés et l'arête médiane se prolongent un peu distinctement ; écailles d'un marron rougeâtre peu foncé et brillant.

Pousses d'été d'un vert clair et vif, colorées d'un rouge vineux intense sur la plus grande partie de leur longueur et recouvertes sur toute leur longueur d'un duvet peu abondant.

Feuilles des pousses d'été molles, assez petites, ovales-elliptiques, se terminant régulièrement ou presque régulièrement en une pointe bien fine, bien creusées en gouttière et un peu arquées, bordées de dents fines, écartées entre elles, peu profondes et aiguës, s'abaissant bien sur des pétioles assez courts, grêles et mollement flexibles.

Stipules de moyenne longueur, linéaires très-étroites.

Feuilles stipulaires manquant ordinairement.

Boutons à fruit gros, conico-ovoïdes, un peu aigus; écailles d'un marron peu foncé.

Fleurs à peine moyennes; pétales presque elliptiques, peu concaves, à onglet long, écartés entre eux; divisions du calice longues, finement aiguës et bien recourbées en dessous; pédicelles longs, peu forts et un peu duveteux.

Feuilles des productions fruitières grandes, ovales un peu élargies, échancrées vers le pétiole, se terminant régulièrement en une pointe aiguë et recourbée en dessous, bien creusées en gouttière et à peine arquées, bordées de dents profondes, couchées et plus ou moins aiguës, mollement soutenues sur des pétioles un peu longs, de moyenne force et bien souples.

Caractère saillant de l'arbre : feuilles les plus jeunes presque jaunes et régulièrement bordées de rouge vineux ; feuilles adultes d'un vert un peu teinté de jaune; toutes les feuilles bien creusées en gouttière et très-mollement soutenues sur leur pétiole ; pousses d'été bien colorées de rouge vineux.

Fruit petit ou assez petit, en forme de Calebasse, bien uni dans son contour, atteignant sa plus grande épaisseur bien au-dessous du milieu de sa hauteur; au-dessus de ce point, s'atténuant par une courbe d'abord un peu convexe puis largement concave en une pointe longue, maigre et aiguë à son sommet; au-dessous du même point, s'arrondissant par une courbe un peu convexe jusque dans la cavité de l'œil.

Peau un peu épaisse et unie, d'abord d'un vert clair semé de points d'un gris verdâtre, nombreux et régulièrement espacés. Rarement on remarque quelques traces d'une rouille très-fine et de couleur fauve sur la surface du fruit ou parfois autour de l'œil. A la maturité, **milieu et fin de juillet,** le vert fondamental passe au jaune citron clair et le côté du soleil est largement lavé d'un joli rouge tendre sur lequel ressortent bien des points nombreux, d'un jaune verdâtre.

Œil moyen, ouvert, à divisions un peu dressées, placé presque à fleur de la base du fruit dans une dépression peu profonde, bien évasée et régulière par ses bords.

Queue longue, grêle, d'un brun jaunâtre brillant, élastique, un peu courbée, attachée perpendiculairement à fleur de la pointe du fruit.

Chair blanche, assez fine, demi-beurrée, peu abondante en eau douce, sucrée et peu relevée.

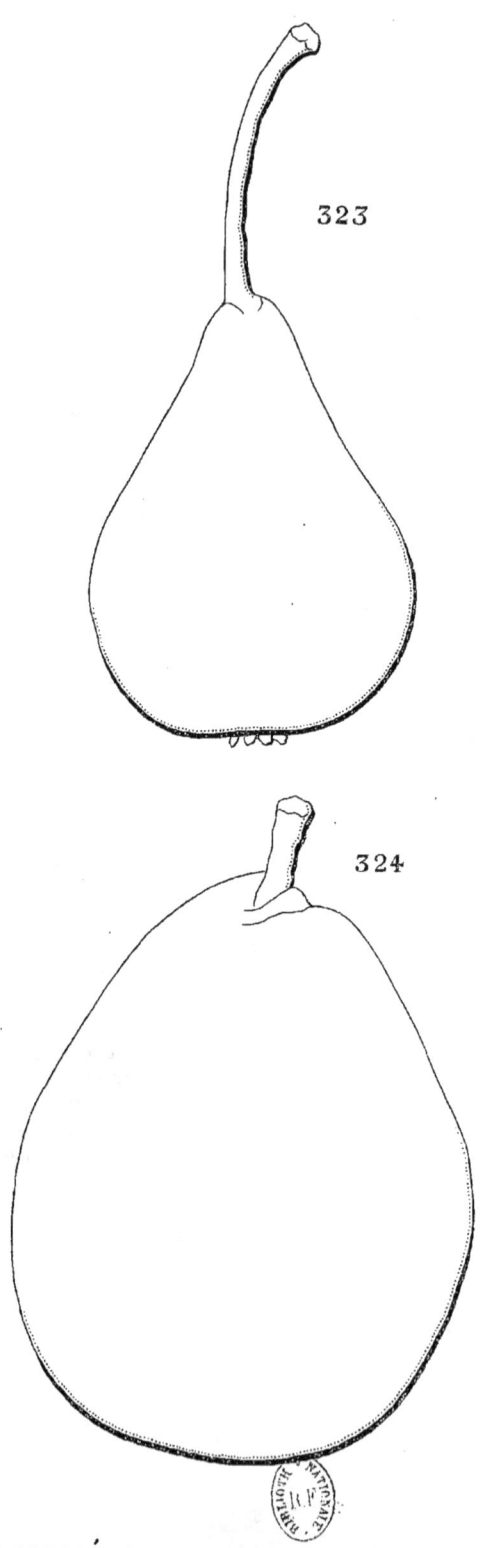

323. BEURRÉ ZOTMAN. 324. VAN DE WEYER BATES.

VAN DE WEYER-BATES

(N° 324)

Catalogue Bivort. 1851-1852.
Catalogue Papeleu, de Wetteren.
Bulletin de la Société Van Mons.

Observations. — Cette variété est un gain de Van Mons, postérieur à 1823, car elle n'est pas mentionnée dans son Catalogue. — L'arbre, de bonne vigueur aussi bien sur cognassier que sur franc, s'accommode assez bien des formes régulières. Sa fertilité est précoce, grande et assez bien soutenue. Son fruit, d'assez bonne qualité, se recommande par sa longue et facile conservation.

DESCRIPTION.

Rameaux de moyenne force, anguleux dans leur contour, presque droits, à entre-nœuds un peu inégaux entre eux, d'un brun jaunâtre; lenticelles allongées, nombreuses et un peu apparentes.

Boutons à bois moyens, coniques, un peu épais et un peu aigus, à direction très-peu écartée du rameau, soutenus sur des supports un peu saillants dont les côtés et surtout l'arête médiane se prolongent vivement; écailles d'un marron noirâtre et finement bordées de gris blanchâtre.

Pousses d'été d'un vert très-clair, à peine lavées de rouge et duveteuses à leur sommet.

Feuilles des pousses d'été petites, ovales, sensiblement atténuées vers le pétiole, se terminant régulièrement en une pointe courte, recourbée ou le plus souvent contournée, à peine repliées sur leur nervure médiane et souvent convexes par leurs côtes, très-largement ondulées ou contournées sur leur longueur, bordées de dents larges, assez peu profondes et émoussées, bien soutenues sur des pétioles longs, grêles, raides et redressés.

Stipules un peu longues, lancéolées-étroites.

Feuilles stipulaires très-fréquentes.

Boutons à fruit assez gros, conico-ovoïdes, aigus; écailles d'un beau marron foncé et uniforme.

Fleurs petites; pétales régulièrement ovales, aigus ou presque aigus à leur sommet, peu concaves, à onglet court, à peine écartés entre eux; divisions du calice assez courtes, fines et peu recourbées en dessous; pédicelles très-courts, forts et un peu laineux.

Feuilles des productions fruitières plus grandes que celles des pousses d'été, ovales bien allongées, peu aiguës à leur extrémité, très-largement creusées en gouttière ou repliées sur leur nervure médiane, souvent ondulées dans leur contour et presque toujours bien recourbées par leur pointe, bordées de dents très-peu appréciables ou presque entières, mal soutenues sur des pétioles de moyenne longueur, grêles et souples.

Caractère saillant de l'arbre : teinte générale du feuillage d'un vert d'eau peu brillant; toutes les feuilles plus ou moins contournées sur leur longueur ou par leur pointe et souvent largement ondulées; tous les pétioles plus ou moins grêles.

Fruit moyen, ovoïde-piriforme, ordinairement uni dans son contour, atteignant sa plus grande épaisseur peu au-dessous du milieu de sa hauteur; au-dessus de ce point, s'atténuant par une courbe d'abord à peine convexe puis à peine concave en une pointe un peu longue, épaisse et obtuse à son sommet; au-dessous du même point, s'atténuant par une courbe largement convexe pour diminuer un peu sensiblement d'épaisseur vers la cavité de l'œil.

Peau assez mince, souple, d'abord d'un vert d'eau peu foncé semé de points bruns, très-petits, très-nombreux et peu apparents. Une rouille brune couvre largement le sommet du fruit, rarement se disperse en traits très-fins sur sa surface et ne s'étend pas toujours dans la cavité de l'œil. A la maturité, **courant d'hiver,** le vert fondamental passe au jaune terne et le côté du soleil se couvre d'un ton à peine un peu plus chaud.

Œil moyen, ouvert, à divisions fines, étalées dans une cavité étroite, profonde, bien unie dans ses parois et par ses bords.

Queue courte ou très-courte, un peu forte, ligneuse, attachée le plus souvent perpendiculairement dans un pli irrégulier formé par la pointe du fruit.

Chair blanchâtre, fine, tassée, demi-beurrée, suffisante en eau douce, bien sucrée, mais sans parfum bien appréciable.

SOUVENIR DE DÉSIRÉ GILAIN

(N° 325)

Bulletin de la Société Van Mons.
Catalogue Simon-Louis, de Metz.

Observations. — Cette variété est indiquée dans le *Bulletin* de la Société Van Mons, comme étant un gain de M. Grégoire, de Jodoigne. — L'arbre, de bonne vigueur aussi bien sur cognassier que sur franc, exige quelques soins pour être maintenu sous formes régulières. Sa fertilité est assez précoce, moyenne et soutenue. Son fruit, seulement de seconde qualité, doit être rangé dans la classe des Blanquets.

DESCRIPTION.

Rameaux forts, un peu anguleux dans leur contour, droits, à entre-nœuds de moyenne longueur, jaunâtres du côté de l'ombre, d'un rouge sanguin peu foncé du côté du soleil; lenticelles blanchâtres, fines, un peu allongées, assez peu nombreuses et peu apparentes.

Boutons à bois gros, coniques, aigus, à direction peu écartée du rameau, soutenus sur des supports peu saillants dont les côtés et l'arête médiane se prolongent plus ou moins distinctement; écailles d'un marron jaunâtre.

Pousses d'été d'un vert très-clair, lavées de rouge et un peu soyeuses à leur sommet.

Feuilles des pousses d'été moyennes, ovales-elliptiques, un peu allongées et peu larges, s'atténuant assez longuement en une pointe étroite et recourbée, bien repliées sur leur nervure médiane et cependant un peu convexes par leurs côtés, bien arquées, bordées de dents peu profondes, couchées et émoussées, se recourbant sur des pétioles un peu longs, un peu forts, raides et peu redressés.

Stipules extraordinairement longues et lancéolées.

Feuilles stipulaires très-fréquentes.

Boutons à fruit moyens, ovo-ellipsoïdes, émoussés ou très-courtement aigus ; écailles d'un marron rougeâtre peu foncé.

Fleurs assez grandes ; pétales obovales, concaves, à onglet long, bien écartés entre eux ; divisions du calice de moyenne longueur, larges et peu recourbées en dessous ; pédicelles longs, de moyenne force et glabres.

Feuilles des productions fruitières plus grandes que celles des pousses d'été, ovales bien allongées et presque étroites, bien atténuées vers le pétiole, se terminant régulièrement en une pointe peu aiguë, peu repliées sur leur nervure médiane et peu arquées, bordées de dents assez larges, profondes et un peu aiguës, s'abaissant peu sur des pétioles longs, grêles, bien redressés et peu souples.

Caractère saillant de l'arbre : teinte générale du feuillage d'un vert tendre et mat ; toutes les feuilles plus ou moins allongées ; tous les pétioles plus ou moins longs ; stipules remarquablement allongées.

Fruit moyen, ovoïde-piriforme, bien uni dans son contour, atteignant sa plus grande épaisseur bien au-dessous du milieu de sa hauteur ; au-dessus de ce point, s'atténuant par une courbe d'abord peu convexe puis largement concave en une pointe longue, maigre et aiguë à son sommet ; au-dessous du même point, s'atténuant par une courbe largement convexe jusque vers l'œil.

Peau un peu ferme, d'abord d'un vert pâle semé de points d'un vert plus foncé, larges, assez nombreux et apparents. On ne remarque ordinairement aucune trace de rouille sur sa surface. A la maturité, **milieu et fin d'août,** le vert fondamental passe au jaune paille seulement un peu doré du côté du soleil ou rarement lavé d'un soupçon de rouge.

Œil assez grand, ouvert, placé presque à fleur de la base du fruit dans une dépression très-peu creusée et plissée dans ses parois.

Queue longue, de moyenne force, ligneuse, charnue en s'attachant à la pointe du fruit dont elle forme exactement la continuation et le plus souvent dirigée obliquement.

Chair bien blanche, peu fine, cassante, suffisante en eau douce, sucrée, vineuse et relevée d'une saveur assez difficile à qualifier.

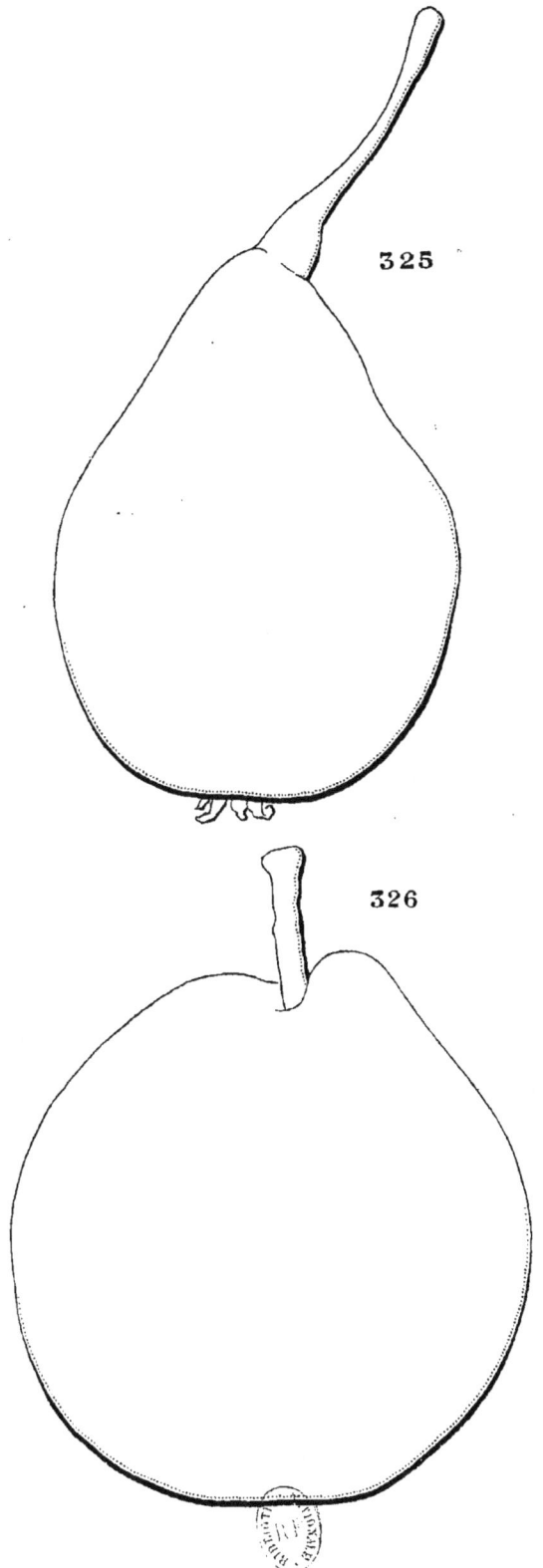

325, SOUVENIR DE DÉSIRÉ GILAIN.   326, PAUL THIELENS.

PAUL THIELENS

(N° 326)

Album de pomologie. Bivort.
Jardin fruitier du Muséum. Decaisne.
Dictionnaire de pomologie. André Leroy.

Observations. — Cette variété est sortie des semis de Van Mons et fut propagée par M. Bivort, sous le nom de M. Paul Thielens, de Jodoigne. Son premier rapport eut lieu en 1844. — L'arbre, de bonne vigueur sur cognassier, s'accommode bien de la forme pyramidale. Sa fertilité est assez précoce, seulement moyenne et cependant soutenue. Son fruit n'est propre qu'aux usages de la cuisine.

DESCRIPTION.

Rameaux de moyenne force, presque unis dans leur contour, droits, à entre-nœuds de moyenne longueur, verdâtres ; lenticelles d'un blanc jaunâtre, peu larges, un peu nombreuses et un peu apparentes.

Boutons à bois très-petits, extraordinairement courts, épatés, obtus ou émoussés, un peu encastrés dans le rameau auquel ils sont appliqués, soutenus sur des supports très-peu saillants dont l'arête médiane se prolonge à peine distinctement ; écailles d'un marron rougeâtre foncé.

Pousses d'été d'un vert terne, colorées de rouge sur une grande longueur à leur sommet et longtemps couvertes d'un duvet fin et peu épais.

Feuilles des pousses d'été petites ou presque moyennes, ovales bien élargies, se terminant peu brusquement en une pointe très-courte et bien recourbée en dessous, convexes par leurs côtés ou comme roulées en cornet, bordées de dents très-fines, très-peu profondes, couchées et aiguës, bien soutenues sur des pétioles un peu longs, peu forts, bien raides et bien redressés.

Stipules de moyenne longueur, lancéolées, dentées.

Feuilles stipulaires fréquentes.

Boutons à fruit moyens, coniques-allongés, peu renflés et peu aigus ; écailles d'un marron rougeâtre brillant.

Fleurs presque moyennes ; pétales elliptiques-arrondis, peu concaves, à onglet presque nul, se recouvrant bien entre eux ; divisions du calice très-courtes et à peine recourbées en dessous ; pédicelles longs, un peu forts et glabres.

Feuilles des productions fruitières grandes, ovales très-élargies, se terminant peu brusquement en une pointe très-courte, creusées en gouttière et très-largement ondulées, entières sur une partie de leur contour, bordées sur l'autre partie de dents peu profondes, couchées et émoussées, bien soutenues sur des pétioles très-longs, grêles, raides et très-redressés.

Caractère saillant de l'arbre : teinte générale du feuillage d'un vert peu foncé et un peu terne ; feuilles des pousses d'été d'une consistance ferme : tous les pétioles remarquablement redressés.

Fruit moyen ou assez gros, un peu en forme de baril et tronqué à ses deux pôles, parfois un peu déformé dans son contour, atteignant sa plus grande épaisseur à peu près au milieu de sa hauteur ; au-dessus et au-dessous de ce point, s'atténuant par des courbes presque de même longueur et presque également convexes, soit du côté de l'œil, soit du côté de la queue vers laquelle il s'atténue cependant un peu plus.

Peau un peu épaisse, d'abord d'un vert pâle, blanchâtre, semé de points d'un gris noir, larges, largement et régulièrement espacés et apparents. On remarque quelques traces de rouille dans la cavité de l'œil et rarement sur le reste de la surface du fruit. A la maturité, **septembre, octobre,** le vert fondamental passe au jaune paille et le côté du soleil est seulement un peu doré.

Œil petit, fermé, placé dans une cavité peu profonde, un peu évasée, unie dans ses parois et par ses bords.

Queue assez courte, un peu forte, bien ligneuse, courbée, attachée dans une cavité étroite, un peu profonde, divisée dans ses bords en des côtes inégales qui se prolongent d'une manière peu sensible sur la hauteur du fruit.

Chair d'un blanc un peu teinté de vert, demi-fine, beurrée, suffisante en eau sucrée, acidulée, mais cette acidité est souvent trop développée.

POIRE D'AUNÉE D'ÉTÉ

(SOMMER ALANTBIRNE)

(N° 327)

Versuch einer Systematischen Beschreibung der Kernobstsorten. Diel.
Handbuch der Pomologie. Hinkert.
Handbuch aller bekannten Obstsorten. Biedenfeld.
Illustrirtes Handbuch der Obstkunde. Oberdieck.

Observations. — Diel reçut cette variété du professeur Crede, de Marburg (Styrie). — L'arbre, de bonne vigueur sur cognassier, s'accommode assez bien de la forme pyramidale, mais la taille retarde un peu son rapport, et son meilleur emploi est la haute tige formant une tête sphérique, de petite dimension, rustique et d'un rapport précoce et grand. Son fruit est seulement de seconde qualité.

DESCRIPTION.

Rameaux forts, allongés et fluets à leur partie supérieure, bien unis dans leur contour, à entre-nœuds longs, d'un vert terne entièrement ombré de gris; lenticelles grisâtres, larges et très-peu apparentes.

Boutons à bois petits, larges, courts, aplatis et bien appliqués au rameau, soutenus sur des supports presque nuls dont les côtés et l'arête médiane ne se prolongent pas; écailles d'un marron terne et recouvert d'un duvet gris très-court.

Pousses d'été d'un vert un peu teinté de jaune, non lavées de rouge à leur sommet et couvertes sur une assez grande longueur d'un duvet blanc, très-court et peu épais.

Feuilles des pousses d'été moyennes ou assez petites, elliptiques-arrondies, se terminant brusquement en une pointe très-courte, bien repliées sur leur nervure médiane et bien arquées, bordées de dents écartées entre elles, très-peu profondes et émoussées, s'abaissant un peu sur des pétioles longs, forts et un peu souples.

Stipules en alènes courtes, fines et très-caduques.

Feuilles stipulaires manquant ordinairement.

Boutons à fruit moyens, conico-ovoïdes, allongés, maigres et un peu aigus; écailles d'un marron rougeâtre peu foncé.

Fleurs assez petites; pétales elliptiques-arrondis, concaves, à onglet court, se touchant entre eux; divisions du calice très-courtes, finement aiguës et un peu recourbées en dessous; pédicelles de moyenne longueur, de moyenne force et un peu laineux.

Feuilles des productions fruitières moyennes, ovales-cordiformes, un peu échancrées vers le pétiole, se terminant régulièrement en une pointe très-courte et très-fine, presque planes, entières ou très-irrégulièrement bordées de dents extraordinairement fines et peu profondes, peu appréciables, mal soutenues sur des pétioles courts, assez grêles et souples.

Caractère saillant de l'arbre : teinte générale du feuillage d'un vert herbacé mat ; toutes les feuilles plus ou moins élargies et garnies d'une serrature peu appréciable ; feuilles des pousses d'été remarquablement repliées et bien arquées.

Fruit petit ou assez petit, tantôt ovoïde-piriforme, tantôt conique-piriforme, uni dans son contour, atteignant sa plus grande épaisseur bien au-dessous du milieu de sa hauteur; au-dessus de ce point, s'atténuant par une courbe d'abord peu convexe puis à peine concave en une pointe courte ou un peu longue et aiguë à son sommet; au-dessous du même point, s'atténuant par une courbe largement convexe jusque vers l'œil.

Peau fine, mince, d'abord d'un vert clair et gai recouvert d'une sorte de fleur blanchâtre et semé de points d'un vert à peine plus foncé et peu visibles. Une rouille fine d'un fauve clair se disperse en une sorte de réseau sur quelques parties de la surface du fruit et se condense souvent sur son sommet. A la maturité, **milieu et fin de juillet,** le vert fondamental s'éclaircit un peu en jaune et le côté du soleil est lavé d'un peu de rouge qui manque souvent dans certaines saisons et toujours sur les fruits placés à l'ombre.

Œil assez grand, ouvert, à divisions fines et frêles, conservant dans son intérieur les filets persistants des étamines, placé le plus souvent à fleur de la base du fruit et parfois dans une dépression assez prononcée.

Queue longue, peu forte, presque droite, ligneuse, un peu charnue à son attache à la pointe du fruit dont elle forme exactement la continuation.

Chair blanchâtre, assez fine, fondante, abondante en eau légèrement sucrée, relevée d'un parfum que l'on peut comparer à celui du Fenouil anisé.

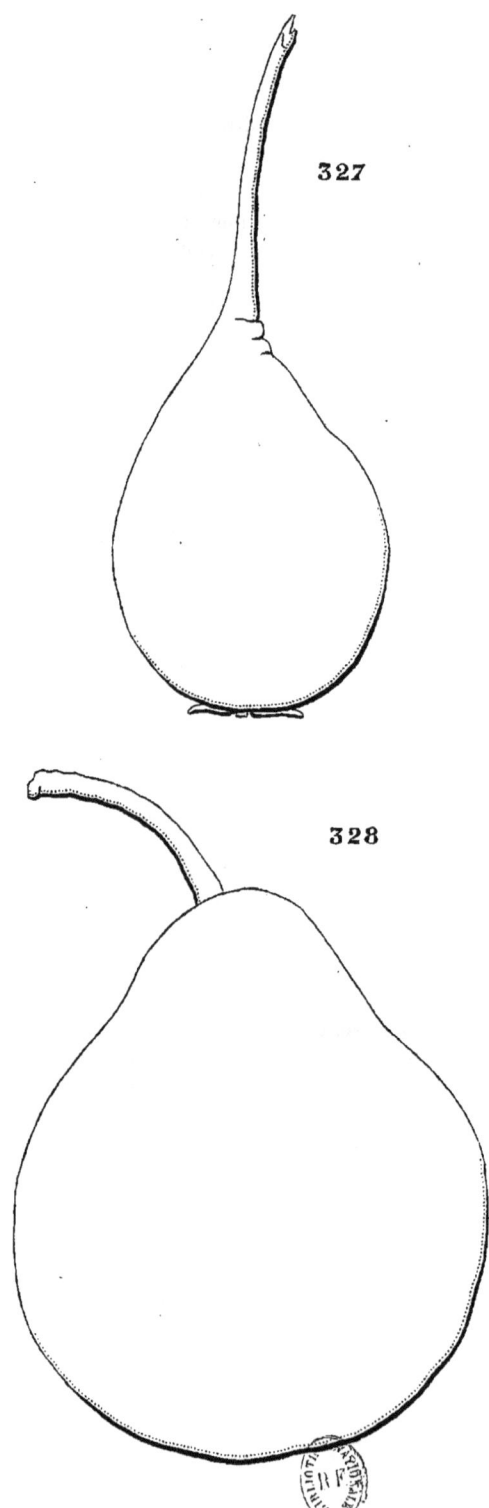

327, POIRE D'AUNÉE D'ÉTÉ.   328, GROSSE VERTE-LONGUE PRÉCOCE DE LA SARTHE.

GROSSE VERTE-LONGUE PRÉCOCE DE LA SARTHE

(N° 328)

Notices pomologiques. DE LIRON D'AIROLES.
VERTE-LONGUE DE LA SARTHE. *Dictionnaire de pomologie.* ANDRÉ LEROY.

OBSERVATIONS. — M. de Liron d'Airoles dit de cette variété : « La Grosse Verte-longue précoce de la Sarthe est fort estimée aux environs du Mans ; nous en devons la connaissance à M. Alphonse de Richebourg, de cette ville. Ce fruit est fort ancien dans le pays ; il en existe des arbres de deux mètres de tour donnant des récoltes tellement abondantes que rien ne peut leur être comparé. Un des voisins de M. de Richebourg en possède un sujet qui lui rapporte soixante francs de rente. Mon honorable correspondant est persuadé que cette poire est inconnue hors de la province et n'est pas décrite. » — L'arbre, de grande vigueur aussi bien sur cognassier que sur franc, forme de belles pyramides bien régulières ; toutefois sa véritable destination est la haute tige dans le verger. Sa fertilité est précoce, grande et soutenue. Son fruit est de bonne qualité.

DESCRIPTION.

Rameaux forts et allongés, unis dans leur contour, un peu flexueux, à entre-nœuds assez longs, d'un brun olivâtre sombre et un peu plus foncé du côté du soleil ; lenticelles blanchâtres, bien larges, peu nombreuses et bien apparentes.

Boutons à bois moyens, coniques, un peu épais et courtement aigus, à direction écartée du rameau, soutenus sur des supports peu saillants dont l'arête médiane ne se prolonge pas ; écailles d'un marron rougeâtre peu foncé et largement bordé de gris blanchâtre.

Pousses d'été d'un vert d'eau, lavées de rouge rosat et peu duveteuses à leur sommet.

Feuilles des pousses d'été moyennes ou assez grandes, elliptiques-arrondies, se terminant brusquement en une pointe large et peu longue, un peu concaves et non arquées, bordées de dents larges, profondes, un peu couchées et peu aiguës, soutenues horizontalement sur des pétioles très-courts, forts et redressés.

Stipules longues, linéaires-étroites ou presque filiformes.

Feuilles stipulaires manquant ordinairement.

Boutons à fruit moyens, exactement ovoïdes, peu aigus ; écailles d'un beau marron foncé.

Fleurs grandes ; pétales ovales-arrondis, concaves, à onglet court, se touchant presque entre eux ; divisions du calice assez longues et bien recourbées en dessous ; pédicelles longs, grêles et peu duveteux.

Feuilles des productions fruitières grandes, elliptiques et un peu moins arrondies que celles des pousses d'été, se terminant brusquement en une pointe courte, peu concaves et non arquées, bordées de dents un peu larges, un peu profondes, obtuses ou émoussées, soutenues horizontalement sur des pétioles courts, un peu forts et peu flexibles.

Caractère saillant de l'arbre : teinte générale du feuillage d'un vert bleu des plus intenses et brillant ; toutes les feuilles tendant à la forme arrondie, épaisses et garnies d'une serrature formée de dents plus ou moins profondes ; tous les pétioles remarquablement courts.

Fruit moyen ou assez gros, piriforme bien ventru, souvent un peu inconstant dans sa forme, atteignant sa plus grande épaisseur au-dessous du milieu de sa hauteur ; au-dessus de ce point, s'atténuant par une courbe d'abord bien convexe puis bien concave en une pointe peu longue, un peu obtuse ou presque aiguë à son sommet ; au-dessous du même point, s'arrondissant par une courbe bien convexe jusque dans la cavité de l'œil.

Peau mince et fine, d'abord d'un vert décidé semé de larges points gris et bien apparents. On ne remarque ordinairement aucune trace de rouille sur sa surface. A la maturité, **commencement de septembre,** le vert fondamental s'éclaircit à peine en jaune et le côté du soleil est rarement reconnaissable à un ton un peu plus chaud.

Œil grand, demi-ouvert, placé dans une cavité étroite, peu profonde, unie dans ses parois et régulière par ses bords.

Queue un peu longue, peu forte, bien ligneuse, courbée, attachée un peu obliquement à fleur de la pointe du fruit.

Chair blanchâtre, demi-fine, entièrement fondante, abondante en eau bien sucrée, relevée d'un parfum agréable, assez semblable à celui de de l'orange.

ISABELLE DE MALÈVES

(N° 329)

Les fruits du jardin Van Mons. Bivort.

Observations. — Cette variété a été obtenue par M. Grégoire, de Jodoigne, et dédiée par lui à Mademoiselle la Baronne de Vrints de Truenfeld, à Malèves (Belgique). — L'arbre, de bonne vigueur sur cognassier, s'accommode bien des formes régulières, et par sa rusticité, il convient aussi au verger. Sa fertilité est très-précoce, très-grande et soutenue. Son fruit est de bonne qualité.

DESCRIPTION.

Rameaux de moyenne force, obscurément anguleux dans leur contour, flexueux, à entre-nœuds longs, d'un brun jaunâtre du côté de l'ombre, ombrés de gris du côté du soleil; lenticelles blanchâtres, petites, assez nombreuses et peu apparentes.

Boutons à bois assez gros, coniques-allongés, aigus, à direction parallèle au rameau, soutenus sur des supports bien saillants dont l'arête médiane se prolonge peu distinctement; écailles d'un marron rougeâtre clair et brillant.

Pousses d'été d'un vert clair, lavées de rouge et un peu soyeuses à leur sommet.

Feuilles des pousses d'été moyennes ou assez petites, elliptiques-arrondies ou exactement arrondies, se terminant un peu brusquement en une pointe longue et fine, concaves et non arquées, bordées de dents larges, profondes et bien recourbées, soutenues horizontalement sur des pétioles très-longs, de moyenne force, raides et redressés.

Stipules très-caduques.

Feuilles stipulaires manquant ordinairement.

Boutons à fruit gros, conico-ovoïdes, un peu allongés et bien aigus; écailles d'un beau marron rougeâtre peu foncé.

Fleurs moyennes; pétales elliptiques un peu élargis, concaves, à onglet peu long, peu écartés entre eux; divisions du calice de moyenne longueur, finement aiguës et un peu recourbées par leur pointe; pédicelles assez courts, forts et à peine laineux.

Feuilles des productions fruitières moyennes, ovales-elliptiques, se terminant un peu brusquement en une pointe longue et forte, bien creusées en gouttière et à peine arquées, bordées de dents fines, très-peu profondes, un peu aiguës et irrégulièrement écartées entre elles, assez peu soutenues sur des pétioles de moyenne longueur, très-grêles et un peu souples.

Caractère saillant de l'arbre : teinte générale du feuillage d'un vert pré peu foncé et mat; feuilles des pousses d'été souvent bien arrondies; feuilles des productions fruitières bien régulièrement creusées en gouttière; toutes les feuilles longuement et finement acuminées; feuillage peu abondant.

Fruit presque moyen, conico-ovoïde, bien uni dans son contour, atteignant sa plus grande épaisseur bien au-dessous du milieu de sa hauteur; au-dessus de ce point, s'atténuant par une courbe à peine convexe ou à peine concave en une pointe longue, maigre et aiguë à son sommet; au-dessous du même point, s'atténuant par une courbe largement convexe pour diminuer un peu sensiblement d'épaisseur vers la cavité de l'œil.

Peau fine, d'abord d'un vert vif semé de points grisâtres, nombreux et assez peu apparents. Souvent on remarque un peu de rouille, soit sur le sommet du fruit, soit sur sa base. A la maturité, **fin de juillet et commencement d'août,** le vert fondamental passe au jaune verdâtre mat et le côté du soleil se distingue rarement par un ton un peu plus chaud.

Œil moyen, ouvert, à divisions longues et fines, placé presque à fleur de la base du fruit dans une cavité très-peu profonde, évasée et régulière par ses bords.

Queue courte, un peu forte, un peu élastique, d'un brun clair, formant exactement la continuation de la pointe du fruit.

Chair blanchâtre, fine, bien fondante, abondante en eau sucrée, vineuse et agréablement relevée d'une saveur rafraichissante.

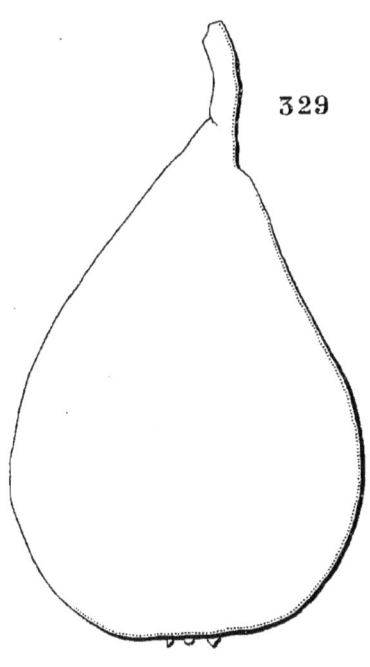
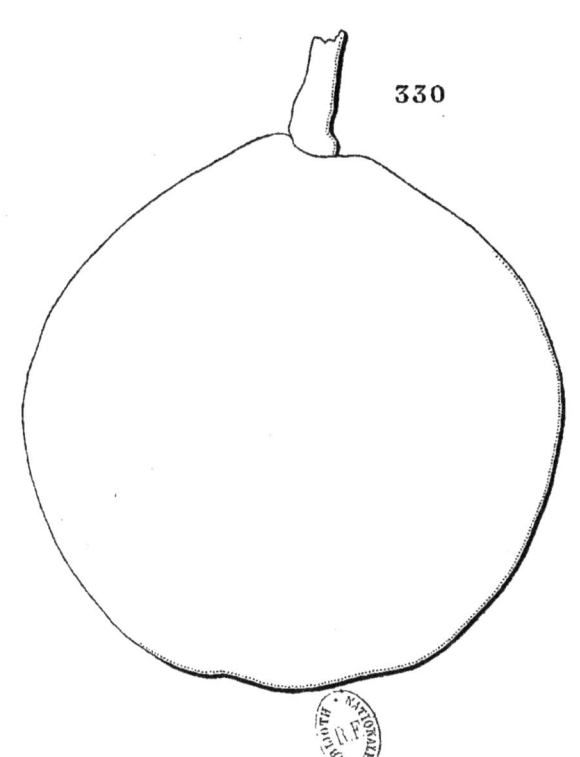

329, ISABELLE DE MALÈVES.   330, MELON D'HELLMANN

MELON D'HELLMANN

(HELLMANNS MELONENBIRNE)

(N° 330)

Illustrirtes Handbuch der Obstkunde. Jahn.

Observations. — M. Jahn dit de cette variété qu'il l'a connue comme depuis longtemps cultivée par M. Hellmann, directeur du gouvernement à Meiningen, et aussi par son beau-père M. Reysser, inspecteur des Ecoles de campagne, et qui l'avait reçue sous le nom de Poire Melon. Ce nom a été aussi donné au Beurré Diel avec lequel elle ne peut être confondue. — L'arbre, de bonne vigueur sur cognassier, s'accommode bien de la forme pyramidale. Sa fertilité est précoce, bonne et soutenue. Son fruit, de beau volume, est seulement de seconde qualité.

DESCRIPTION.

Rameaux de moyenne force, finement anguleux dans leur contour, droits, à entre-nœuds assez longs et inégaux entre eux, d'un brun olivâtre à l'ombre, d'un brun un peu vineux du côté du soleil et à leur partie supérieure; lenticelles grisâtres, petites, un peu allongées, nombreuses et peu apparentes.

Boutons à bois à peine moyens, coniques, très-courts, bien renflés sur le dos, très-courtement aigus, à direction parallèle ou presque appliqués au rameau, soutenus sur des supports saillants dont l'arête médiane se prolonge assez obscurément ; écailles d'un marron jaunâtre.

Pousses d'été d'un vert clair et un peu teinté de jaune, lavées de rouge clair à leur sommet et couvertes sur la plus grande partie de leur longueur d'un duvet très-court.

Feuilles des pousses d'été moyennes, ovales-elliptiques, se terminant un peu brusquement en une pointe courte et fine, à peine concaves, bordées de dents fines, peu profondes, couchées et un peu aiguës, bien soutenues sur des pétioles courts, peu forts, bien fermes et bien redressés.

Stipules en alênes de moyenne longueur.

Feuilles stipulaires manquant ordinairement.

Boutons à fruit moyens ou assez petits, ovoïdes, courts et émoussés ; écailles d'un marron jaunâtre.

Fleurs moyennes ; pétales arrondis-élargis, bien concaves, se recouvrant un peu entre eux, à onglet très-court ; divisions du calice de moyenne longueur, finement aiguës et peu recourbées en dessous ; pédicelles assez courts, forts et un peu laineux.

Feuilles des productions fruitières un peu plus grandes que celles des pousses d'été, ovales un peu élargies, un peu échancrées vers le pétiole, s'atténuant peu pour se terminer presque régulièrement en une pointe peu aiguë, à peine concaves ou presque planes, bordées de dents très-peu profondes, couchées et émoussées, peu appréciables, soutenues horizontalement sur des pétioles assez courts, un peu forts et fermes.

Caractère saillant de l'arbre : teinte générale du feuillage d'un vert pré assez intense et assez brillant ; toutes les feuilles peu concaves, garnies d'une serrature formée de dents peu couchées, bien fermes sur leurs pétioles raides.

Fruit gros, sphérico-ellipsoïde, bien uni dans son contour, atteignant sa plus grande épaisseur au milieu de sa hauteur ; au-dessus de ce point, s'atténuant par une courbe largement convexe en une pointe courte, très-épaisse et obtuse à son sommet ; au-dessous du même point, s'atténuant par une courbe de même longueur pour s'aplatir sur une petite étendue autour de la cavité de l'œil.

Peau épaisse, d'abord d'un vert intense semé de points d'un gris vert, nombreux, bien régulièrement espacés et apparents. Une rouille fauve couvre ordinairement le sommet du fruit et s'étend aussi dans la cavité de l'œil. A la maturité, **septembre**, le vert fondamental passe au jaune citron intense souvent un peu taché de vert par places et le côté du soleil est chaudement doré.

Œil grand, ouvert, placé dans une cavité étroite, assez profonde, unie dans ses parois et régulière par ses bords.

Queue courte, un peu forte, ligneuse, attachée dans un pli peu prononcé formé par la pointe du fruit.

Chair blanche, grossière, demi-cassante, peu abondante en eau bien sucrée et assez agréable.

PADDOCK

(N° 331)

The Fruits and the fruit-trees of America. Downing.

Observations. — M. Downing indique seulement qu'il reçut cette variété de M. Chauncey Goodrich, de Burlington (Etat de Vermont). — L'arbre, de bonne vigueur sur cognassier, s'accommode surtout de la forme de vase et de celle de fuseau. Sa fertilité est précoce, grande et soutenue. Son fruit est d'assez bonne qualité.

DESCRIPTION.

Rameaux forts, unis dans leur contour, droits, à entre-nœuds courts, d'un brun jaunâtre à l'ombre, lavés de rouge sanguin du côté du soleil; lenticelles blanches, petites, peu nombreuses et un peu apparentes.

Boutons à bois assez petits, courts, peu aigus ou émoussés, un peu comprimés, à direction parallèle ou presque parallèle au rameau, soutenus sur des supports très-peu saillants dont les côtés et l'arête médiane ne se prolongent pas ; écailles d'un marron rougeâtre foncé.

Pousses d'été d'un vert d'eau, lavées de rouge rosat sur une assez grande longueur à leur sommet et couvertes sur presque toute leur étendue d'un duvet fin et peu épais.

Feuilles des pousses d'été assez grandes, ovales, s'atténuant assez promptement pour se terminer brusquement en une pointe bien longue, large et cependant bien finement aiguë, peu concaves et non arquées, bordées de dents fines, un peu profondes, couchées et bien aiguës, bien soutenues sur des pétioles de moyenne longueur, peu forts, assez fermes et bien redressés.

Stipules longues, linéaires-étroites, très-caduques.

Feuilles stipulaires manquant ordinairement.

Boutons à fruit gros, ovo-ellipsoïdes, obtus; écailles d'un marron rougeâtre foncé.

Fleurs petites; pétales ovales-elliptiques, souvent aigus à leur sommet, peu concaves, à onglet un peu long, écartés entre eux; divisions du calice de moyenne longueur, bien fines et bien recourbées en dessous; pédicelles courts, très-grêles et peu duveteux.

Feuilles des productions fruitières grandes, ovales-elliptiques et souvent bien élargies, se terminant brusquement en une pointe tantôt longue, tantôt courte et bien finement aiguë, planes ou presque planes, bordées de dents assez fines, profondes et très-aiguës, assez bien soutenues sur des pétioles longs, peu forts et peu flexibles.

Caractère saillant de l'arbre : teinte générale du feuillage d'un vert pré peu foncé et mat; toutes les feuilles un peu élargies et tendant à la forme elliptique ; feuilles des pousses d'été bien longuement acuminées.

Fruit à peine moyen, irrégulièrement ovoïde, un peu court ou un peu allongé, uni dans son contour, atteignant sa plus grande épaisseur bien au-dessous du milieu de sa hauteur; au-dessus de ce point, s'atténuant par une courbe largement convexe pour se terminer en une pointe assez courte ou peu longue, épaisse, obtuse et ordinairement déjetée de côté à son sommet; au-dessous du même point, s'arrondissant par une courbe un peu plus convexe jusque dans la cavité de l'œil.

Peau assez mince, unie, d'abord d'un vert pâle sur lequel les points d'un vert un peu plus foncé sont d'abord peu visibles et s'accentuent mieux à mesure que le vert fondamental s'éclaircit à la maturité, **milieu de juillet,** et passe au jaune paille, du côté du soleil les points d'un gris blanchâtre sont cernés d'une auréole de rouge terne.

Œil moyen, fermé, placé dans une cavité peu profonde, évasée et parfois un peu irrégulière par ses bords.

Queue longue, forte, un peu élastique, épaissie à son point d'attache sur la pointe du fruit dont la direction la repousse un peu obliquement.

Chair bien blanche, assez fine, un peu pierreuse vers le cœur, demi-fondante, suffisante en eau douce, sucrée et peu relevée.

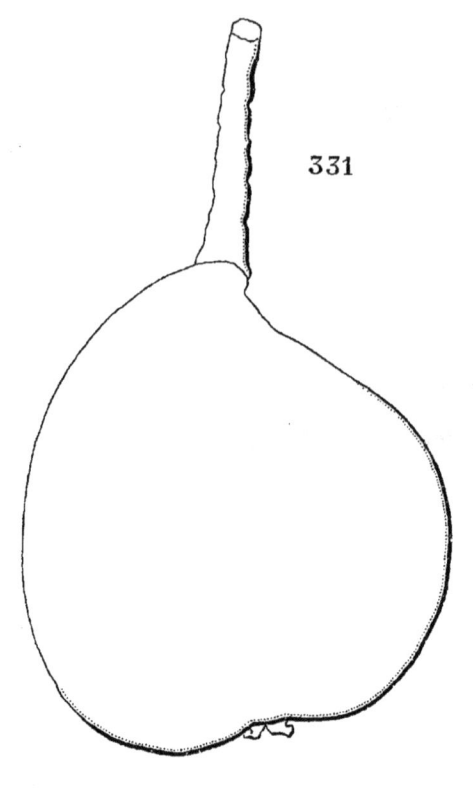

331, PADDOCK.   332, BERGAMOTTE WELBECK.

Imp. E. Protat, à Mâcon.

BERGAMOTTE WELBECK

(WELBECK BERGAMOT)

(N° 332)

The fruit Manual. ROBERT HOGG.
The Fruits and the fruit-trees of America. DOWNING.

OBSERVATIONS. — Cette variété, probablement d'origine anglaise, a été d'abord décrite par Robert Hogg qui la considère assez peu, et cependant son fruit n'a pas montré jusqu'à présent chez moi qu'il mérite d'être tout à fait déprécié. — L'arbre, de vigueur normale sur cognassier, s'accommode bien des formes régulières et surtout de celle de pyramide. Sa fertilité est précoce, seulement moyenne et soutenue. Son fruit est de bonne qualité, surtout s'il a été entre-cueilli.

DESCRIPTION.

Rameaux de moyenne force, unis dans leur contour, à peine flexueux, à entre-nœuds de moyenne longueur, bruns du côté de l'ombre, lavés de rouge sanguin du côté du soleil; lenticelles blanchâtres, très-petites, assez peu nombreuses et peu apparentes.

Boutons à bois gros, coniques, renflés, courtement aigus, à direction écartée du rameau, soutenus sur des supports saillants dont l'arête médiane ne se prolonge pas; écailles d'un beau marron rougeâtre foncé, largement bordées de gris argenté.

Pousses d'été d'un vert d'eau, colorées de rouge rosat à leur sommet et couvertes sur toute leur longueur d'un duvet farineux.

Feuilles des pousses d'été petites, elliptiques-arrondies, se terminant régulièrement en une pointe courte, bien aiguë, bien recourbée et souvent contournée, peu repliées sur leur nervure médiane, souvent très-largement ondulées et un peu arquées, entières ou presque entières par leurs bords, bien soutenues sur des pétioles courts, peu forts, redressés et fermes.

Stipules très-caduques.

Feuilles stipulaires manquant ordinairement.

Boutons à fruit moyens, conico-ovoïdes, courtement aigus; écailles d'un beau marron rougeâtre foncé.

Fleurs petites; pétales elliptiques-arrondis, bien concaves, à onglet très-court, se recouvrant un peu entre eux; divisions du calice assez courtes et peu recourbées en dessous; pédicelles courts, peu forts et laineux.

Feuilles des productions fruitières petites, ovales-cordiformes, se terminant régulièrement en une pointe recourbée en dessous, presque planes et à peine arquées, entières ou presque imperceptiblement dentées, bien soutenues sur des pétioles très-courts, grêles et cependant peu flexibles.

Caractère saillant de l'arbre : teinte générale du feuillage d'un vert d'eau peu foncé et brillant sur les feuilles adultes, voilé d'une poussière grise sur les jeunes feuilles; toutes les feuilles petites; tous les pétioles courts ou très-courts et grêles.

Fruit gros, sphérique, plus ou moins déprimé et tronqué à ses deux pôles, ordinairement uni dans son contour, atteignant sa plus grande épaisseur à peu près au milieu de sa hauteur; au-dessus et au-dessous de ce point, s'atténuant par des courbes presque de même longueur et presque également convexes, soit du côté de la queue, soit du côté de l'œil vers lequel il s'atténue peut-être un peu plus.

Peau épaisse, d'abord d'un vert d'eau semé de points bruns, larges, nombreux et bien apparents. Une rouille fauve couvre la cavité de l'œil et forme parfois quelques taches sur la surface du fruit. A la maturité, **septembre,** le vert fondamental passe au jaune paille mat et le côté du soleil est lavé d'un rouge orangé sur lequel apparaissent des points d'un rouge sanguin.

Œil moyen, fermé ou demi-fermé, placé dans une cavité peu profonde, bien évasée, souvent obscurément plissée dans ses parois et par ses bords.

Queue courte, un peu forte, boutonnée à son point d'attache au rameau, épaissie à son point d'attache dans une cavité un peu large, un peu profonde, un peu irrégulière par ses bords et dans laquelle elle est parfois repoussée un peu obliquement par une bosse charnue.

Chair bien blanche, demi-fine, grenue, beurrée, suffisante en eau richement sucrée, agréablement parfumée.

BERGAMOTTE D'IVES

(IVES'S BERGAMOT)

(N° 333)

The Fruits and the fruit-trees of America. Downing.
The American fruit Culturist. Thomas.

Observations. — D'après Downing, cette variété aurait été obtenue de semis par le docteur Eli Ives, à New-Haven (Etat de Connecticut). Les auteurs anglais donnent pour synonyme à la Bergamotte Gansel, que j'ai déjà décrite dans le *Verger*, le nom de Ives' Bergamot (Bergamotte d'Ives), mais elle n'a aucun rapport de ressemblance avec la Bergamotte d'Ives des Américains dont l'arbre aurait plutôt le *facies* de la Seckel. — L'arbre, de bonne vigueur sur cognassier, s'accommode bien de la forme pyramidale. Sa fertilité est assez précoce, bonne et soutenue. Son fruit est de bonne qualité.

DESCRIPTION.

Rameaux de moyenne force, unis dans leur contour, bien droits, à entre-nœuds assez longs, d'un vert jaunâtre ; lenticelles blanchâtres, assez petites, assez peu nombreuses et peu apparentes.

Boutons à bois moyens, coniques, un peu comprimés, bien élargis à leur base et aigus, à direction parallèle ou presque parallèle au rameau, soutenus sur des supports très-peu saillants dont les côtés et l'arête médiane ne se prolongent pas ; écailles d'un marron jaunâtre.

Pousses d'été d'un vert intense, bien lavées de rouge vineux et duveteuses à leur sommet.

Feuilles des pousses d'été petites ou assez petites, ovales un peu allongées et peu larges, sensiblement atténuées vers le pétiole, se terminant peu brusquement en une pointe longue et bien aiguë, creusées en gouttière à peine ou non arquées, bordées de dents bien larges, assez profondes et émoussées, soutenues horizontalement ou s'abaissant peu sur des pétioles très-courts, de moyenne force, fermes et redressés.

Stipules longues, linéaires, finement aiguës.

Feuilles stipulaires manquant le plus souvent.

Boutons à fruit assez petits, coniques, peu renflés et aigus; écailles d'un marron jaunâtre.

Fleurs moyennes; pétales obovales-elliptiques, concaves, à onglet peu long, écartés entre eux; divisions du calice courtes et peu recourbées en dessous; pédicelles courts, forts et peu duveteux.

Feuilles des productions fruitières moyennes, ovales-elliptiques, se terminant un peu brusquement en une pointe tantôt courte, tantôt un peu longue, concaves et souvent largement ondulées dans leur contour, bordées de dents bien couchées, espacées, assez peu profondes et peu aiguës, bien soutenues sur des pétioles courts, de moyenne force et fermes.

Caractère saillant de l'arbre : teinte générale du feuillage d'un vert bleu vif et brillant; feuilles des pousses d'été régulièrement creusées en gouttière; tous les pétioles courts et fermes; jeunes fruits colorés de bonne heure d'un rouge sanguin vif.

Fruit presque moyen, turbiné ou turbiné-sphérique, bien uni dans son contour, atteignant sa plus grande épaisseur bien au-dessous du milieu de sa hauteur; au-dessus de ce point, s'atténuant par une courbe largement convexe pour se terminer ensuite brusquement en une sorte de petit mamelon; au-dessous du même point, s'atténuant très-promptement par une courbe un peu plus convexe pour ensuite s'aplatir sur une très-petite étendue autour de la cavité de l'œil.

Peau fine, mince, unie, d'abord d'un vert très-clair semé de points d'un vert plus foncé, assez nombreux et peu apparents. Une rouille d'un fauve clair et bien fine couvre ordinairement la base du fruit, parfois son sommet et se disperse rarement sur sa surface. A la maturité, **septembre**, le vert fondamental passe au jaune paille et le côté du soleil est seulement un peu doré.

Œil petit, fermé ou presque fermé, placé dans une cavité peu profonde, très-évasée et à peine plissée par ses bords.

Queue courte, un peu charnue, attachée à fleur du petit mamelon qui termine le fruit.

Chair blanche, fine, fondante, abondante en eau bien sucrée, parfumée d'un musc assez vif et cependant agréable.

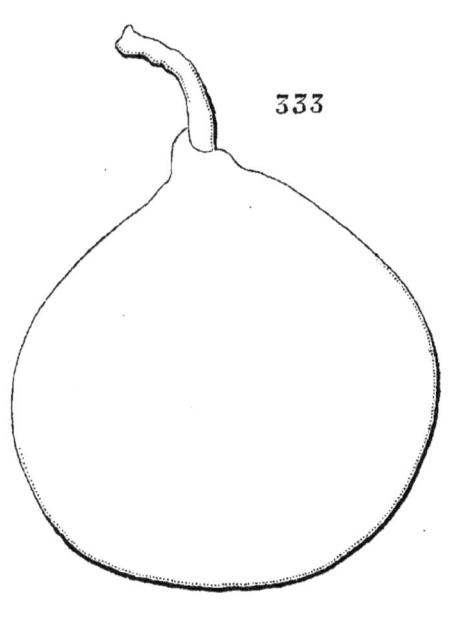
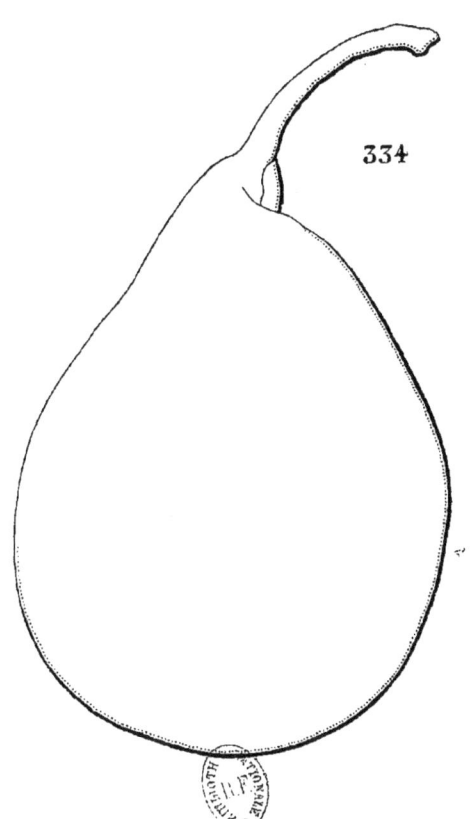

333. BERGAMOTTE D'IVES. 334. CERTEAU D'HIVER.

CERTEAU D'HIVER

(N° 334)

Dictionnaire de pomologie. André Leroy.
TROUVÉ. *Traité des Arbres fruitiers.* Duhamel.
POIRE DE TROUVÉ. *Traité complet sur les pépinières.* Calvel.
Nouveau traité des arbres fruitiers. Loiseleur Deslonchamps.
POIRE TROUVÉ, TROUVÉE DE MONTAGNE. *Dictionnaire des fruits.* Couverchel.

Observations. — Cette ancienne variété est aussi nommée par quelques auteurs, Poire de Prince, Poire de Merle.—L'arbre, de vigueur très-contenue sur cognassier, ne peut suffire qu'à de petites formes sur ce sujet et entre autres à celle de fuseau. Sa véritable destination est la haute tige sur franc. Sa fertilité est précoce, grande et soutenue. Son fruit est de première qualité pour les usages du ménage et de la confiserie. Il doit être surveillé au fruitier car il blettit bientôt vers le cœur.

DESCRIPTION.

Rameaux de moyenne force, courts, épaissis à leur sommet, unis dans leur contour, un peu flexueux, à entre-nœuds très-courts, bruns du côté de l'ombre et d'un brun vineux du côté du soleil; lenticelles blanches, assez petites, nombreuses et apparentes.

Boutons à bois moyens, coniques, épais, courtement aigus, à direction peu écartée du rameau, soutenus sur des supports peu saillants dont les côtés et l'arête médiane ne se prolongent pas ; écailles d'un marron rougeâtre foncé et largement maculées de gris argenté.

Pousses d'été d'un vert vif, un peu colorées de rouge et couvertes d'un duvet très-court à leur sommet.

Feuilles des pousses d'été moyennes, ovales-élargies, se terminant brusquement en une pointe un peu longue et finement aiguë, un peu repliées sur leur nervure médiane et cependant souvent convexes par leurs côtés, bordées de dents un peu larges, un peu profondes et aiguës, soutenues à peu près horizontalement sur des pétioles courts, forts et redressés.

Stipules courtes, filiformes, très-caduques.

Feuilles stipulaires manquant toujours.

Boutons à fruit moyens, conico-ovoïdes, épais et courtement aigus ; écailles d'un beau marron rougeâtre foncé.

Fleurs petites ; pétales ovales-arrondis, souvent profondément échancrés à leur sommet, concaves, un peu lavés de rose avant l'épanouissement ; divisions du calice de moyenne longueur et peu recourbées en dessous ; pédicelles de moyenne longueur, grêles et presque glabres.

Feuilles des productions fruitières plus petites que celles des pousses d'été, régulièrement ovales, se terminant un peu brusquement en une pointe très-courte et très-fine, à peine concaves ou presque planes, bordées de dents très-fines, très-peu profondes, couchées et aiguës, assez bien soutenues sur des pétioles courts, très-grêles et raides.

Caractère saillant de l'arbre : teinte générale du feuillage d'un vert herbacé ; toutes les feuilles bien finement acuminées ; tous les pétioles remarquablement courts.

Fruit presque moyen, conique-piriforme ou conico-ovoïde, uni dans son contour, atteignant sa plus grande épaisseur bien au-dessous du milieu de sa hauteur ; au-dessus de ce point, s'atténuant par une courbe d'abord à peine convexe puis à peine concave en une pointe un peu longue, maigre et aiguë à son sommet ; au-dessous du même point, s'atténuant par une courbe peu convexe pour diminuer un peu sensiblement d'épaisseur vers la cavité de l'œil.

Peau fine et un peu ferme, d'abord d'un vert d'eau semé de points bruns, un peu larges, nombreux et bien apparents, se confondant souvent avec des traits ou taches d'une rouille de couleur canelle qui se dispersent sur la surface du fruit et se condensent, surtout sur sa base, en une tache très-large et irrégulière. A la maturité, **commencement d'hiver**, le vert fondamental passe au jaune paille, la rouille se dore et le côté du soleil est plus ou moins largement lavé d'un rouge sanguin vif sur lequel ressortent peu des points grisâtres, petits et très-nombreux.

Œil moyen, ouvert ou demi-ouvert, placé dans une cavité étroite, un peu profonde et ordinairement régulière.

Queue un peu longue, grêle, droite ou un peu courbée, un peu souple, formant exactement la continuation de la pointe du fruit.

Chair d'un blanc à peine teinté de jaune, fine, tassée, cassante, peu abondante en eau richement sucrée et un peu parfumée.

BESI DE GRIESER DE BÖHMENKIRSCH

(GRIESERS WILDLING VON BÖHMENKIRSCH)

(N° 335)

Catalogue WILHELM WALKER, Hohenheim.

OBSERVATIONS. — Cette variété, d'après le Catalogue de Vilhelm Walker, fut obtenue par le curé Grieser, dans son jardin à Böhmenkirsch, dans les Alpes de la Souabe.—L'arbre, de vigueur contenue sur cognassier, s'accommode assez bien, sur ce sujet, de la forme de pyramide et encore mieux de celle de vase. Sa meilleure destination est toutefois la haute tige dans le verger où la rusticité de ses fleurs lui assure une fertilité continue. Son fruit est d'assez bonne qualité.

DESCRIPTION.

Rameaux de moyenne force, obscurément anguleux dans leur contour, bien droits, à entre-nœuds un peu longs, d'un brun jaunâtre clair et longtemps un peu duveteux; lenticelles jaunâtres, petites, saillantes, assez nombreuses et régulièrement espacées et un peu apparentes.

Boutons à bois moyens, coniques, finement aigus, à direction parallèle ou presque parallèle au rameau, soutenus sur des supports peu saillants dont l'arête médiane se prolonge peu distinctement; écailles d'un marron rougeâtre très-foncé et brillant.

Pousses d'été d'un vert d'eau, non colorées de rouge à leur sommet et couvertes sur toute leur longueur d'un duvet grisâtre et épais.

Feuilles des pousses d'été moyennes, ovales-allongées, tantôt plus, tantôt moins élargies, se terminant régulièrement en une pointe longue et extraordinairement recourbée en dessous, repliées sur leur nervure médiane et souvent un peu convexes par leurs côtés, bien arquées, bordées de dents larges, un peu profondes, couchées et bien obtuses, se recourbant sur des pétioles assez courts, peu forts, bien redressés et fermes.

Stipules en alênes courtes, fines et très-caduques.

Feuilles stipulaires manquant ordinairement.

Boutons à fruit moyens, ovoïdes, un peu aigus; écailles extérieures d'un marron foncé; écailles intérieures un peu recouvertes d'un duvet fauve.

Fleurs moyennes ou presque moyennes; pétales arrondis, concaves, à onglet court, se touchant entre eux; divisions du calice longues, étroites, finement aiguës et peu recourbées en dessous; pédicelles un peu longs, de moyenne force et laineux.

Feuilles des productions fruitières ovales bien allongées, parfois un peu étroites, se terminant presque régulièrement en une pointe bien recourbée ou contournée, assez peu repliées sur leur nervure médiane et souvent largement et irrégulièrement ondulées ou contournées sur leur longueur, entières ou presque entières par leurs bords, très-irrégulièrement soutenues sur des pétioles peu longs, peu forts, assez raides et redressés.

Caractère saillant de l'arbre : teinte générale du feuillage d'un vert d'eau peu foncé et mat ; feuilles des pousses d'été retournées en dessous par leur pointe d'une manière remarquable; feuilles des productions fruitières d'une tenue très-irrégulière.

Fruit presque moyen, ovoïde ou conico-ovoïde, uni dans son contour, atteignant sa plus grande épaisseur plus ou moins au-dessous du milieu de sa hauteur; au-dessus de ce point, s'atténuant par une courbe d'abord peu convexe puis à peine concave en une pointe peu longue, peu épaisse, un peu obtuse ou presque aiguë à son sommet; au-dessous du même point, s'atténuant par une courbe largement convexe pour ensuite s'aplatir sur une très-petite étendue autour de la cavité de l'œil.

Peau un peu épaisse, d'abord d'un vert clair semé de points gris très-petits, nombreux et peu apparents. A la maturité, **milieu et fin d'août,** le vert fondamental passe au jaune conservant un ton un peu verdâtre et le côté du soleil, sur les fruits bien exposés, est chaudement doré.

Œil petit, demi-ouvert, placé dans une cavité très-étroite, très-peu profonde, le contenant exactement.

Queue de moyenne longueur, un peu forte, un peu épaissie à son point d'attache au rameau, un peu souple, d'un brun clair, formant perpendiculairement et exactement la continuation de la pointe du fruit.

Chair blanche, assez fine, beurrée, suffisante en eau douce, sucrée et délicatement parfumée.

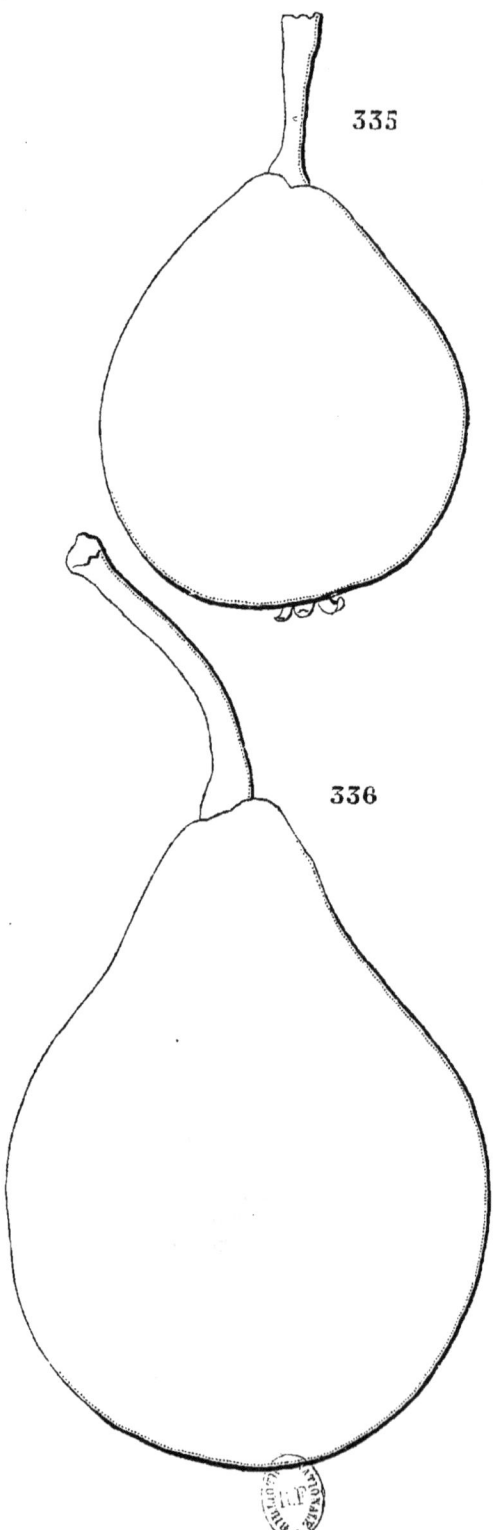

335. BESI DE GRIESER, DE BÖHMENKIRSCH. 336. BEURRÉ D'HARDENPONT D'AUTOMNE.

BEURRÉ D'HARDENPONT D'AUTOMNE

(N° 336)

Dictionnaire de pomologie. ANDRÉ LEROY.
The Fruits and the fruit-trees of America. DOWNING.

OBSERVATIONS. — Je ne trouve pas les citations présentées par M. André Leroy assez concluantes pour en déduire l'affirmation de l'origine de cette variété qu'il attribue à Van Mons. Je la crois très-peu répandue. Pourquoi l'ai-je reçue de M. Dauvesse, d'Orléans, sous le nom de Wilfrid, et pourquoi Downing fait-il suivre le nom de Beurré d'Hardenpont d'automne du synonyme Wilfred accompagné d'un point de doute?... Je laisse à d'autres le soin de résoudre ces questions qu'il m'a été impossible d'élucider. — L'arbre, de vigueur un peu insuffisante sur cognassier, se garnit mal de branches et de feuilles et exige quelques soins pour être maintenu sous formes régulières. Sa fertilité est très-précoce et très-grande. Son fruit a beaucoup de rapports de ressemblance et de saveur avec la Grosse Angleterre de Noisette. Il est de bonne qualité, consommé à point, mais trop sujet à blettir pour bien le recommander.

DESCRIPTION.

Rameaux assez peu forts, unis dans leur contour, à peine flexueux, à entre-nœuds assez longs, d'un vert jaunâtre terne; lenticelles grisâtres, petites, très-nombreuses, un peu saillantes et peu apparentes.

Boutons à bois moyens, coniques, courts, épais et courtement aigus, à direction plus ou moins écartée du rameau, soutenus sur des supports saillants dont les côtés et l'arête médiane ne se prolongent pas ; écailles d'un marron rougeâtre foncé.

Pousses d'été d'un vert clair et un peu teinté de jaune, lavées de rouge et soyeuses à leur sommet.

Feuilles des pousses d'été grandes, ovales bien élargies, presque cordiformes, se terminant régulièrement en une pointe recourbée, très-largement creusées en gouttière ou repliées sur leur nervure médiane et un peu arquées, très-largement ondulées dans leur contour, bordées de dents larges, peu profondes et obtuses, assez peu soutenues sur des pétioles longs, de moyenne force et un peu souples.

Stipules très-caduques.

Feuilles stipulaires manquant ordinairement.

Boutons à fruit assez petits, ovo-ellipsoïdes, courts et obtus ; écailles d'un marron rougeâtre foncé.

Fleurs moyennes ; pétales ovales-elliptiques, concaves, à onglet long, écartés entre eux, lavés de rose avant l'épanouissement ; divisions du calice longues, étroites et recourbées en dessous ; pédicelles de moyenne longueur, de moyenne force et un peu laineux.

Feuilles des productions fruitières à peu près de même dimension et de même forme que celles des pousses d'été, cependant un peu plus amples, largement creusées en gouttière et un peu arquées, bordées de dents très-peu profondes, très-couchées, obtuses et souvent peu appréciables, mollement soutenues sur des pétioles longs, grêles et bien flexibles.

Caractère saillant de l'arbre : teinte générale du feuillage d'un vert pré clair et un peu brillant ; toutes les feuilles bien élargies ; tous les pétioles longs et un peu souples.

Fruit moyen ou presque gros, piriforme plus ou moins ventru, uni dans son contour, atteignant sa plus grande épaisseur bien au-dessous du milieu de sa hauteur ; au-dessus de ce point, s'atténuant par une courbe d'abord peu convexe puis largement concave en une pointe longue, plus ou moins maigre et aiguë à son sommet ; au-dessous du même point, s'atténuant par une courbe largement convexe pour diminuer sensiblement d'épaisseur vers la cavité de l'œil.

Peau assez fine, mince, d'abord d'un vert d'eau semé de points bruns, larges, bien arrondis, bien régulièrement espacés, apparents et souvent mélangés avec des traits ou des taches d'une rouille qui se condense largement sur le sommet du fruit et prend un ton fauve dans la cavité de l'œil. A la maturité, **octobre,** le vert fondamental passe au jaune paille et le côté du soleil est chaudement doré.

Œil assez grand, ouvert, placé dans une cavité étroite, peu profonde et ordinairement régulière.

Queue longue, grêle, bien ligneuse, un peu courbée, épaissie au point où elle s'attache à fleur du sommet du fruit.

Chair d'un blanc jaunâtre, fine, fondante, abondante en eau sucrée et agréablement parfumée.

BERGAMOTTE D'ÉTÉ DE LUBECK

(LUBECKER SOMMERBERGAMOTTE)

(N° 337)

Illustrirtes Handbuch der Obstkunde. OBERDIECK.

OBSERVATIONS. — M. Oberdieck dit que cette variété est très-répandue aux environs de Lubeck (Basse-Saxe), et cite notamment un jardinier du nom de Boy qui en possède douze grands arbres, âgés d'environ vingt ans, dont la récolte s'élève souvent à la valeur de deux cents thalers. — L'arbre, de vigueur un peu insuffisante sur cognassier, exige une taille courte, nécessaire à maintenir sa charpente, en ménageant sa fertilité qui est très-précoce, grande et soutenue. Son fruit, un peu petit, est de bonne qualité.

DESCRIPTION.

Rameaux de moyenne force, unis dans leur contour, presque droits, à entre-nœuds assez courts, de couleur jaunâtre; lenticelles blanchâtres, larges, nombreuses et un peu apparentes.

Boutons à bois assez petits, coniques, courts et courtement aigus, à direction écartée du rameau, soutenus sur des supports un peu saillants dont l'arête médiane ne se prolonge pas ; écailles d'un marron presque noir et brillant.

Pousses d'été d'un vert d'eau pâle, à peine ou non lavées de rouge vineux à leur sommet et un peu laineuses sur toute leur longueur.

Feuilles des pousses d'été moyennes, ovales un peu élargies, se terminant assez brusquement en une pointe courte et fine, peu repliées sur leur nervure médiane et peu arquées, souvent ondulées dans leur contour, entières ou presque entières par leurs bords, bien soutenues sur des pétioles de moyenne longueur, bien grêles et fermes.

Stipules très-caduques.

Feuilles stipulaires manquant ordinairement.

Boutons à fruit moyens, sphérico-ovoïdes, très-courtement aigus ; écailles d'un marron rougeâtre très-foncé.

Fleurs grandes ; pétales ovales-allongés et un peu élargis, concaves, à onglet long, bien écartés entre eux ; divisions du calice courtes, bien aiguës et recourbées en dessous ; pédicelles un peu longs, forts et bien duveteux.

Feuilles des productions fruitières un peu plus grandes que celles des pousses d'été, ovales plus allongées, se terminant régulièrement en une pointe très-courte et très-fine, peu concaves ou peu repliées sur leur nervure médiane, sensiblement ondulées dans leur contour et un peu recourbées en dessous seulement par leur pointe, entières par leurs bords, bien soutenues sur des pétioles longs, bien grêles et cependant fermes.

Caractère saillant de l'arbre : teinte générale du feuillage d'un vert d'eau clair et un peu brillant ; toutes les feuilles entières ou presque entières et le plus souvent remarquablement ondulées dans leur contour ; tous les pétioles grêles et cependant raides.

Fruit assez petit, presque sphérique ou sphérico-conique, uni dans son contour, atteignant sa plus grande épaisseur à peu près au milieu de sa hauteur ou un peu au-dessous ; au-dessus de ce point, s'arrondissant en demi-sphère ou s'atténuant par une courbe largement convexe en une pointe très-courte, très-épaisse et tronquée à son sommet ; au-dessous du même point, s'arrondissant régulièrement jusque dans la cavité de l'œil.

Peau assez fine et tendre, d'abord d'un vert d'eau presque entièrement ou entièrement recouvert d'une rouille d'un gris brun. A la maturité, **fin d'août et commencement de septembre,** la rouille s'éclaire et l'on remarque sur sa surface quelques points d'un gris blanchâtre.

Œil grand, ouvert, placé dans une cavité étroite et peu profonde.

Queue longue, grêle, bien ligneuse, attachée dans une cavité un peu profonde, évasée et régulière par ses bords.

Chair d'un blanc jaunâtre, bien fine, serrée, beurrée, à peine pierreuse vers le cœur, suffisante en eau bien sucrée et agréablement relevée.

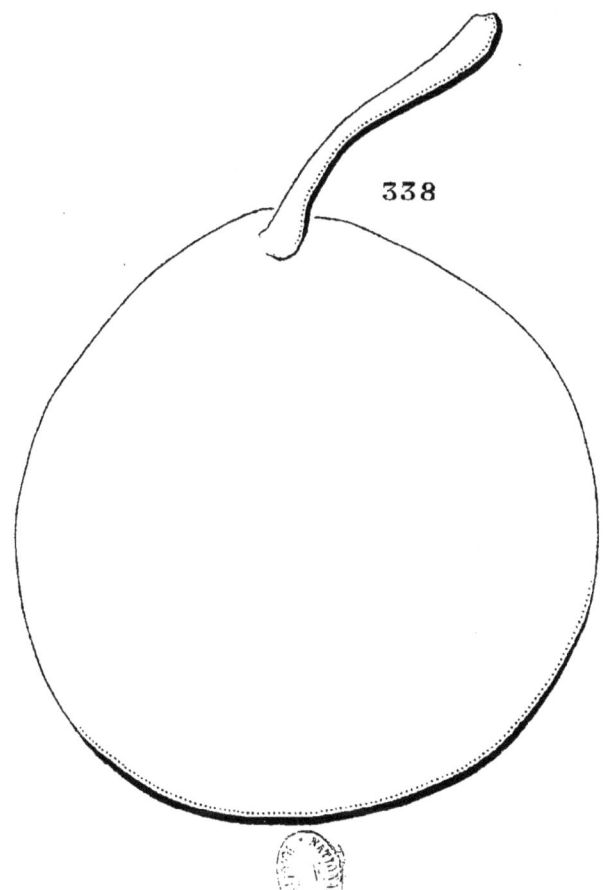

337, BERGAMOTTE D'ÉTÉ DE LUBECK.   338, POIRE D'ABBEVILLE.

POIRE D'ABBEVILLE

(N° 338)

Catalogue Jamin-Durand, de Paris.
Les Fruits à cultiver. Ferdinand Jamin.

Observations. — M. Jamin père commença à multiplier cette variété vers 1837, époque à laquelle il la reçut de M. Bonnet, de Boulogne-sur-Mer, qui lui annonça qu'elle était répandue et estimée aux environs d'Abbeville (Somme). Serait-elle originaire de cette localité ? — L'arbre, de vigueur normale sur cognassier, s'accommode bien des formes régulières et surtout de celle de pyramide. Sa fertilité est assez précoce, grande et soutenue. Son fruit, d'assez longue et facile conservation, est très-propre aux usages du ménage.

DESCRIPTION.

Rameaux très-forts, unis ou presque unis dans leur contour, presque droits, à entre-nœuds courts, d'un brun olivâtre lavé de rouge vineux par places et surtout du côté du soleil ; lenticelles blanchâtres, peu larges, peu nombreuses et un peu apparentes.

Boutons à bois assez petits ou moyens, coniques, courts, un peu épais et émoussés, à direction écartée du rameau, soutenus sur des supports très-peu saillants dont les côtés et l'arête médiane ne se prolongent pas ou très-peu distinctement ; écailles d'un marron rougeâtre intense.

Pousses d'été d'un vert vif, colorées de rouge sanguin et soyeuses à leur sommet.

Feuilles des pousses d'été grandes, ovales-allongées, se terminant un peu brusquement en une pointe extraordinairement longue, bien repliées sur leur nervure médiane et arquées, bordées de dents bien larges, bien profondes et un peu aiguës, s'abaissant bien sur des pétioles longs, forts et souples.

Stipules très-longues, linéaires, très-étroites, presque filiformes.

Feuilles stipulaires manquant ordinairement.

Boutons à fruit moyens, ovo-ellipsoïdes, obtus ; écailles d'un marron rougeâtre très-intense.

Fleurs grandes ; pétales elliptiques-arrondis, bien concaves, à onglet long, lavés de rose vif avant l'épanouissement ; divisions du calice très-courtes, larges et étalées ; pédicelles très-longs, grêles, bien colorés de rouge et presque grêles.

Feuilles des productions fruitières à peu près de même dimension que celles des pousses d'été, se terminant presque régulièrement en une pointe très-finement aiguë, bien creusées en gouttière et peu arquées, régulièrement bordées de dents assez fines, un peu profondes et aiguës, s'abaissant peu sur des pétioles longs, forts et peu flexibles.

Caractère saillant de l'arbre : feuilles des pousses d'été d'un vert clair et très-luisant ; feuilles des productions fruitières d'un beau vert bleu intense et un peu brillant ; toutes les feuilles grandes, bien creusées en gouttière ou bien repliées sur leur nervure médiane ; serrature des feuilles des pousses d'été formée de dents remarquablement larges ; tous les pétioles longs et forts.

Fruit gros, turbiné-conique ou turbiné-sphérique, ordinairement finement bosselé dans sa surface et un peu déformé dans son contour par des côtes épaisses et aplanies, atteignant sa plus grande épaisseur peu au-dessous du milieu de sa hauteur ; au-dessus de ce point, s'atténuant plus ou moins promptement par une courbe très-largement convexe en une pointe courte, épaisse et obtuse à son sommet ; au-dessous du même point, s'arrondissant par une courbe plus convexe pour ensuite s'aplatir sur une très-petite étendue autour de la cavité de l'œil.

Peau un peu épaisse, d'abord d'un vert d'eau semé de points fauves, un peu larges, un peu saillants, très-nombreux et se confondant sous un nuage ou de très-nombreuses taches d'une rouille de même couleur qui s'étend sur la plus grande partie de la surface du fruit, et se condense sur son sommet et dans la cavité de l'œil en prenant un ton d'un roux doré. A la maturité, **courant d'hiver**, le vert fondamental passe au jaune citron et le côté du soleil se couvre d'un ton un peu plus chaud.

Œil moyen, fermé, à divisions réfléchies en dedans, placé dans une cavité très-étroite et très-peu profonde, un peu plissée dans ses parois et par ses bords.

Queue longue, un peu forte, un peu épaissie à son point d'attache au rameau, courbée ou contournée, bien ligneuse, attachée à fleur du sommet du fruit ou dans un pli très-peu prononcé.

Chair d'un blanc à peine teinté de jaune, grossière, cassante, marcescente, un peu pierreuse vers le cœur, peu abondante en eau richement sucrée et un peu parfumée.

PRÉCOCE DE JODOIGNE

(N° 339)

· *Les Fruits du Jardin Van Mons.* Bivort.

Observations.— Cette variété a été obtenue par M. Grégoire, de Jodoigne, et son premier rapport eut lieu en 1865. — L'arbre, de grande vigueur aussi bien sur cognassier que sur franc, s'accommode bien de la forme pyramidale. Sa fertilité se fait trop attendre lorsqu'il est soumis à la taille, et il convient mieux en haute tige dont le rapport est bon, mais interrompu par des alternats complets. Son fruit est d'assez bonne qualité, à condition qu'il soit entrecueilli.

DESCRIPTION.

Rameaux forts, unis ou presque unis dans leur contour, droits, à entre-nœuds de moyenne longueur, d'un brun vineux très-sombre, presque noir à leur partie inférieure ; lenticelles blanchâtres, un peu larges, assez peu nombreuses et apparentes.

Boutons à bois petits, coniques, un peu courts, un peu aigus, à direction peu écartée du rameau, soutenus sur des supports très-peu saillants dont les côtés et l'arête médiane ne se prolongent pas ou très-peu distinctement ; écailles d'un marron rougeâtre terne.

Pousses d'été d'un vert assez vif et un peu teinté de jaune, lavées de rouge cerise à leur sommet et couvertes sur une assez grande longueur d'un duvet blanchâtre et soyeux.

Feuilles des pousses d'été moyennes ou assez petites, ovales un peu allongées, brusquement et courtement atténuées vers le pétiole, se terminant régulièrement en une pointe bien aiguë, peu repliées sur leur nervure médiane, un peu arquées et parfois contournées sur leur longueur, bordées de dents larges, profondes, recourbées et peu aiguës, s'abaissant peu sur des pétioles courts, grêles, redressés et peu flexibles.

Stipules de moyenne longueur, lancéolées, étroites et dentées.

Feuilles stipulaires assez fréquentes.

Boutons à fruit moyens, coniques, peu renflés, peu aigus ; écailles d'un marron clair.

Fleurs moyennes; pétales ovales bien élargis, souvent ondulés dans leur contour, à onglet court, se touchant entre eux, un peu concaves; divisions du calice courtes et recourbées en dessous seulement par leur pointe ; pédicelles de moyenne longueur, forts et peu duveteux.

Feuilles des productions fruitières plus grandes que celles des pousses d'été, régulièrement ovales, un peu allongées, à peine échancrées vers le pétiole, se terminant régulièrement en une pointe peu aiguë, peu repliées sur leur nervure médiane ou presque planes, souvent largement ondulées dans leur contour, régulièrement bordées de dents un peu profondes et assez aiguës, retombant mollement sur des pétioles bien longs, grêles et bien souples.

Caractère saillant de l'arbre : teinte générale du feuillage d'un vert herbacé vif, brillant et bien luisant sur les plus jeunes feuilles; serrature de toutes les feuilles bien accentuée ; pétioles des feuilles des productions fruitières remarquablement longs, grêles et souples.

Fruit assez petit ou presque moyen, ovoïde-piriforme, uni dans son contour, atteignant sa plus grande épaisseur plus ou moins au-dessous du milieu de sa hauteur; au-dessus de ce point, s'atténuant par une courbe peu convexe ou d'abord peu convexe et ensuite à peine concave en une pointe peu longue, assez épaisse et bien obtuse à son sommet; au-dessous du même point, s'atténuant par une courbe largement convexe pour diminuer un peu sensiblement d'épaisseur vers la cavité de l'œil.

Peau assez fine, d'abord d'un vert vif recouvert d'une sorte de fleur blanchâtre et semé de points d'un vert plus foncé. A la maturité, **juillet,** le vert fondamental, souvent granité de gris, s'éclaircit peu en jaune et le côté du soleil se distingue seulement par un ton un peu plus chaud ou rarement est lavé d'un soupçon de rouge.

Œil grand, demi-ouvert, à divisions dressées et recourbées en dehors, placé dans une dépression très-peu profonde et souvent plissée dans ses parois.

Queue de moyenne longueur, assez forte, ligneuse, tantôt droite, tantôt un peu courbée, un peu charnue au point où elle s'attache à fleur du sommet du fruit.

Chair blanchâtre, fine, beurrée, fondante, abondante en eau douce, sucrée, mais peu relevée.

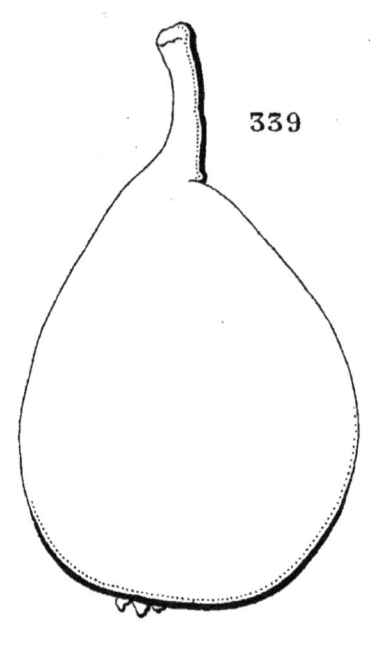

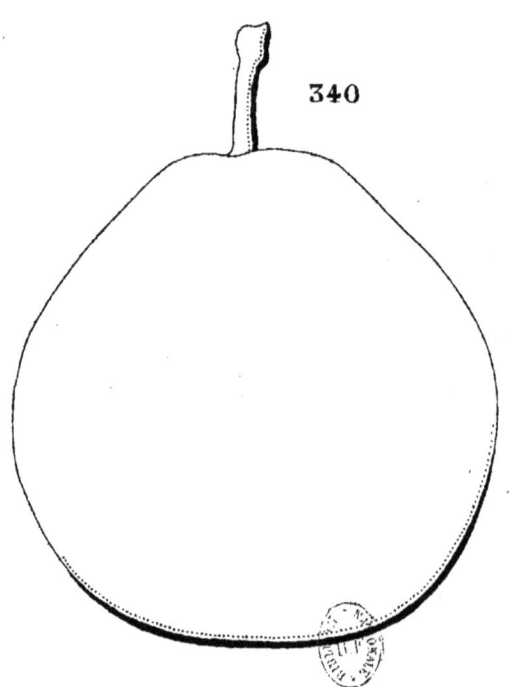

339. PRÉCOCE DE JODOIGNE. 340. MESSIRE-JEAN ROND.

Imp. E. Protat, à Mâcon.

MESSIRE-JEAN ROND

(N° 340)

Catalogue Jamin-Durand, de Paris.

Observations. — D'après l'indication donnée dans le Catalogue de MM. Jamin et Durand, cette variété doit être un gain de M. Goubault, d'Angers, dont plusieurs bons fruits portent déjà le nom. — L'arbre, de vigueur normale sur cognassier, forme facilement de belles pyramides, bien régulières. Sa fertilité est assez précoce, bonne, mais interrompue par des alternats complets. Son fruit, qui a peu de rapports d'apparence et de qualité avec l'ancienne variété dont il porte le nom en partie, est seulement propre aux usages du ménage.

DESCRIPTION.

Rameaux de moyenne force, unis dans leur contour, flexueux, à entre-nœuds longs, d'un vert olivâtre à l'ombre, teintés de rouge vineux du côté du soleil et à leur partie supérieure; lenticelles grisâtres, larges, assez peu nombreuses et apparentes.

Boutons à bois moyens, coniques, un peu épais et courtement aigus, à direction écartée du rameau, soutenus sur des supports assez peu saillants dont les côtés et l'arête médiane ne se prolongent pas; écailles d'un marron rougeâtre foncé.

Pousses d'été d'un vert intense et mat, lavées de rouge sur une assez grande longueur et soyeuses à leur sommet.

Feuilles des pousses d'été moyennes, ovales un peu élargies, se terminant un peu brusquement en une pointe longue, bien repliées sur leur nervure médiane et bien arquées, souvent un peu convexes par leurs côtés, bordées de dents larges, profondes, couchées et émoussées, se recourbant sur des pétioles de moyenne longueur, de moyenne force et redressés.

Stipules en alênes courtes ou assez courtes et très-caduques.

Feuilles stipulaires fréquentes.

Boutons à fruit petits, coniques, un peu renflés et peu aigus ; écailles d'un marron rougeâtre foncé et brillant.

Fleurs moyennes ; pétales bien arrondis, se recouvrant un peu entre eux, lavés de rose avant l'épanouissement ; divisions du calice courtes, peu aiguës et recourbées en dessous ; pédicelles de moyenne longueur, de moyenne force et duveteux.

Feuilles des productions fruitières plus grandes que celles des pousses d'été, ovales très-élargies, obtuses ou même arrondies à leur extrémité, largement repliées sur leur nervure médiane et bien arquées, le plus souvent un peu convexes par leurs côtés, bordées de dents larges, profondes, couchées et émoussées, irrégulièrement soutenues sur des pétioles de moyenne longueur, peu forts et un peu souples.

Caractère saillant de l'arbre : teinte générale du feuillage d'un vert herbacé intense et peu brillant ; toutes les feuilles élargies et remarquablement arquées ; nervure médiane des feuilles presque blanche et ressortant bien sur leur couleur foncée.

Fruit moyen, sphérico-ovoïde ou turbiné-sphérique, court et épais, uni dans son contour, atteignant sa plus grande épaisseur presque au milieu de sa hauteur ; au-dessus de ce point, s'atténuant par une courbe d'abord largement convexe puis à peine concave en une pointe courte, épaisse, bien obtuse ou tronquée à son sommet ; au-dessous du même point, s'arrondissant par une courbe assez convexe jusque dans la cavité de l'œil.

Peau mince, fine, souple, dont il est ordinairement impossible d'apercevoir le vert fondamental, car il est entièrement recouvert d'une rouille dense et uniforme et de couleur canelle. A la maturité, **octobre**, la rouille se dore un peu et l'on remarque sur sa surface quelques points grisâtres burinés en creux.

Œil grand, ouvert, placé dans une cavité étroite, un peu profonde et ordinairement bien régulière.

Queue courte, peu forte, le plus souvent droite et attachée perpendiculairement dans un pli plus ou moins prononcé formé par la pointe du fruit.

Chair d'un blanc un peu teinté de jaune, peu fine, grenue, demi-cassante, suffisante en jus sucré, vineux et sans parfum appréciable.

POIRE D'ANGE DE MEININGEN

(ENGELSBIRNE MEININGEN)

(N° 341)

Catalogue JAHN. 1864.

OBSERVATIONS. — J'ai reçu cette variété de M. Jahn, qui probablement l'a trouvée répandue sous le nom de Poire d'Ange, aux environs de Meiningen, et qu'il a voulu distinguer par l'indication (Meiningen) de l'ancienne Poire d'Ange qui, en effet, n'offre pas de rapports de ressemblance avec elle. — L'arbre, d'une végétation un peu insuffisante sur cognassier, s'accommode bien de la forme pyramidale. Toutefois, sa meilleure destination est la haute tige dans le verger. Sa fertilité, assez précoce, est bonne quoique un peu interrompue par des alternats partiels. Son fruit est seulement de seconde qualité.

DESCRIPTION.

Rameaux peu forts, très-finement anguleux dans leur contour, flexueux, à entre-nœuds assez courts, d'un brun jaunâtre peu foncé; lenticelles blanchâtres, très-petites, nombreuses et très-peu apparentes.

Boutons à bois assez petits, coniques, un peu maigres et bien aigus, à direction très-peu écartée du rameau, soutenus sur des supports saillants dont l'arête médiane se prolonge très-finement; écailles d'un marron rougeâtre très-foncé, presque noir.

Pousses d'été d'un vert très-clair, à peine lavées de rouge et à peine duveteuses à leur sommet.

Feuilles des pousses d'été petites, ovales, un peu sensiblement et courtement atténuées vers le pétiole, se terminant régulièrement en une pointe finement aiguë, peu repliées sur leur nervure médiane ou peu concaves, irrégulièrement bordées de dents très-peu profondes et émoussées, soutenues horizontalement sur des pétioles de moyenne longueur, grêles, raides et redressés.

Stipules très-caduques.

Feuilles stipulaires manquant ordinairement.

Boutons à fruit petits, conico-ovoïdes, maigres et bien aigus; écailles d'un marron rougeâtre très-foncé.

Fleurs à peine moyennes; pétales presque elliptiques, peu concaves, à onglet très-court, se touchant presque entre eux; divisions du calice de moyenne longueur, étroites et recourbées en dessous; pédicelles longs, très-grêles et peu duveteux.

Feuilles des productions fruitières un peu plus grandes que celles des pousses d'été, régulièrement ovales, à peine concaves et ondulées dans leur contour, entières ou presque entières par leurs bords, assez peu soutenues sur des pétioles de moyenne longueur, extraordinairement grêles et flexibles.

Caractère saillant de l'arbre : teinte générale du feuillage d'un vert pré vif et brillant ; toutes les feuilles petites et bien finement acuminées, presque entières ou très-peu profondément dentées ; pétioles des feuilles des productions fruitières extraordinairement grêles.

Fruit petit, ovoïde ou ovoïde-piriforme, bien uni dans son contour, atteignant sa plus grande épaisseur peu au-dessous du milieu de sa hauteur; au-dessus de ce point, s'atténuant bien par une courbe d'abord à peine convexe puis à peine concave en une pointe peu longue, maigre et aiguë à son sommet; au-dessous du même point, s'atténuant par une courbe largement convexe jusque vers l'œil.

Peau fine, mince, d'abord d'un vert clair semé de points d'un gris brun, très-nombreux, petits et un peu apparents. Souvent on remarque un peu de rouille fauve sur le sommet du fruit. A la maturité, **milieu et fin d'août,** le vert fondamental passe au beau jaune citron clair, et le côté du soleil est lavé et rayé de rouge vermillon sur lequel ressortent des points jaunâtres.

Œil grand, ouvert, à divisions bien finement aiguës, placé presque à fleur de la base du fruit dans une dépression à peine appréciable.

Queue de moyenne longueur et de moyenne force, souvent un peu courbée ou contournée, attachée à fleur de la pointe du fruit dont elle semble former la continuation.

Chair un peu jaune, assez fine, serrée, demi-cassante, peu abondante en eau douce, sucrée et assez agréablement parfumée.

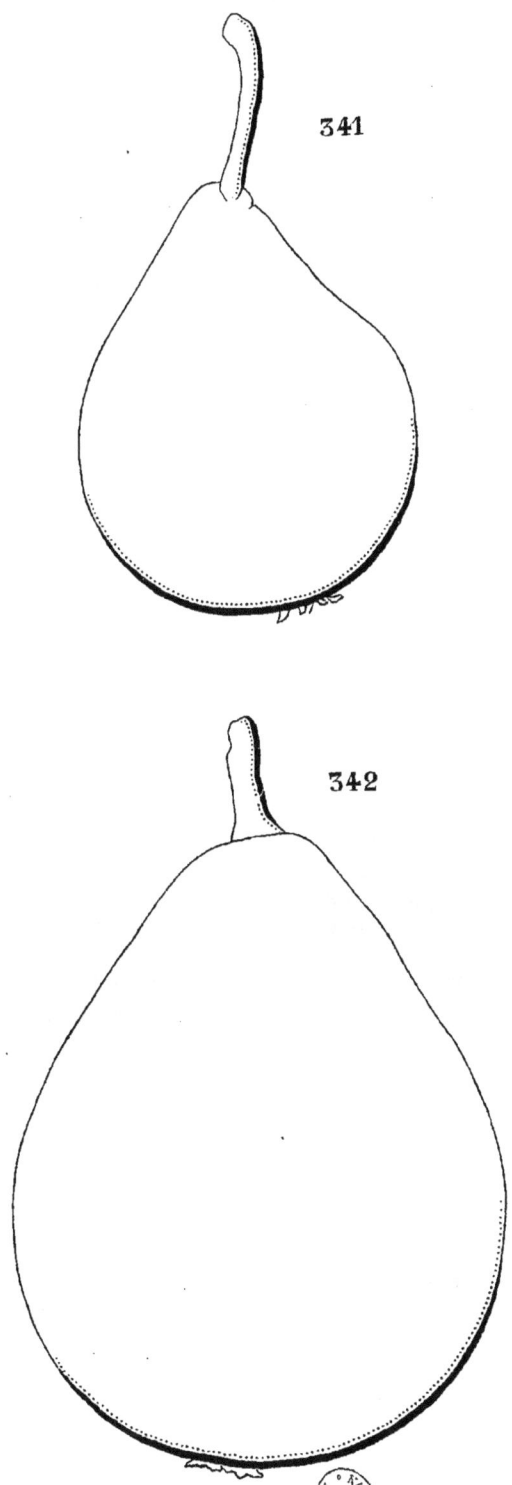

341. POIRE D'ANGE DE MEININGEN. 342. COMPÔTE D'ÉTÉ.

COMPOTE D'ÉTÉ

(SUMMER COMPOTE)

(N° 342)

Catalogue Thomas Rivers, de Sawbridgeworth.

Observations. — Je n'ai pu trouver nulle part une mention de cette variété que j'ai reçue de M. Thomas Rivers. Elle n'est pas cependant exclusivement cultivée en Angleterre, puisque je l'ai reconnue, dans mes collections, entre des arbres que j'avais greffés de variétés reçues d'Allemagne et sous un nom appartenant à une Poire bien différente et bien distincte, et ainsi nécessairement erroné.— L'arbre, de vigueur contenue sur cognassier, par sa végétation capricieuse, s'accommode peu des formes régulières, tout au plus de celle de fuseau et mieux de la haute tige. Sa fertilité est précoce, bien répartie sur toute sa charpente et soutenue. Son fruit, d'assez bonne qualité, est surtout propre aux usages du ménage.

DESCRIPTION.

Rameaux forts et allongés, unis dans leur contour, droits, à entre-nœuds un peu longs, d'un brun jaunâtre du côté de l'ombre, d'un brun ombré de gris et à peine teinté de rouge du côté du soleil; lenticelles blanches, extraordinairement larges, très-largement espacées et bien apparentes.

Boutons à bois petits, coniques, aigus, à direction un peu écartée du rameau, soutenus sur des supports peu saillants dont l'arête médiane ne se prolonge pas; écailles d'un marron foncé et peu brillant.

Pousses d'été d'un vert clair et vif, lavées de rouge et un peu soyeuses à leur sommet.

Feuilles des pousses d'été assez grandes, ovales-élargies, se terminant presque régulièrement en une pointe bien recourbée, à peine concaves, bordées de dents assez peu profondes et peu aiguës, assez peu soutenues sur des pétioles assez courts, forts et très-peu redressés.

Stipules très-caduques.

Feuilles stipulaires manquant ordinairement.

Boutons à fruit assez gros, régulièrement ovoïdes, un peu aigus; écailles d'un marron foncé.

Fleurs moyennes ou presque moyennes; pétales elliptiques-arrondis, concaves, à onglet très-court, se recouvrant à peine entre eux; divisions du calice très-courtes et étalées; pédicelles de moyenne longueur, peu forts et peu duveteux.

Feuilles des productions fruitières grandes, ovales-elliptiques, se terminant brusquement en une pointe un peu longue et bien recourbée en dessous ou contournée, presque planes ou le plus souvent un peu convexes et ondulées dans leur contour, bordées de dents peu profondes, couchées et un peu aiguës, assez peu soutenues sur des pétioles de moyenne longueur, bien forts et cependant un peu souples.

Caractère saillant de l'arbre : teinte générale du feuillage d'un beau vert intense, cependant vif et un peu brillant; la plupart des feuilles des productions fruitières convexes et ondulées dans leur contour; toutes les feuilles se terminant en une pointe bien recourbée ou contournée; tous les pétioles forts.

Fruit gros, ovoïde, bien uni dans son contour, atteignant sa plus grande épaisseur un peu au-dessous du milieu de sa hauteur; au-dessus de ce point, s'atténuant par une courbe d'abord convexe puis à peine concave en une pointe longue, épaisse, peu obtuse ou presque aiguë à son sommet; au-dessous du même point, s'atténuant par une courbe largement convexe pour diminuer sensiblement d'épaisseur vers la cavité de l'œil.

Peau fine, mince, d'abord d'un vert clair semé de points bruns, larges, assez largement et bien régulièrement espacés. On remarque ordinairement de petites taches d'une rouille d'un brun fauve irrégulièrement dispersées sur la surface du fruit et se condensant soit sur son sommet, soit sur sa base. A la maturité, **août**, le vert fondamental passe au jaune paille et le côté du soleil, couvert d'un ton un peu plus chaud, se distingue aussi par des points plus larges et plus rapprochés.

Œil petit, demi-ouvert, placé dans une dépression très-peu profonde et parfois un peu plissée dans ses parois.

Queue courte, peu forte, ligneuse, à peine courbée, attachée dans un pli formé par la pointe du fruit.

Chair blanche, assez fine, demi-beurrée, peu abondante en eau douce, sucrée, finement acidulée et légèrement parfumée.

COLOMA D'AUTOMNE

(N° 343)

Album de pomologie. Bivort.
BEURRÉ DU COLOMA. *Pomologie de la Seine-Inférieure.* Prévost.
COLOMA. *Jardin fruitier du Muséum.* Decaisne.
BEURRÉ COLOMA. *Dictionnaire de pomologie.* André Leroy.

Observations. — Cette variété, d'après M. Bivort, fut obtenue vers 1808 ou 1809 par le comte de Coloma, de Malines. Elle ne doit pas être confondue avec l'Urbaniste auquel les pomologistes allemands donnent le nom de Beurré d'Automne de Coloma. — L'arbre, de bonne vigueur aussi bien sur cognassier que sur franc, s'accommode bien de la forme pyramidale qui lui est naturelle. Sa fertilité est précoce, grande et soutenue. Son fruit, d'assez bonne qualité, doit être entre-cueilli, car il n'est pas de longue conservation.

DESCRIPTION.

Rameaux de moyenne force, très-obscurément anguleux dans leur contour, droits, à entre-nœuds de moyenne longueur ou un peu longs, d'un brun un peu teinté de vert par places; lenticelles blanches, petites, nombreuses et un peu apparentes.

Boutons à bois moyens, coniques, un peu allongés et aigus, à direction écartée du rameau vers sa partie inférieure, appliquée au rameau vers sa partie supérieure, soutenus sur des supports peu saillants dont l'arête médiane se prolonge très-obscurément; écailles d'un marron jaunâtre.

Pousses d'été d'un vert très-clair, à peine ou non lavées de rouge et peu duveteuses à leur sommet.

Feuilles des pousses d'été assez petites, ovales, se terminant régulièrement en une pointe très-courte, un peu repliées sur leur nervure médiane et un peu arquées, bordées de dents un peu larges, peu profondes et obtuses, bien soutenues sur des pétioles courts, grêles et bien redressés.

Stipules de moyenne longueur ou assez courtes, presque filiformes.

Feuilles stipulaires manquant ordinairement.

Boutons à fruit moyens, coniques-allongés, à peine renflés et un peu aigus; écailles jaunâtres.

Fleurs moyennes; pétales ovales, bien élargis à leur base et sensiblement rétrécis à leur sommet, ondulés dans leur contour, entièrement blancs avant et après l'épanouissement; divisions du calice très-courtes et bien refléchies en dessous; pédicelles assez courts, grêles et peu duveteux.

Feuilles des productions fruitières grandes, ovales un peu allongées, se terminant peu brusquement ou presque régulièrement en une pointe un peu longue et large, bien creusées en gouttière et à peine arquées, bordées de dents très-larges, peu profondes, couchées et bien obtuses, assez bien soutenues sur des pétioles longs, de moyenne force et peu souples.

Caractère saillant de l'arbre : teinte générale du feuillage d'un vert herbacé intense et brillant; feuilles des productions fruitières remarquablement et régulièrement creusées, paraissant plutôt crénelées que dentées.

Fruit moyen ou presque moyen, ovoïde ou piriforme-ovoïde et allongé, uni dans son contour, atteignant sa plus grande épaisseur à peu près au milieu de sa hauteur; au-dessus de ce point, s'atténuant par une courbe d'abord peu convexe puis peu concave en une pointe peu longue, maigre et aiguë à son sommet; au-dessous du même point, s'atténuant par une courbe à peine convexe pour diminuer très-sensiblement d'épaisseur vers la cavité de l'œil.

Peau mince, fine, d'abord d'un vert décidé semé de points bruns, très-nombreux, régulièrement espacés et apparents. Une rouille brune et épaisse couvre souvent la base du fruit et se disperse parfois sur sa surface. A la maturité, **octobre,** le vert fondamental passe au jaune citron conservant par places une teinte un peu verdâtre et le côté du soleil, couvert d'un ton un peu plus chaud, est parfois lavé d'un peu de rouge.

Œil fermé ou presque fermé, placé presque à fleur de la base du fruit dans une dépression étroite, à peine creusée et finement sillonnée dans ses parois.

Queue de moyenne longueur ou un peu longue, grêle, courbée, bien ligneuse, formant la continuation de la pointe du fruit.

Chair d'un blanc à peine teinté de jaune, fine, beurrée, fondante, suffisante en eau sucrée, acidulée, assez agréable lorsque la maturité n'est pas dépassée.

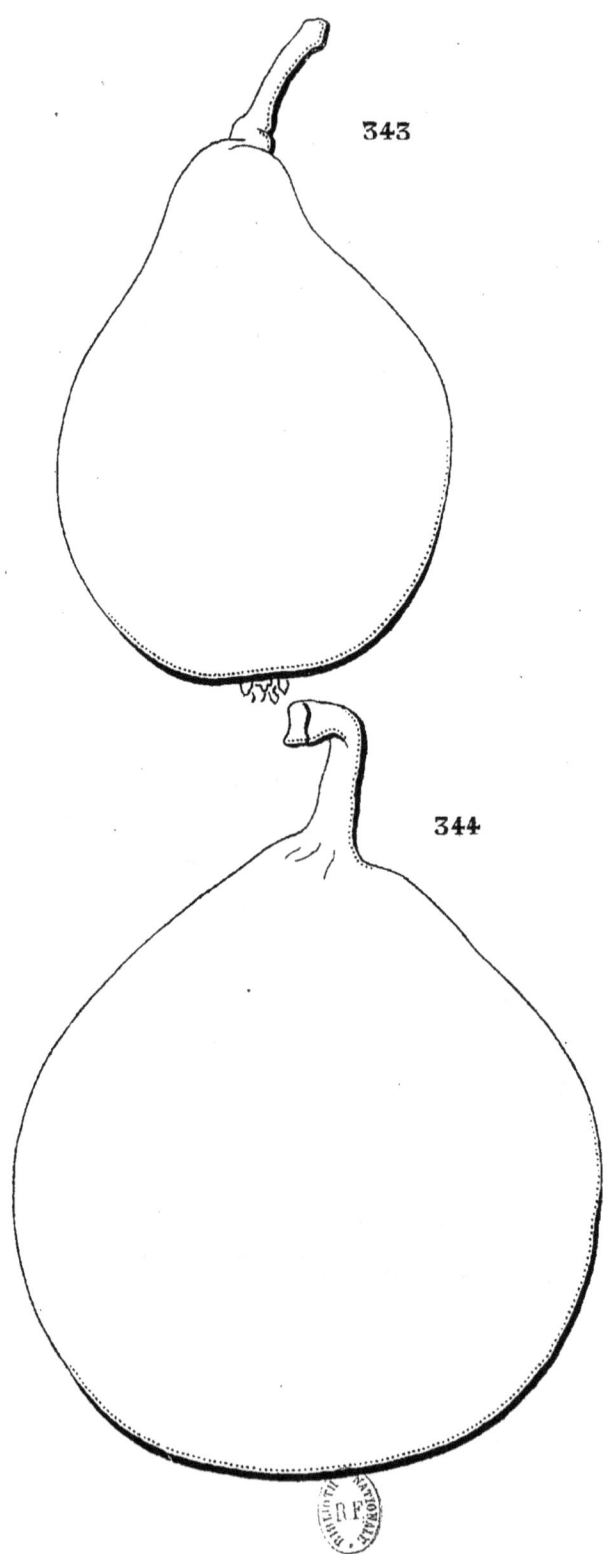

343. COLOMA D'AUTOMNE. 344. PHILIPPOT.

Imp. E. Protat, à Mâcon

PHILIPPOT

(N° 344)

Journal de la Société centrale d'horticulture. 1863.
Revue horticole. DE LIRON D'AIROLES. 1865.
Dictionnaire de pomologie. ANDRÉ LEROY.

OBSERVATIONS. — Cette variété est née dans les pépinières de M. Philippot, à Saint-Quentin (Aisne). Son premier rapport eut lieu en 1852. — L'arbre, de vigueur contenue sur cognassier, s'accommode bien des formes régulières. Sa fertilité précoce et grande, doit être ménagée par une taille courte. Son fruit, acceptable pour la table lorsqu'il mûrit, à la fin de mars, est d'un excellent usage pour les différents emplois du ménage et pendant tout l'hiver.

DESCRIPTION.

Rameaux de moyenne force, unis ou presque unis dans leur contour, presque droits, à entre-nœuds assez courts, jaunâtres ; lenticelles blanchâtres, peu larges, un peu nombreuses et peu apparentes.
Boutons à bois moyens, coniques, peu aigus, à direction écartée du rameau, soutenus sur des supports peu saillants dont l'arête médiane se prolonge très-peu distinctement ; écailles d'un marron presque noir.
Pousses d'été d'un vert très-clair, à peine ou non lavées de rouge et un peu soyeuses à leur sommet.
Feuilles des pousses d'été moyennes, ovales-allongées et peu larges, sensiblement atténuées vers le pétiole, se terminant presque régulièrement en une pointe bien aiguë, planes ou presque planes, bordées de dents larges,

profondes et aiguës, bien soutenues sur des pétioles de moyenne longueur, de moyenne force et redressés.

Stipules en alènes courtes et fines.

Feuilles stipulaires manquant toujours.

Boutons à fruit assez gros, coniques, renflés et courtement aigus; écailles d'un marron rougeâtre foncé.

Fleurs grandes; pétales arrondis-élargis, bien concaves, à onglet court, se recouvrant largement entre eux; divisions du calice de moyenne longueur, très-étroites, finement aiguës et peu recourbées en dessous; pédicelles assez longs, forts et peu duveteux.

Feuilles des productions fruitières un peu plus grandes que celles des pousses d'été, de même forme et entremêlées cependant de quelques-unes vraiment lancéolées, planes et parfois largement ondulées dans leur contour, bien régulièrement bordées de dents profondes et aiguës, assez bien soutenues sur des pétioles longs, grêles et cependant assez fermes.

Caractère saillant de l'arbre : teinte générale du feuillage d'un vert pré peu foncé et mat; la plupart des feuilles planes ou presque planes; toutes les feuilles garnies d'une serrature formée de dents remarquablement profondes et acérées.

Fruit gros ou très-gros, sphérico-conique, uni dans son contour, atteignant sa plus grande épaisseur au-dessous du milieu de sa hauteur; au-dessus de ce point, s'atténuant plus ou moins promptement par une courbe très-largement convexe en une pointe courte, épaisse et plus ou moins obtuse à son sommet; au-dessous du même point, s'arrondissant par une courbe bien convexe pour ensuite s'aplatir autour de la cavité de l'œil.

Peau épaisse, d'abord d'un vert très-clair, blanchâtre, semé de points gris, très-petits, très-nombreux, assez régulièrement espacés et peu apparents. Une rouille fauve, peu dense couvre la cavité de l'œil et s'étend un peu au-delà de ses bords. A la maturité, **courant et fin d'hiver,** le vert fondamental passe au jaune mat et le côté du soleil se dore plus ou moins chaudement ou se lave d'un nuage de rouge rosat.

Œil grand, bien ouvert, à divisions larges et longues, placé dans une cavité peu profonde, très-évasée, unie dans ses parois et par ses bords.

Queue courte, forte, plus ou moins courbée, attachée à fleur de la pointe du fruit.

Chair bien blanche, grossière, demi-cassante, un peu pierreuse vers le cœur, abondante en eau douce, sucrée, relevée d'une saveur assez agréable.

CALEBASSE OBERDIECK

(N° 345)

Dictionnaire de pomologie. ANDRÉ LEROY.

OBSERVATIONS. —Cette variété est un gain de M. André Leroy et a été dédiée par lui à notre excellent correspondant, un des plus savants pomologistes de notre siècle, le Superintendant Oberdieck, de Jeinsen (Hanovre). Elle rapporta ses premiers fruits en1863. — L'arbre de vigueur contenue sur cognassier, exige quelques soins pour être maintenu sous formes régulières. Sa fertilité est précoce, bonne les années de rapport, mais interrompue par des alternats complets. Son fruit est d'assez bonne qualité.

DESCRIPTION.

Rameaux de moyenne force, unis ou presque unis dans leur contour, un peu flexueux, à entre-nœuds assez courts, d'un brun jaunâtre; lenticelles petites, assez peu nombreuses et peu apparentes.

Boutons à bois moyens, exactement coniques, bien aigus, à direction écartée du rameau, soutenus sur des supports assez peu saillants dont l'arête médiane ne se prolonge pas ou peu distinctement; écailles d'un marron clair et largement maculées de gris blanchâtre.

Pousses d'été d'un vert intense et vif, lavées de rouge sanguin sur une assez grande longueur et glabres à leur sommet.

Feuilles des pousses d'été assez grandes, ovales ou ovales-élargies, se terminant presque régulièrement en une pointe courte et aiguë, largement concaves et non arquées, bordées de dents un peu larges, un peu profondes et obtuses, bien soutenues sur des pétioles de moyenne longueur, de moyenne force et redressés.

Stipules en alènes un peu longues, bien fines et très-caduques.

Feuilles stipulaires très-fréquentes.

Boutons à fruit moyens, conico-ovoïdes, aigus ; écailles d'un marron jaunâtre.

Fleurs moyennes ou assez grandes, souvent semi-doubles; pétales ovales-elliptiques, concaves, à onglet court, se recouvrant un peu entre eux ; divisions du calice de moyenne longueur, étroites et un peu recourbées en dessous ; pédicelles de moyenne longueur, forts et un peu duveteux.

Feuilles des productions fruitières grandes, obovales bien élargies, très-brusquement et courtement atténuées vers le pétiole, se terminant très-brusquement en une pointe extraordinairement courte ou nulle, à peine concaves, entières par leurs bords, bien soutenues sur des pétioles courts ou très-courts, de moyenne force et fermes.

Caractère saillant de l'arbre : teinte générale du feuillage d'un vert pré vif et luisant; toutes les feuilles épaisses et plus ou moins élargies; feuilles des productions fruitières remarquablement entières.

Fruit moyen ou assez gros, conique-piriforme plus ou moins allongé, inconstant dans sa forme, cependant ordinairement uni dans son contour, atteignant sa plus grande épaisseur bien au-dessous du milieu de sa hauteur ; au-dessus de ce point, s'atténuant par une courbe peu convexe ou irrégulièrement et peu concave en une pointe longue et aiguë à son sommet et ordinairement déjetée de côté ; au-dessous du même point, s'arrondissant par une courbe largement convexe jusque vers l'œil.

Peau fine, unie, d'abord d'un vert très-clair semé de points d'un gris brun, petits, assez nombreux et apparents sur certaines parties, manquant sur d'autres. On remarque rarement quelques traces de rouille sur sa surface. A la maturité, **septembre,** le vert fondamental passe au jaune citron clair et le côté du soleil est d'un jaune orangé.

Œil assez grand, ouvert, placé dans une dépression très-peu profonde, plissée dans ses parois et par ses bords, et ces plis se prolongent un peu sur la base du fruit.

Queue assez courte, un peu forte, un peu charnue, un peu souple, formant exactement la continuation de la pointe du fruit et suivant la direction très-oblique ou presque horizontale qu'elle lui imprime.

Chair blanche, bien fine, bien fondante, abondante en eau douce, sucrée, mais peu parfumée.

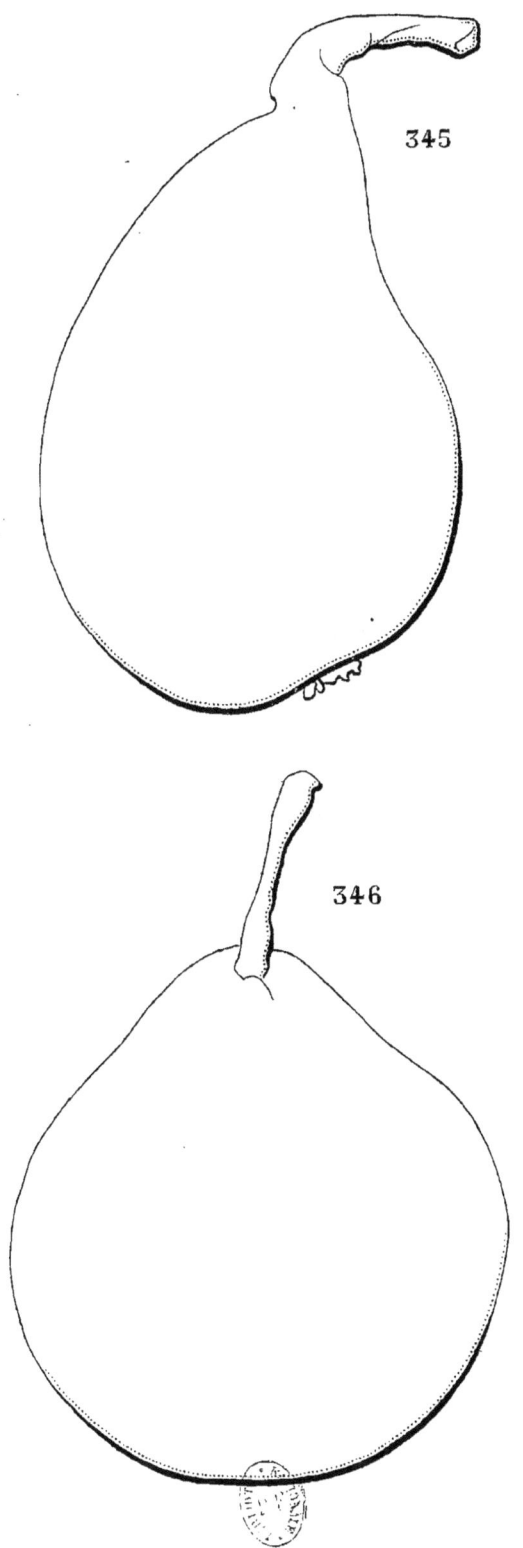

345. CALEBASSE OBERDIECK. 346. DE DAME.

DE DAME

(N° 346)

Jardin fruitier du Muséum. Decaisne.
Dictionnaire de pomologie. André Leroy.

Observations. — Cette ancienne variété, d'après M. André Leroy, aurait été obtenue sur la terre des Buhards, commune de la Jumellière, canton de Chemillé (Maine-et-Loire). Elle est l'objet d'une culture étendue dans quelques communes de ce département, et ses produits se vendent en poires séchées à l'étuve ou au four. — L'arbre, de grande vigueur aussi bien sur cognassier que sur franc, se plie assez difficilement aux formes régulières et convient mieux à la haute tige. Sa fertilité n'est pas précoce, mais devient grande par la suite. Son fruit n'est que de seconde qualité pour la table, et plutôt propre aux usages du ménage.

DESCRIPTION.

Rameaux forts, allongés et un peu fluets à leur partie supérieure, obscurément anguleux dans leur contour, flexueux, à entre-nœuds un peu longs, verdâtres à leur partie inférieure, d'un vert jaunâtre à leur partie supérieure; lenticelles blanchâtres, bien larges, largement espacées et bien apparentes.

Boutons à bois assez petits, très-courts, élargis à leur base, émoussés ou très-courtement aigus, à direction écartée du rameau dans lequel ils sont un peu encastrés, soutenus sur des supports peu saillants dont l'arête médiane se prolonge plus ou moins distinctement; écailles d'un marron foncé et peu brillant.

Pousses d'été d'un vert d'eau très-clair et bien duveteuses sur toute leur longueur.

Feuilles des pousses d'été grandes, ovales-elliptiques ou ovales-arrondies, se terminant brusquement en une pointe longue et large, bien concaves et finement ondulées, bordées de dents larges, profondes et obtuses, soutenues horizontalement sur des pétioles un peu longs, forts et un peu souples.

Stipules longues, linéaires, finement aiguës.

Feuilles stipulaires manquant ordinairement.

Boutons à fruit moyens, conico-ovoïdes, assez aigus; écailles extérieures d'un marron foncé; écailles intérieures un peu couvertes d'un duvet fauve.

Fleurs moyennes ou assez grandes; pétales elliptiques-arrondis, bien concaves, à onglet court, se touchant entre eux; divisions du calice extraordinairement longues et peu recourbées en dessous; pédicelles courts, très-forts et bien duveteux.

Feuilles des productions fruitières encore plus grandes que celles des pousses d'été, ovales-arrondies, se terminant brusquement en une pointe assez courte, concaves, souvent ondulées dans leur contour, bordées de dents larges, profondes, un peu recourbées et aiguës, bien soutenues sur des pétioles très-longs, forts et fermes.

Caractère saillant de l'arbre : teinte générale du feuillage d'un vert d'eau peu foncé et très-brillant; toutes les feuilles amples, tendant à la forme arrondie et pour la plupart remarquablement ondulées dans leur contour; tous les pétioles longs et forts.

Fruit moyen, turbiné-sphérique, uni dans son contour, atteignant sa plus grande épaisseur à peu près au milieu de sa hauteur; au-dessus de ce point, s'atténuant promptement par une courbe très-largement concave en une pointe courte, peu épaisse et un peu aiguë à son sommet; au-dessous du même point, s'atténuant par une courbe peu convexe pour diminuer assez sensiblement d'épaisseur vers la cavité de l'œil.

Peau un peu épaisse, d'abord d'un vert d'eau semé de points bruns, larges, largement espacés et apparents. Une tache d'une rouille brune, un peu épaisse, couvre le sommet du fruit, et une tache semblable couvre la cavité de l'œil. A la maturité, **septembre, octobre**, le vert fondamental passe au blanc verdâtre et le côté du soleil ne peut facilement être reconnu.

Œil moyen, demi-fermé ou un peu ouvert, placé dans une cavité étroite, un peu profonde, unie dans ses parois et régulière par ses bords.

Queue de moyenne longueur, assez grêle, bien ligneuse, attachée le plus souvent obliquement à fleur de la pointe du fruit ou un peu repoussée dans un pli peu prononcé.

Chair blanche, demi-fine, demi-fondante, suffisante en eau douce, sucrée, mais pauvrement parfumée.

LÉON GRÉGOIRE

(N° 347)

Notice pomologique. DE LIRON D'AIROLES.
Annales de pomologie belge. BIVORT.
Illustrirtes Handbuch der Obstkunde. JAHN.
Dictionnaire de pomologie. ANDRÉ LEROY.

OBSERVATIONS. — Cette variété est un gain de M. Grégoire, de Jodoigne. Elle rapporta ses premiers fruits en 1852. — L'arbre, de vigueur insuffisante sur cognassier, s'accommode assez bien des formes régulières en les maintenant par une taille courte. Sa fertilité est assez précoce, grande et soutenue. Son fruit, souvent assez bon, est cependant parfois trop entaché d'âpreté et inconstant dans sa qualité.

DESCRIPTION.

Rameaux peu forts, unis ou presque unis dans leur contour, presque droits, à entre-nœuds courts, d'un jaune ombré; lenticelles blanches, un peu larges, assez nombreuses et apparentes.

Boutons à bois moyens, coniques, un peu allongés et bien aigus, à direction écartée du rameau, soutenus sur des supports un peu saillants dont l'arête médiane ne se prolonge pas ou à peine distinctement; écailles d'un marron rougeâtre peu foncé et brillant.

Pousses d'été d'un vert clair, un peu lavées de rouge et peu soyeuses à leur sommet.

Feuilles des pousses d'été assez petites, ovales-allongées et peu larges, se terminant presque régulièrement en une pointe longue, étroite et aiguë, très-largement creusées en gouttière et peu arquées, bordées de dents larges, un peu profondes, couchées et obtuses, assez peu soutenues sur des pétioles courts ou assez courts, grêles et souples.

Stipules longues ou très-longues, filiformes.

Feuilles stipulaires manquant le plus souvent.

Boutons à fruit presque moyens, conico-ovides, allongés et bien aigus ; écailles d'un marron rougeâtre bien foncé.

Fleurs moyennes; pétales elliptiques-élargis, concaves, un peu lavés de rose avant l'épanouissement; divisions du calice de moyenne longueur, larges à leur base et très-finement aiguës ; pédicelles longs, un peu forts et peu duveteux.

Feuilles des productions fruitières un peu moins petites que celles des pousses d'été, ovales un peu allongées et un peu plus larges, se terminant régulièrement en une pointe très-courte ou nulle, largement repliées sur leur nervure médiane et souvent bien arquées, souvent un peu convexes par leurs côtés, bordées de dents couchées, peu profondes et peu aiguës, assez bien soutenues sur des pétioles courts, très-grêles et peu souples.

Caractère saillant de l'arbre : teinte générale du feuillage d'un vert pré peu foncé et peu brillant; stipules souvent remarquablement longues et filiformes ; tous les pétioles très-grêles.

Fruit moyen ou assez gros, ovoïde-piriforme, ordinairement uni dans son contour, atteignant sa plus grande épaisseur au-dessous du milieu de sa hauteur; au-dessus de ce point, s'atténuant par une courbe d'abord convexe puis concave en une pointe peu longue, plus ou moins épaisse et obtuse à son sommet; au-dessous du même point, s'atténuant par une courbe largement convexe pour diminuer assez sensiblement d'épaisseur vers la cavité de l'œil.

Peau un peu épaisse, d'abord d'un vert d'eau semé de points bruns, nombreux, régulièrement espacés, apparents, souvent confondus avec des traits ou des taches d'une rouille de même couleur qui se dispersent sur la surface du fruit et se condensent, soit sur son sommet, soit sur sa base. A la maturité, **commencement d'hiver,** le vert fondamental passe au jaune paille et le côté du soleil est doré plus ou moins chaudement.

Œil moyen, ouvert ou demi-ouvert, placé dans une cavité peu profonde, un peu évasée, plissée dans ses parois et souvent oblique par ses bords.

Queue de moyenne longueur, de moyenne force, ligneuse, peu courbée, attachée à fleur de la pointe du fruit.

Chair d'un blanc un peu teinté de jaune, fine, beurrée, fondante, à peine pierreuse vers le cœur, abondante en eau richement sucrée, vineuse, acidulée et sans parfum bien appréciable.

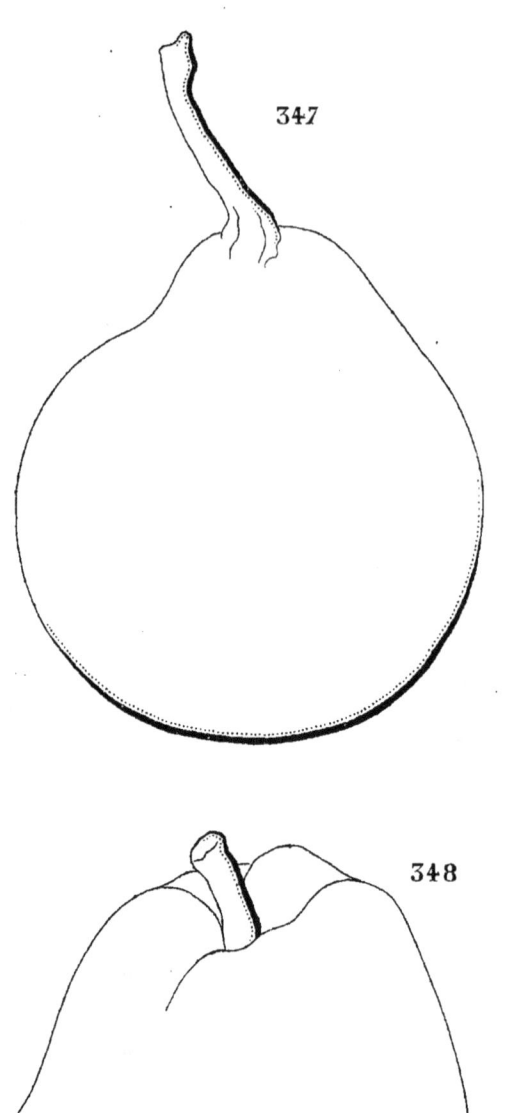
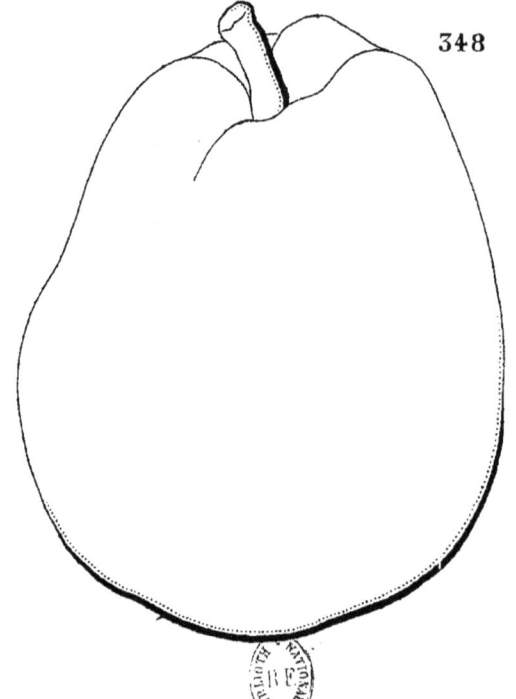

347. LÉON GRÉGOIRE. 348. AMÉDÉE LECLERC.

Imp. E. Protat, à Mâcon.

AMÉDÉE LECLERC

(N° 348)

Notices pomologiques. DE LIRON D'AIROLES.
Dictionnaire de pomologie. ANDRÉ LEROY.

OBSERVATIONS. — Cette variété est un semis de M. Léon Leclerc. Elle fut propagée par son ancien jardinier, devenu propriétaire de ses arbres de semis, M. Hutin, pépiniériste à Laval (Mayenne), et qui la dédia à un des fils du député, zélé pomologiste. — L'arbre, de vigueur normale sur cognassier, exige des soins pour en obtenir des formes régulières et s'accommode peu de la taille. Sa fertilité est assez précoce et seulement moyenne. Son fruit, d'assez bonne qualité, se conserve longtemps au fruitier en bon état de maturité.

DESCRIPTION.

Rameaux de moyenne force, unis dans leur contour, presque droits, à entre-nœuds de moyenne longueur ou un peu longs, d'un rouge clair un peu ombré de gris ; lenticelles grisâtres, peu larges, peu nombreuses et peu apparentes.

Boutons à bois petits, courts, élargis à leur base et courtement aigus, à direction parallèle au rameau, soutenus sur des supports très-peu saillants dont les côtés et l'arête médiane ne se prolongent pas ; écailles d'un marron rougeâtre presque entièrement recouvert de gris blanchâtre.

Pousses d'été d'un vert clair, lavées de rouge sanguin vif sur une grande longueur et peu duveteuses à leur sommet.

Feuilles des pousses d'été moyennes ou assez petites, ovales bien allongées et étroites, un peu atténuées vers le pétiole, se terminant bien régulièrement en une pointe aiguë, repliées sur leur nervure médiane et à peine arquées, bordées de dents larges, peu profondes, couchées et obtuses, assez bien soutenues sur des pétioles un peu courts, très-grêles et redressés.

Stipules en alènes de moyenne longueur ou un peu longues et fines.

Feuilles stipulaires manquant le plus souvent.

Boutons à fruit moyens, conico-ovoïdes, allongés, un peu maigres et aigus; écailles d'un marron rougeâtre clair.

Fleurs moyennes; pétales elliptiques-arrondis ou elliptiques-élargis, concaves, à onglet court, se touchant entre eux; divisions du calice assez longues, finement aiguës et recourbées en dessous; pédicelles un peu longs, grêles et peu duveteux.

Feuilles des productions fruitières plus grandes que celles des pousses d'été, ovales très-allongées et étroites, se terminant bien régulièrement en une pointe aiguë, un peu repliées sur leur nervure médiane et peu arquées, bordées de dents peu profondes, couchées et émoussées, mal soutenues sur des pétioles un peu longs, grêles et flexibles.

Caractère saillant de l'arbre : teinte générale du feuillage d'un vert pré intense et peu brillant; toutes les feuilles remarquablement allongées et étroites; tous les pétioles grêles.

Fruit moyen ou assez gros, conique ou conico-cylindrique, souvent irrégulier dans sa forme et bosselé dans son contour, atteignant sa plus grande épaisseur bien au-dessous du milieu de sa hauteur; au-dessus de ce point, s'atténuant peu par une courbe peu convexe en une pointe longue, épaisse et plus ou moins largement tronquée à son sommet; au-dessous du même point, s'atténuant un peu moins par une courbe largement convexe pour s'aplatir ensuite un peu autour de la cavité de l'œil.

Peau très-épaisse, d'abord d'un vert vif semé de points d'un gris vert bien foncé, bien larges, nombreux et bien apparents. Une rouille brune couvre souvent la cavité de l'œil et parfois le sommet du fruit. A la maturité, **courant et fin d'hiver,** le vert fondamental passe au jaune citron intense et le côté du soleil est chaudement doré.

Œil grand, ouvert, à divisions longues, fines et étalées dans une cavité assez profonde, un peu évasée et largement ondulée par ses bords.

Queue courte, peu forte, bien ligneuse, attachée dans une cavité étroite, bien profonde et profondément divisée dans ses bords par des côtes épaisses mais peu vives.

Chair blanche, fine, un peu tassée, beurrée, fondante, abondante en eau douce, sucrée et légèrement parfumée.

FRÉDÉRIC DE PRUSSE

(FRIEDRICH VON PREUSSEN)

(N° 349)

Catalogue Van Mons. 1823.
Systematische Beschreibung der Kernobstsorten. Diel.
Illustrirtes Handbuch der Obstkunde. Schmidt.

Observations. — Cette variété est un gain de Van Mons, ainsi qu'il l'indique dans son Catalogue de 1823. — L'arbre, d'une vigueur insuffisante sur cognassier, s'accommode bien des formes régulières sur le franc où il prend un développement normal. Il convient bien aussi au verger par la rusticité de ses fleurs, lui assurant une fertilité précoce et grande. Son fruit, dont la maturation se prolonge longtemps, est surtout propre aux usages du ménage.

DESCRIPTION.

Rameaux de moyenne force, un peu anguleux dans leur contour, droits, à entre-nœuds courts, rougeâtres ; lenticelles blanches, fines, allongées, assez nombreuses et peu apparentes.

Boutons à bois petits, coniques, courts, bien épais, courtement et finement aigus, à direction peu écartée du rameau, soutenus sur des supports saillants dont l'arête médiane se prolonge assez distinctement ; écailles d'un marron rougeâtre foncé.

Pousses d'été d'un vert très-clair et un peu teinté de jaune, lavées de rouge et un peu duveteuses à leur sommet.

Feuilles des pousses d'été petites, ovales un peu allongées, se terminant peu brusquement ou presque régulièrement en une pointe longue, concaves et non arquées, bordées de dents très-fines, extraordinairement peu profondes, peu appréciables, assez peu soutenues sur des pétioles un peu longs, grêles et flexibles.

Stipules très-caduques.

Feuilles stipulaires manquant le plus souvent.

Boutons à fruit assez gros, coniques, bien aigus; écailles d'un marron rougeâtre foncé.

Fleurs assez grandes; pétales ovales-elliptiques et un peu allongés, presque planes, à onglet long, écartés entre eux; divisions du calice de moyenne longueur, presque annulaires; pédicelles un peu longs, grêles et à peine duveteux.

Feuilles des productions fruitières moyennes ou assez grandes, ovales-allongées et peu larges, s'atténuant régulièrement en une pointe longue, bien aiguë et recourbée en dessous, repliées sur leur nervure médiane et bien arquées, bordées de dents très-fines, extraordinairement peu profondes, souvent peu appréciables, retombant sur des pétioles un peu longs, de moyenne force et souples.

Caractère saillant de l'arbre : teinte générale du feuillage d'un vert pré un peu teinté de jaune; feuilles des productions fruitières bien régulièrement repliées sur leur nervure médiane et arquées; toutes les feuilles garnies d'une serrature vraiment remarquable par ses dents très-fines et extraordinairement peu profondes.

Fruit moyen, turbiné-conique, plus ou moins allongé, uni dans son contour, atteignant sa plus grande épaisseur au-dessous du milieu de sa hauteur; au-dessus de ce point, s'atténuant promptement par une courbe largement convexe en une pointe courte, épaisse et obtuse à son sommet; au-dessous du même point, s'arrondissant par une courbe bien convexe pour ensuite s'aplatir un peu autour de la cavité de l'œil.

Peau un peu ferme, d'abord d'un vert très-clair semé de points fauves, larges, largement et irrégulièrement espacés. Une rouille de même couleur couvre souvent le sommet du fruit et forme dans la cavité de l'œil des traits divergents qui s'étendent au-delà de ses bords. A la maturité, **octobre**, le vert fondamental passe au jaune doré et le côté du soleil est largement lavé d'un joli rouge rosat frais et vif.

Œil assez grand, ouvert, un peu enfoncé dans une cavité un peu profonde, étroite dans son fond, évasée et régulière par ses bords.

Queue de moyenne longueur ou plus longue, peu forte, bien ligneuse, un peu courbée, attachée le plus souvent un peu obliquement dans un pli un peu irrégulier formé par la pointe du fruit.

Chair bien blanche, peu fine, cassante, pierreuse vers le cœur, suffisante en jus sucré, vineux et acidulé.

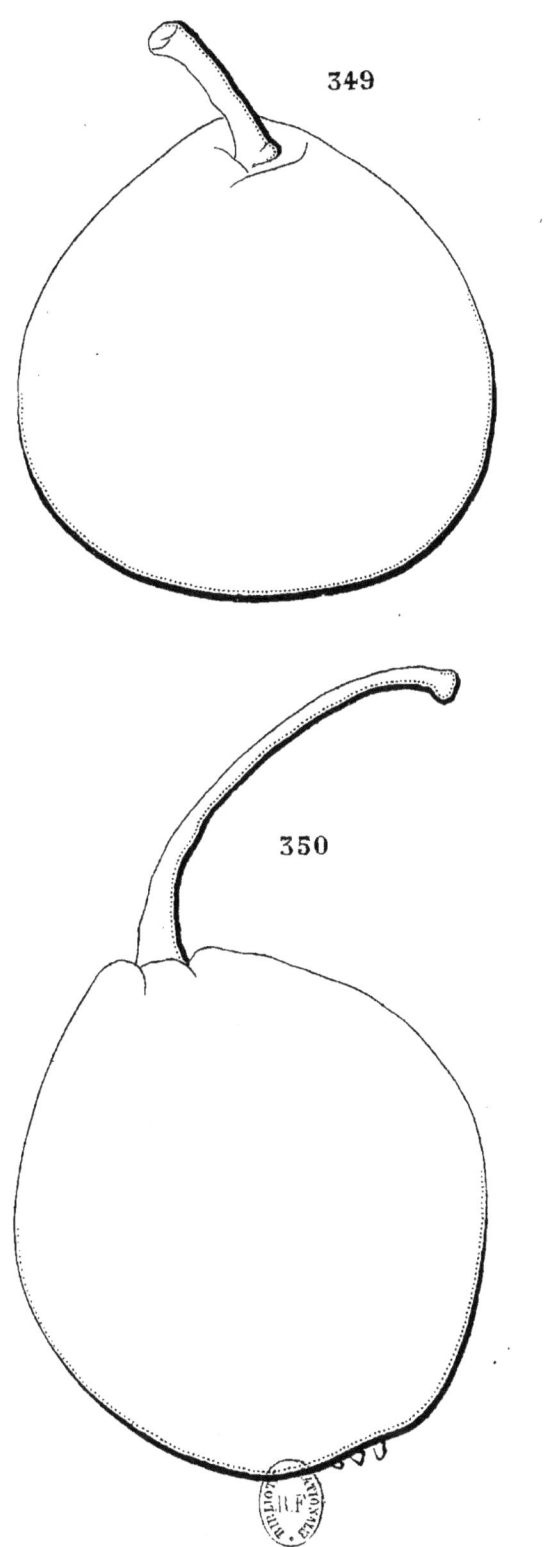

349. FRÉDÉRIC DE PRUSSE. 350. ROUSSE LENCH.

ROUSSE LENCH

(N° 350)

The Fruit Manual. Robert Hogg.
The Fruits and the fruit-trees of America. Downing.
Illustrirtes Handbuch der Obstkunde. Jahn.

Observations. — Cette variété est d'origine anglaise. — L'arbre, de vigueur un peu insuffisante sur cognassier, ne se plie pas facilement aux formes régulières et convient mieux en haute tige sur franc. Sa fertilité est précoce, grande et soutenue. Son fruit, de longue et facile conservation, est seulement de troisième qualité pour la table et surtout propre aux usages du ménage.

DESCRIPTION.

Rameaux assez grêles, unis dans leur contour, presque droits, à entrenœuds courts, de couleur brune; lenticelles blanchâtres, extraordinairement petites, peu nombreuses et très-peu apparentes.

Boutons à bois petits, coniques, courts, un peu épais et émoussés, à direction bien écartée du rameau, soutenus sur des supports très-peu saillants dont l'arête médiane ne se prolonge pas; écailles d'un marron peu foncé et ombré de gris.

Pousses d'été d'un vert d'eau pâle, à peine ou non lavées de rouge à leur sommet et couvertes sur une partie de leur longueur d'un duvet court et cotonneux.

Feuilles des pousses d'été petites, presque elliptiques, se terminant peu brusquement en une pointe courte, largement creusées en gouttière et à peine arquées, bordées de dents larges, peu profondes et obtuses du côté du pétiole, bien couchées et aiguës du côté opposé, soutenues horizontalement sur des pétioles assez courts, bien grêles, redressés et fermes.

Stipules très-caduques.

Feuilles stipulaires manquant ordinairement.

Boutons à fruit assez gros, ovo-ellipsoïdes, émoussés ou très-courtement aigus; écailles d'un marron peu foncé et largement maculé de gris blanchâtre.

Fleurs grandes ou assez grandes; pétales elliptiques-arrondis ou ovales-arrondis, peu concaves, à onglet peu long, écartés entre eux; divisions du calice courtes, fines et à peine recourbées en dessous; pédicelles longs, assez grêles et glabres.

Feuilles des productions fruitières moyennes, ovales un peu allongées, se terminant régulièrement en une pointe souvent recourbée ou contournée, peu repliées sur leur nervure médiane et un peu arquées, bordées de dents peu profondes, couchées et émoussées, bien mal soutenues sur des pétioles très-longs, très-grêles et très-flexibles.

Caractère saillant de l'arbre : teinte générale du feuillage d'un vert d'eau terne et mat; toutes les feuilles peu développées; pétioles des feuilles des productions fruitières remarquablement longs, grêles et flexibles.

Fruit moyen ou assez gros, cylindrico-ovoïde, un peu en forme de tonnelet, uni ou à peine déformé dans son contour par des élévations très-aplanies, atteignant sa plus grande épaisseur souvent un peu au-dessous du milieu de sa hauteur; au-dessus de ce point, s'atténuant par une courbe peu convexe en une pointe courte, épaisse et un peu tronquée à son sommet; au-dessous du même point, s'atténuant par une courbe encore moins convexe pour diminuer sensiblement d'épaisseur vers la cavité de l'œil.

Peau ferme, épaisse, d'abord d'un vert d'eau peu foncé semé de points bruns, très-petits, très-nombreux, peu apparents, souvent confondus sous un réseau d'une rouille fine, se condensant, soit dans la cavité de l'œil et la base du fruit, soit sur son sommet et s'étendant sur quelques parties de sa surface. A la maturité, **fin d'hiver**, le vert fondamental passe au jaune paille pâle et le côté du soleil est seulement un peu doré.

Œil grand, ouvert ou demi-ouvert, à divisions courtes, fermes, dressées, placé dans une dépression très-peu profonde, bien évasée et dans laquelle des perles charnues alternent avec ses divisions.

Queue extraordinairement longue, grêle, courbée, flexible, attachée à fleur du sommet du fruit.

Chair blanchâtre, assez fine, cassante ou demi-cassante, suffisante en eau douce, sucrée et un peu relevée.

POIRE D'ÉTÉ D'HUSSEIN

(HUSSEINS SOMMERBIRNE)

(N° 351)

Illustrirtes Handbuch der Obstkunde. Jahn.
HUSSEINS BUTTERBIRNE. *Systematische Beschreibung der Kernobstsorten.* Diel.
Systematisches Handbuch der Obstkunde. Diel.
HUSSEIN ARMUDI. *Handbuch aller bekannten Obstsorten.* Biedenfeld.

Observations. — Cette variété, d'origine orientale, fut adressée de Vienne (Autriche) à Diel et sous le nom de Hussein Armudi. — L'arbre, de bonne vigueur sur cognassier, ne se plie pas facilement aux formes soumises à la taille et convient mieux à la haute tige. Sa fertilité est précoce, très-grande les années de rapport, mais interrompue par des alternats complets. Son fruit, de seconde qualité, doit être cueilli longtemps d'avance.

DESCRIPTION.

Rameaux de moyenne force, allongés et fluets à leur partie supérieure, presque unis dans leur contour, droits, à entre-nœuds un peu longs, d'un vert intense et vif ; lenticelles d'un blanc jaunâtre, larges, très-irrégulièrement espacées et bien apparentes.

Boutons à bois très-petits, coniques, courts et très-courtement aigus, à direction parallèle ou presque appliqués au rameau, soutenus sur des supports presque nuls dont l'arête médiane ne se prolonge pas ou très-peu distinctement; écailles d'un marron peu foncé.

Pousses d'été d'un vert clair et mat, lavées de rouge et finement soyeuses à leur sommet.

Feuilles des pousses d'été assez petites, ovales-arrondies, se terminant brusquement en une pointe bien large et cependant bien aiguë, bien repliées sur leur nervure médiane et arquées, bordées de dents fines, un peu écartées entre elles, très-peu profondes et plus ou moins aiguës, bien soutenues sur des pétioles très-courts, très-grêles, fermes, bien redressés et presque parallèles à la pousse.

Stipules en alènes de moyenne longueur et fines.

Feuilles stipulaires assez fréquentes.

Boutons à fruit assez petits, conico-ovoïdes, aigus; écailles d'un marron jaunâtre.

Fleurs moyennes ou assez grandes; pétales elliptiques ou ovales-elliptiques, concaves, à onglet court, peu écartés entre eux; divisions du calice courtes, larges, bien aiguës et peu recourbées en dessous; pédicelles courts, forts et duveteux.

Feuilles des productions fruitières les unes bien plus grandes, les autres bien plus petites que celles des pousses d'été, ovales-cordiformes, se terminant un peu brusquement en une pointe extraordinairement courte, à peine concaves ou même souvent un peu convexes, bordées de dents peu appréciables ou presque entières, assez peu soutenues sur des pétioles longs, très-grêles et flexibles.

Caractère saillant de l'arbre : teinte générale du feuillage d'un vert pré peu brillant; toutes les feuilles tendant à la forme arrondie; tous les pétioles remarquablement grêles.

Fruit petit, presque sphérique, uni dans son contour, atteignant sa plus grande épaisseur au milieu de sa hauteur; au-dessus de ce point, s'arrondissant en une demi-sphère rarement surmontée d'une petite pointe du côté de la queue; au-dessous du même point, s'arrondissant de même jusque dans la cavité de l'œil.

Peau un peu épaisse, d'abord d'un vert clair semé de points d'un vert plus foncé, nombreux et bien apparents. On ne remarque ordinairement aucune trace de rouille sur sa surface. A la maturité, **milieu d'août**, le vert fondamental passe au jaune citron clair et le côté du soleil est seulement un peu doré.

Œil grand, ouvert, placé presque à fleur de la base du fruit dans une dépression très-peu prononcée.

Queue assez courte ou de moyenne longueur, forte, ligneuse, attachée à fleur de la pointe du fruit.

Chair blanche, peu fine, demi-beurrée, peu abondante en eau douce, sucrée, légèrement parfumée de musc.

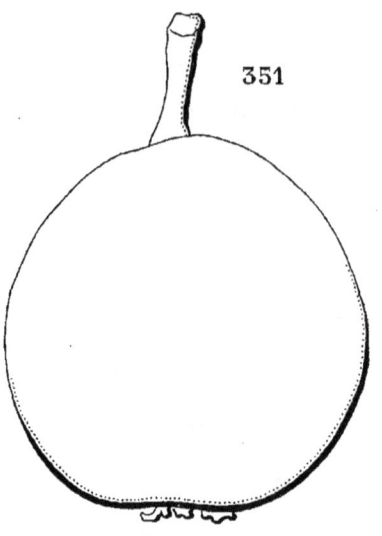

351. POIRE D'ÉTÉ D'HUSSEIN.   352. WALTER SCOTT.

Imp. E. Protat, à Mâcon.

WALTER SCOTT

(N° 352)

Illustrirtes Handbuch der Obstkunde. Oberdieck.
Dictionnaire de pomologie. André Leroy.

Observations. — M. Oberdieck reçut cette variété, sans nom, de Van Mons, et après avoir reconnu qu'elle ne pouvait se rapporter à aucune des variétés belges de sa collection, il la dédia au célèbre romancier écossais. — L'arbre, de vigueur contenue sur cognassier, s'accommode bien des formes régulières. Sa fertilité précoce, grande et soutenue, doit être ménagée par une taille courte. Son fruit est de bonne qualité et de maturation prolongée.

DESCRIPTION.

Rameaux de moyenne force, obscurément anguleux dans leur contour, un peu flexueux, à entre-nœuds longs, d'un brun foncé; lenticelles blanchâtres, peu nombreuses, assez petites et peu apparentes.

Boutons à bois gros, coniques-allongés et aigus, à direction écartée du rameau, soutenus sur des supports un peu saillants dont l'arête médiane se prolonge peu distinctement; écailles d'un marron rougeâtre foncé.

Pousses d'été d'un vert vif, lavées de rouge et peu duveteuses à leur sommet.

Feuilles des pousses d'été moyennes, ovales-elliptiques, un peu allongées et peu larges, se terminant peu brusquement en une pointe longue et finement aiguë, bien creusées en gouttière et à peine arquées, ondulées dans leur contour, bordées de dents peu profondes, couchées et émoussées, assez bien soutenues sur des pétioles un peu longs, peu forts et peu flexibles.

Stipules très-caduques.

Feuilles stipulaires manquant ordinairement.

Boutons à fruit gros, coniques, très-allongés, à peine renflés et aigus; écailles d'un marron rougeâtre foncé.

Fleurs grandes, souvent semi-doubles; pétales arrondis-élargis, concaves, se recouvrant bien entre eux; divisions du calice longues, étroites et peu recourbées en dessous; pédicelles longs, forts et glabres.

Feuilles des productions fruitières ovales-elliptiques, allongées et plus étroites que celles des pousses d'été, se terminant régulièrement en une pointe très-courte, bien creusées en gouttière et non arquées, entières ou presque entières par leurs bords, assez bien soutenues sur des pétioles courts, grêles et peu souples.

Caractère saillant de l'arbre : teinte générale du feuillage d'un vert pré clair et peu brillant; toutes les feuilles remarquablement creusées en gouttière et peu arquées.

Fruit moyen, ovoïde, un peu court, bien uni dans son contour, atteignant sa plus grande épaisseur peu au-dessous du milieu de sa hauteur; au-dessus de ce point, s'atténuant par une courbe à peine convexe en une pointe peu longue, épaisse et bien obtuse à son sommet; au-dessous du même point, s'atténuant par une courbe largement convexe pour diminuer assez sensiblement d'épaisseur vers la cavité de l'œil.

Peau un peu épaisse, d'abord d'un vert intense semé de points gris, cernés d'un vert encore plus intense, larges, nombreux et apparents. Rarement on remarque quelques traces de rouille sur sa surface. A la maturité, **fin de septembre,** le vert fondamental s'éclaircit en jaune, et sur le côté du soleil, seulement un peu doré, les points sont encore plus larges, plus concentrés et plus apparents.

Œil très-grand, ouvert, à divisions très-larges, placé dans une cavité peu profonde, un peu évasée et plissée dans ses parois.

Queue longue, de moyenne force, un peu souple, un peu courbée, attachée à fleur de la pointe du fruit.

Chair blanchâtre, fine, beurrée, entièrement fondante, abondante en eau douce, sucrée et délicatement parfumée.

BERGAMOTTE SAGERET

(N° 353)

Pomologie physiologique. SAGERET.
Album de pomologie. BIVORT.
Notice pomologique. DE LIRON D'AIROLES.
The Fruits and the fruit-trees of America. DOWNING.
Dictionnaire de pomologie. ANDRÉ LEROY.
Les Fruits du Jardin Van Mons. BIVORT.
SAGERETS BERGAMOTTE. *Illustrirtes Handbuch der Obstkunde.* JAHN.

OBSERVATIONS. — Cette variété fut obtenue par M. Sageret, de Paris, l'auteur de la *Pomologie physiologique*. Son premier rapport eut lieu vers 1830. — L'arbre, de vigueur normale sur cognassier, s'accommode bien des formes régulières et surtout de celle de pyramide. Sa fertilité est précoce, grande et assez bien soutenue. Son fruit, estimé par quelques auteurs, s'est montré, depuis longtemps chez moi, peu recommandable, sinon par sa longue et facile conservation, bien plus prolongée que ne l'indique M. André Leroy.

DESCRIPTION.

Rameaux de moyenne force, allongés, unis dans leur contour, presque droits, à entre-nœuds courts, d'un brun rougeâtre voilé de gris du côté du soleil; lenticelles blanchâtres, peu larges, très-peu nombreuses et peu apparentes.

Boutons à bois petits, coniques-comprimés, peu aigus, appliqués ou presque appliqués au rameau, soutenus sur des supports très-peu saillants dont les côtés et l'arête médiane ne se prolongent pas ; écailles entr'ouvertes, d'un marron bien foncé.

Pousses d'été d'un vert clair, bien colorées de rouge à leur sommet couvert d'un duvet très-court et épais.

Feuilles des pousses d'été petites, ovales, se terminant brusquement en une pointe extraordinairement courte et fine, bien creusées en gouttière et arquées, irrégulièrement bordées de dents très-peu profondes et couchées ou quelquefois entières, se recourbant sur des pétioles de moyenne longueur, grêles et assez redressés.

Stipules en alênes courtes.

Feuilles stipulaires manquant le plus souvent.

Boutons à fruit moyens, ovoïdes, aigus; écailles d'un marron bien foncé.

Fleurs petites ; pétales ovales, étroits, un peu concaves, écartés entre eux; divisions du calice longues, aiguës et peu recourbées en dessous; pédicelles courts, très-grêles et un peu duveteux.

Feuilles des productions fruitières un peu moins petites que celles des pousses d'été, ovales, bien élargies vers le pétiole, se terminant un peu brusquement à leur autre extrémité en une pointe extraordinairement courte et bien aiguë, creusées en gouttière et légèrement arquées, entières ou presque entières par leurs bords, bien soutenues sur des pétioles assez courts, un peu forts, fermes et redressés.

Caractère saillant de l'arbre : teinte générale du feuillage d'un beau vert vif et luisant ; toutes les feuilles bien creusées en gouttière et plus ou moins arquées, entières ou à peine dentées ; les feuilles les plus jeunes colorées d'un rouge très-intense vraiment caractéristique.

Fruit moyen, presque sphérique, bien uni dans son contour, atteignant sa plus grande épaisseur à peu près au milieu de sa hauteur; au-dessus de ce point, se terminant presque en demi-sphère du côté de la queue; au-dessous du même point, s'arrondissant par une courbe assez convexe pour ensuite s'aplatir sur une très-petite étendue autour de la cavité de l'œil.

Peau assez fine et mince, d'abord d'un vert d'eau peu foncé semé de points d'un vert plus foncé, un peu larges, très-nombreux et apparents. Une rouille brune forme souvent une tache dans la cavité de l'œil et n'apparaît pas ordinairement sur la surface du fruit. A la maturité, **fin d'hiver**, le vert fondamental s'éclaircit peu en jaune et le côté du soleil est plus ou moins chaudement doré.

Œil assez grand, ouvert, placé dans une cavité étroite, peu profonde, régulière, qui le contient exactement.

Queue de moyenne longueur, de moyenne force, ligneuse, un peu courbée ou contournée, tantôt attachée à fleur du fruit, tantôt un peu repoussée dans un pli peu prononcé et régulier.

Chair blanche, fine, beurrée, un peu pierreuse vers le cœur, suffisante en douce, peu sucrée, sans parfum bien appréciable.

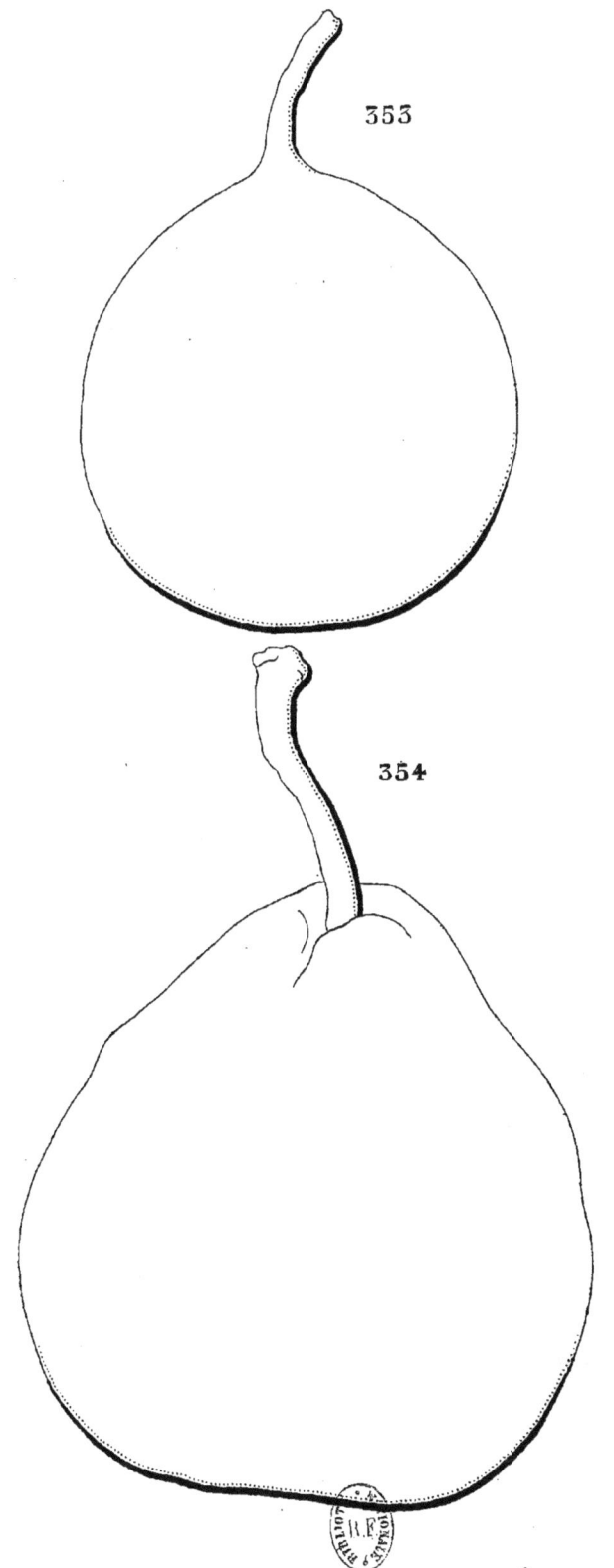

353. BERGAMOTTE SAGERET.   354. DOYENNÉ JAMIN.

DOYENNÉ JAMIN

(N° 354)

Dictionnaire de pomologie. André Leroy.

Observations. — Cette variété est un gain de MM. Jamin et Durand, pépiniéristes à Bourg-la-Reine. Elle rapporta ses premiers fruits en 1859. — L'arbre, de vigueur un peu insuffisante sur cognassier, exige des soins pour être maintenu sous formes régulières. Il fait attendre assez longtemps son produit qui n'est pas abondant. Le fruit, de bonne qualité ou seulement d'assez bonne qualité, suivant le sol et la saison, a parfois beaucoup de rapports par son extérieur avec une grosse Royale d'hiver, mais il est le plus souvent bien bosselé dans sa surface.

DESCRIPTION.

Rameaux grêles, portant le plus souvent de nombreux dards anticipés, presque unis ou très-obscurément anguleux dans leur contour, presque droits, à entre-nœuds un peu longs, d'un vert jaunâtre un peu lavé de rouge vineux du côté du soleil et à leur partie supérieure ; lenticelles blanchâtres, petites, rares et peu apparentes.
Boutons à bois moyens, coniques-allongés et bien aigus, à direction bien écartée du rameau, soutenus sur des supports saillants dont l'arête médiane ne se prolonge pas ou très-peu distinctement ; écailles d'un marron rougeâtre très-foncé, presque noir.
Pousses d'été d'un vert pâle et mat, lavées de rouge sur une assez grande partie de leur longueur et surtout à leur sommet qui est presque glabre.

Feuilles des pousses d'été extraordinairement petites, ovales-elliptiques, étroites, se terminant brusquement en une pointe très-courte et très-fine, repliées sur leur nervure médiane et non arquées, irrégulièrement bordées de dents très-peu profondes, très-peu appréciables, soutenues horizontalement sur des pétioles courts, grêles, recourbés et souvent un peu colorés de rouge.

Stipules en alênes courtes, très-fines ou filiformes et souvent recourbées.

Feuilles stipulaires ne manquant jamais.

Boutons à fruit moyens, conico-ovoïdes, un peu allongés et aigus ; écailles d'un marron rougeâtre.

Fleurs petites ; pétales obovales-elliptiques, peu concaves, à onglet long, bien écartés entre eux ; divisions du calice courtes, bien aiguës et étalées ; pédicelles de moyenne longueur, grêles et cotonneux.

Feuilles des productions fruitières petites, ovales-elliptiques, se terminant presque régulièrement en une pointe extraordinairement courte et fine ou souvent nulle, à peine repliées sur leur nervure médiane et bien arquées, bordées de dents extraordinairement peu profondes et obtuses, se recourbant sur des pétioles longs, assez grêles, fermes, peu redressés ou divergents.

Caractère saillant de l'arbre : branchage et feuillage menus ; disposition caractéristique des pousses d'été à émettre des dards anticipés et des feuilles stipulaires nombreuses ; teinte générale du feuillage d'un vert jaune.

Fruit gros, irrégulièrement turbiné-conique ou turbiné-ovoïde et bien ventru, bosselé et déformé dans son contour par des élévations plus ou moins saillantes et inégales entre elles, atteignant sa plus grande épaisseur au-dessous du milieu de sa hauteur ; au-dessus de ce point, s'atténuant par une courbe d'abord irrégulièrement convexe puis irrégulièrement concave en une pointe plus ou moins courte, épaisse et tronquée à son sommet ; au-dessous du même point, s'atténuant par une courbe largement convexe pour diminuer plus ou moins sensiblement d'épaisseur vers la cavité de l'œil.

Peau épaisse, ferme, d'abord d'un vert décidé semé de points bruns, larges, nombreux et bien apparents. Une rouille fauve ou d'un fauve bronzé couvre la cavité de l'œil et s'étend souvent un peu sur la base du fruit. A la maturité, **janvier et février**, le vert fondamental s'éclaircit un peu en jaune et le côté du soleil, sur les fruits bien exposés, est lavé d'un nuage de rouge rosat.

Œil petit, fermé, placé dans une cavité étroite, peu profonde, plissée dans ses parois et souvent irrégulière par ses bords.

Queue longue, forte, épaissie à son point d'attache au rameau, courbée ou contournée, attachée dans une cavité un peu large, peu profonde et ordinairement irrégulière par ses bords.

Chair blanchâtre, demi-fine, beurrée, pierreuse vers le cœur, abondante en eau sucrée, vineuse, acidulée, mais sans parfum bien appréciable.

COUSIN BLANC

(WHITE COUSIN)

(N° 355)

Niederlandischer Obstgarten.
Catalogue JAHN. 1864.

OBSERVATIONS. — J'ai reçu cette variété de M. Jahn qui la tenait de M. Ottolander, le pépiniériste renommé de Boskop. Elle est d'origine flamande. — L'arbre, de vigueur normale sur cognassier, s'accommode bien des formes régulières. Sa fertilité est précoce et bonne. Son fruit, d'assez bonne qualité, de facile conservation, a quelques rapports de saveur avec l'Angleterre d'hiver.

DESCRIPTION.

Rameaux assez forts, obscurément anguleux dans leur contour, à peine flexueux, à entre-nœuds courts et un peu inégaux entre eux, de couleur jaunâtre ; lenticelles d'un blanc jaunâtre, larges, allongées, assez peu nombreuses et apparentes.

Boutons à bois moyens, coniques, assez courts et peu aigus, appliqués au rameau, soutenus sur des supports saillants dont l'arête médiane se prolonge assez distinctement ; écailles un peu entr'ouvertes, d'un marron clair et un peu duveteuses.

Pousses d'été d'un vert d'eau, lavées de rouge rosat et duveteuses sur une assez grande longueur à leur sommet.

Feuilles des pousses d'été moyennes ou assez petites, ovales un peu allongées, souvent courtement atténuées vers le pétiole, se terminant régulièrement en une pointe longue, étroite et recourbée en anneau, bien creusées en gouttière ou repliées sur leur nervure médiane et bien arquées, irrégulièrement découpées plutôt que dentées par leurs bords, bien soutenues sur des pétioles de moyenne longueur, de moyenne force, raides et redressés.

Stipules assez longues, filiformes ou presque filiformes.

Feuilles stipulaires fréquentes.

Boutons à fruit petits, conico-ovoïdes, maigres et finement aigus ; écailles d'un marron clair.

Fleurs petites ; pétales arrondis, concaves, à onglet court et large, se recouvrant un peu entre eux ; divisions du calice assez courtes, finement aiguës et peu recourbées en dessous ; pédicelles de moyenne longueur, grêles et un peu duveteux.

Feuilles des productions fruitières petites, ovales un peu élargies, se terminant régulièrement en une pointe très-aiguë et extraordinairement recourbée en dessous, très-largement creusées en gouttière ou repliées sur leur nervure médiane et un peu arquées, entières par leurs bords, assez bien soutenues sur des pétioles courts, très-grêles, peu redressés et peu flexibles.

Caractère saillant de l'arbre : teinte générale du feuillage d'un vert d'eau intense et peu brillant ; feuilles des pousses d'été remarquablement repliées sur leur nervure médiane et arquées ; toutes les feuilles se terminant en une pointe extraordinairement recourbée en dessous ; pétioles des feuilles des productions fruitières remarquablement courts et grêles.

Fruit moyen, conique, court et bien ventru, uni ou à peine déformé dans son contour par des élévations presque insensibles, atteignant sa plus grande épaisseur bien au-dessous du milieu de sa hauteur ; au-dessus de ce point, s'atténuant plus ou moins promptement par une courbe à peine convexe ou à peine concave en une pointe peu longue, maigre et aiguë à son sommet ; au-dessous du même point, s'arrondissant par une courbe assez convexe jusque vers la cavité de l'œil.

Peau mince, fine, un peu ferme, d'abord d'un vert très-pâle, blanchâtre, semé de très-petits points fauves, nombreux et à peine apparents sur certaines parties, manquant entièrement sur d'autres. Une tache d'une rouille fauve et bien fine couvre la cavité de l'œil et s'étale souvent au-delà de ses bords. A la maturité, **courant d'hiver**, le vert fondamental passe au jaune paille et le côté du soleil, sur lequel les points sont plus concentrés, est seulement à peine doré.

Œil grand, ouvert, à divisions larges et courtes, placé souvent presque à fleur de la base du fruit dans une cavité étroite, très-peu profonde, sensiblement plissée dans ses parois et par ses bords, et souvent aussi ces plis se prolongent un peu jusque vers le ventre du fruit.

Queue un peu longue, grêle, un peu souple, un peu courbée, formant le plus souvent perpendiculairement la continuation de la pointe du fruit.

Chair d'un blanc à peine teinté de jaune, demi-fine, demi-cassante ou cassante, suffisante en eau richement sucrée, relevée d'une saveur d'amande fraîche et agréable.

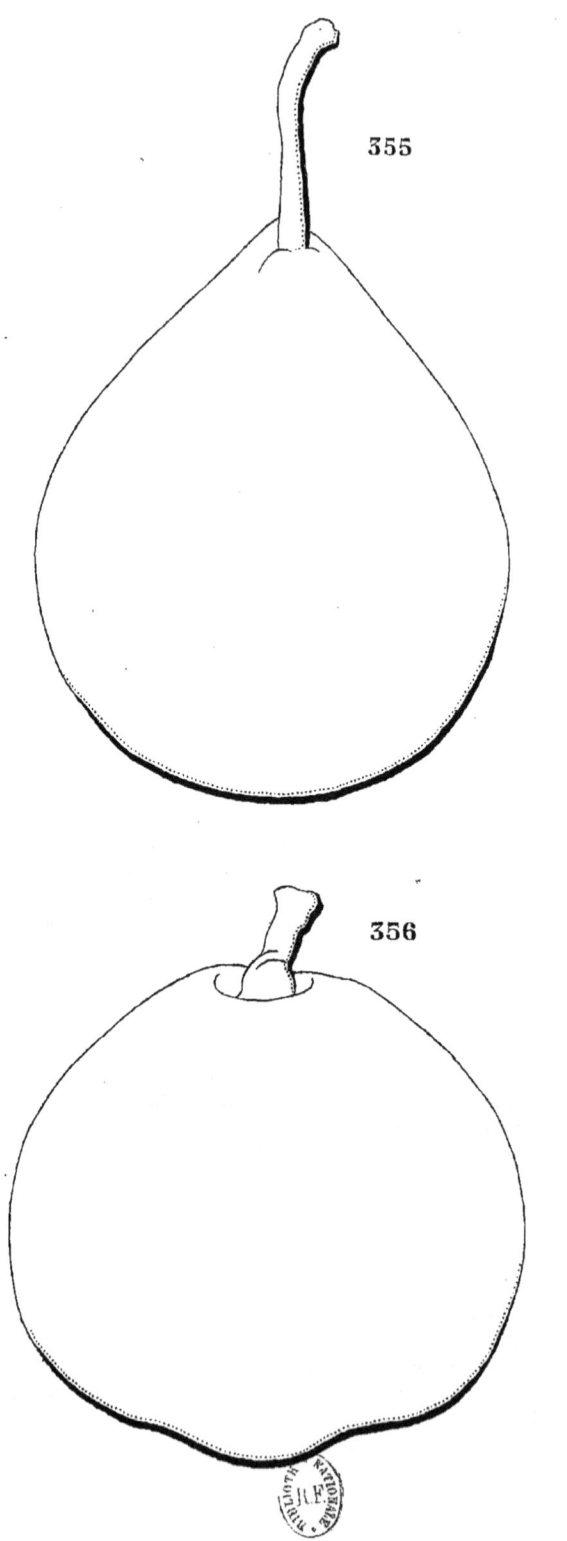

355. COUSIN BLANC. 356. BEURRÉ FAUVE DE PRINTEMPS.

BEURRÉ FAUVE DE PRINTEMPS

(BRAUNROTHE FRUHLINGSBIRNE)

(N° 356)

Systematische Beschreibung der Kernobstsorten. Diel.
Systematisches Handbuch der Obstkunde. Dittrich.
Anleitung der besten Obstes. Oberdieck.
Illustrirtes Handbuch der Obstkunde. Oberdieck.

Observations. — Cette variété est un gain de Van Mons. — L'arbre, de vigueur contenue sur cognassier, se prête assez bien aux formes régulières et surtout à celle de fuseau. Sa fertilité est précoce, grande et soutenue. La qualité de Beurré, attribuée à son fruit, m'avait d'abord paru contestable comme aux auteurs allemands, qui les premiers en ont donné la description ; j'ai depuis reconnu qu'en bon sol et dans les saisons chaudes, surtout si l'on attend son extrême maturité, il devient réellement beurré et vraiment estimable pour l'époque très-tardive de sa maturité.

DESCRIPTION.

Rameaux peu forts, un peu anguleux dans leur contour, droits, à entre-nœuds très-courts, de couleur jaunâtre; lenticelles blanchâtres, peu nombreuses et assez peu apparentes.
Boutons à bois assez petits, coniques, courts, très-épais et émoussés, à direction peu écartée du rameau, soutenus sur des supports très-peu saillants dont l'arête médiane se prolonge assez sensiblement ; écailles d'un marron clair et finement bordées de gris blanchâtre.
Pousses d'été d'un vert clair, lavées de rouge et un peu soyeuses à leur sommet.

Feuilles des pousses d'été petites, ovales-elliptiques et un peu allongées, se terminant régulièrement en une pointe courte et recourbée en dessous, peu repliées sur leur nervure médiane et bien arquées, bordées de dents peu profondes, un peu couchées et émoussées, s'abaissant sur des pétioles de moyenne longueur, de moyenne force et souples.

Stipules en alènes de moyenne longueur et finement aiguës.

Feuilles stipulaires manquant ordinairement.

Boutons à fruit petits, coniques, courts, émoussés; écailles d'un marron fauve et largement maculées de gris blanchâtre.

Fleurs moyennes; pétales ovales-allongés, concaves, à onglet un peu long, un peu écartés entre eux, presque entièrement blancs avant l'épanouissement; divisions du calice longues, fines et bien recourbées en dessous; pédicelles de moyenne longueur, grêles et peu duveteux.

Feuilles des productions fruitières plus grandes que celles des pousses d'été, ovales un peu allongées et peu larges, se terminant brusquement en une pointe très-courte, largement creusées en gouttière et à peine arquées, bordées de dents peu profondes, couchées, peu aiguës ou émoussées, s'abaissant sur des pétioles longs, de moyenne force et souples.

Caractère saillant de l'arbre : teinte générale du feuillage d'un vert pré clair et un peu brillant ; toutes les feuilles s'abaissant régulièrement sur leurs pétioles souples.

Fruit moyen ou presque moyen, tantôt turbiné-conique, tantôt conico-ovoïde, plus ou moins court, peu uni dans son contour, atteignant sa plus grande épaisseur peu au-dessous du milieu de sa hauteur ; au-dessus de ce point, s'atténuant par une courbe d'abord peu convexe puis un peu concave pour se terminer en une pointe courte ou très-courte, épaisse et largement tronquée à son sommet; au-dessous du même point, s'atténuant par une courbe largement convexe pour diminuer plus ou moins sensiblement d'épaisseur vers la cavité de l'œil.

Peau un peu épaisse, d'abord d'un vert d'eau peu foncé semé de points bruns, nombreux, serrés, plus larges et plus apparents sur certaines parties, peu appréciables sur d'autres. Une tache d'une rouille d'un brun fauve rayonne en étoile dans la cavité de l'œil. A la maturité, **courant et fin de printemps**, le vert fondamental passe au jaune citron clair et souvent brillant, et le côté du soleil est indiqué par une teinte de roux doré et souvent par une concentration plus grande des points.

Œil grand, exactement fermé, à divisions très-courtes et fermes, placé dans une cavité large, profonde, évasée et divisée dans ses bords par des côtes souvent assez prononcées qui se prolongent un peu parfois jusque vers le ventre du fruit.

Queue courte, très-forte, ligneuse, droite ou un peu courbée, attachée tantôt à fleur de la pointe du fruit, tantôt dans une dépression peu prononcée.

Chair d'un blanc jaunâtre, demi-fine, beurrée à son entière maturité, peu abondante en eau douce, sucrée, légèrement musquée, assez agréable pour un fruit dont la maturité peut atteindre celle des premières poires d'été qui ne l'égalent pas en qualité.

POIRE DE GÖNNERN

(GÖNNERSCHE BIRNE)

(N° 357)

Versuch einer systematischen Beschreibung der Kernobstsorten. Diel.
Illustrirtes Handbuch der Obstkunde. Oberdieck.

Observations. — Cette variété porte le nom d'une localité de la vallée de la rivière de Lahn; dans la Hesse. On en remarque, dans cette contrée, des arbres très-âgés aussi gros que des chênes. — L'arbre, de bonne vigueur aussi bien sur cognassier que sur franc, s'accommode seulement des formes régulières obtenues sans l'emploi de la taille, aussi convient-il mieux à la haute tige dans le verger où il doit être admis par sa rusticité, sa fertilité précoce et bonne. Son fruit est propre seulement aux usages du ménage.

DESCRIPTION.

Rameaux d'une force bonne et bien soutenue jusqu'à leur partie supérieure, bien unis dans leur contour, à peine flexueux, à entre-nœuds de moyenne longueur, d'un vert peu foncé et bien ombré de gris jaunâtre; lenticelles d'un blanc jaunâtre, bien larges, peu nombreuses et apparentes.

Boutons à bois gros, coniques, bien élargis à leur base, assez courts et courtement aigus, à direction bien écartée du rameau, soutenus sur des supports presque nuls dont les côtés et l'arête médiane ne se prolongent pas; écailles d'un marron jaunâtre.

Pousses d'été d'un vert d'eau, non lavées de rouge et couvertes d'un duvet très-court sur une assez grande longueur à leur sommet.

Feuilles des pousses d'été assez petites, ovales-élargies ou ovales-arrondies, se terminant un peu brusquement en une pointe un peu longue et un peu large, concaves, sensiblement ondulées dans leur contour, entières ou presque entières par leurs bords, bien soutenues sur des pétioles assez courts, très-grêles, raides et redressés.

Stipules en alênes longues, fines et très-caduques.

Feuilles stipulaires manquant ordinairement.

Boutons à fruit très-gros, presque sphériques, un peu anguleux dans leur contour, surmontés d'une pointe extraordinairement courte et émoussée; écailles jaunâtres.

Fleurs grandes; pétales elliptiques-arrondis, peu concaves, souvent ondulés dans leur contour, à onglet très-court, se recouvrant entre eux ; divisions du calice de moyenne longueur, épaisses et recourbées en dessous par leur pointe; pédicelles courts, grêles et duveteux.

Feuilles des productions fruitières moyennes, ovales-élargies, se terminant peu brusquement en une pointe peu longue, concaves ou largement repliées sur leur nervure médiane, ondulées dans leur contour, irrégulièrement bordées de dents peu profondes et peu aiguës ou presque entières, assez peu soutenues sur des pétioles un peu longs, grêles et un peu souples.

Caractère saillant de l'arbre : teinte générale du feuillage d'un vert d'eau intense et peu brillant; toutes les feuilles tendant plus ou moins à la forme arrondie et remarquablement ondulées dans leur contour; tous les pétioles grêles.

Fruit presque moyen ou assez petit, conico-ovoïde, souvent un peu ventru, uni dans son contour, atteignant sa plus grande épaisseur bien au-dessous du milieu de sa hauteur ; au-dessus de ce point, s'atténuant par une courbe d'abord peu convexe puis largement concave en une pointe peu longue, peu épaisse et aiguë à son sommet; au-dessous du même point, s'atténuant par une courbe assez convexe pour diminuer un peu sensiblement d'épaisseur vers la cavité de l'œil.

Peau épaisse, d'abord d'un vert d'eau semé de points gris, très-petits, extraordinairement nombreux et peu apparents. Une large tache d'une rouille d'un brun fauve couvre le sommet du fruit et se retrouve dans la cavité de l'œil. A la maturité, **septembre,** le vert fondamental passe au jaune pâle et mat, et le côté du soleil est seulement un peu doré.

Œil très-grand, largement ouvert, placé dans une cavité étroite et peu profonde qu'il remplit entièrement.

Queue courte, peu forte, un peu repoussée dans un pli irrégulier formé par la pointe du fruit.

Chair d'un blanc à peine teinté de jaune, peu fine, cassante, pierreuse vers le cœur, peu abondante en eau richement sucrée, vineuse, acidulée et parfois un peu astringente.

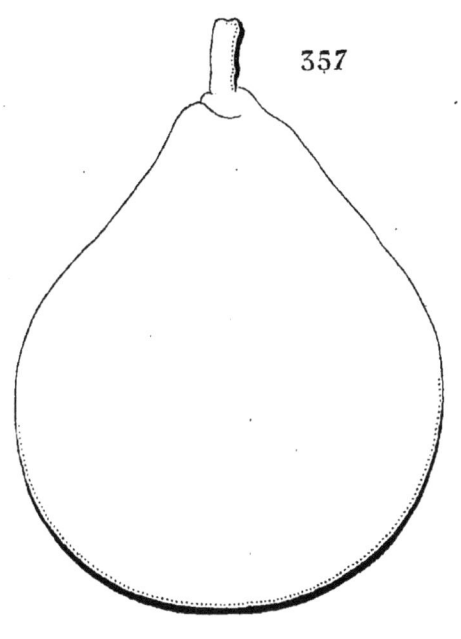

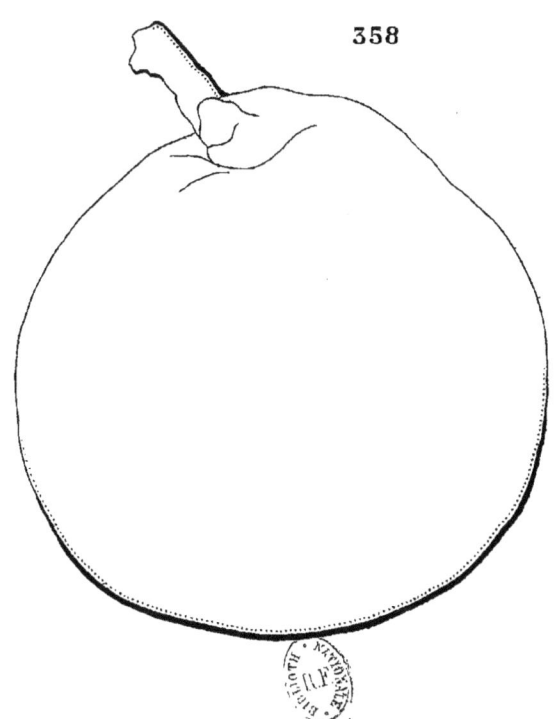

357, POIRE DE GÖNNERN. 358, COMTE CANAL DE MALABAILA.

COMTE CANAL DE MALABAILA

(GRAF CANAL VON MALABAILA)

(N° 358)

Systematisches Handbuch der Obstkunde. Dittrich.
Handbuch aller bekannten Obstsorten. Biedenfeld.
Anleitung der besten Obstes. Oberdieck.
Illustrirtes Handbuch der Obstkunde. Schmidt.
Niederlandischer Obstgarten.

Observations. — M. Schmidt, sans indiquer l'origine de cette variété, dit qu'elle est encore peu répandue et qu'elle a été probablement obtenue depuis peu de temps. Je l'ai reçue de M. Oberdieck. — L'arbre, d'une vigueur un peu insuffisante sur cognassier, s'accommode assez bien des formes régulières. Sa fertilité est très-précoce, grande et soutenue. Son fruit, de première qualité, a quelques rapports de saveur avec le Doyenné blanc, sans offrir cependant aucune trace de parfum de musc.

DESCRIPTION.

Rameaux peu forts, unis ou presque unis dans leur contour, presque droits, à entre-nœuds un peu longs, d'un brun jaunâtre; lenticelles blanchâtres, très-petites, assez nombreuses et peu apparentes.

Boutons à bois moyens, coniques, aigus, à direction écartée du rameau, soutenus sur des supports un peu saillants dont l'arête médiane ne se prolonge pas ou très-peu distinctement ; écailles d'un beau marron rougeâtre foncé.

Pousses d'été d'un vert clair, à peine ou non lavées de rouge et presque glabres à leur sommet.

Feuilles des pousses d'été petites ou à peine moyennes, presque elliptiques, étroites et allongées, se terminant peu brusquement en une pointe courte et bien fine, un peu creusées en gouttière et non arquées, bordées de dents extraordinairement fines et peu profondes, souvent non appréciables, soutenues horizontalement sur des pétioles longs, bien grêles, peu redressés et flexibles.

Stipules assez courtes, filiformes.

Feuilles stipulaires manquant le plus souvent.

Boutons à fruit moyens, conico-ovoïdes, courtement aigus ; écailles extérieures d'un beau marron rougeâtre foncé ; écailles intérieures recouvertes d'un duvet jaune.

Fleurs moyennes ; pétales ovales-allongés, un peu étroits, plutôt recourbés en dessous que concaves, à onglet très-court, bien écartés entre eux ; divisions du calice de moyenne longueur, bien aiguës et peu recourbées en dessous ; pédicelles un peu longs, peu forts et peu duveteux.

Feuilles des productions fruitières moyennes, elliptiques-arrondies, se terminant très-brusquement en une pointe très-courte, un peu concaves, bordées de dents très-fines, très-peu profondes et aiguës, bien soutenues sur des pétioles de moyenne longueur, très-grêles, raides et redressés.

Caractère saillant de l'arbre : teinte générale du feuillage d'un vert vif ; serrature de toutes les feuilles formée de dents extraordinairement fines et peu profondes ; tous les pétioles remarquablement grêles.

Fruit assez gros, sphérico-ovoïde ou presque conique, d'autres fois sphérique déprimé à ses deux pôles, uni dans son contour, atteignant sa plus grande épaisseur au-dessous du milieu de sa hauteur ; au-dessus de ce point, s'atténuant par une courbe largement convexe en une pointe courte, épaisse et bien obtuse ; au-dessous du même point, s'arrondissant par une courbe plus convexe pour ensuite s'aplatir un peu autour de la cavité de l'œil.

Peau un peu épaisse, d'abord d'un vert clair semé de points d'un gris brun, nombreux, régulièrement espacés et apparents. On remarque quelquefois des traits fins d'une rouille brune dans la cavité de l'œil et très-rarement sur la surface du fruit. A la maturité, **courant d'hiver,** le vert fondamental passe au jaune citron, et le côté du soleil est seulement un peu doré.

Œil assez grand, ouvert ou demi-ouvert, à divisions recourbées en dehors, placé dans une cavité étroite, un peu profonde et ordinairement bien régulière.

Queue courte, bien forte, bien ligneuse, formant la continuation de la pointe du fruit qui, en se déjetant de côté, lui donne une direction oblique.

Chair blanche, fine, beurrée, suffisante en eau sucrée, acidulée et agréablement relevée.

WILLIAMSON

(N° 359)

The Fruits and the fruit-trees of America. DOWNING.
The American fruit Culturist. THOMAS.

OBSERVATIONS. — Cette variété, d'après M. Downing, fut obtenue sur la ferme de Nicholas Williamson, Long-Island. — L'arbre, de vigueur normale sur cognassier, exige une taille courte pour être maintenu sous forme régulière. Sa fertilité est précoce, bonne et soutenue. Son fruit, de maturation prolongée, par l'inconstance de sa qualité, ne peut pas toujours être placé même au second rang.

DESCRIPTION.

Rameaux de moyenne force, obscurément anguleux dans leur contour, droits, à entre-nœuds de moyenne longueur, de couleur jaunâtre terne; lenticelles blanchâtres, petites, assez nombreuses et peu apparentes.

Boutons à bois moyens, coniques, un peu épais et émoussés, à direction parallèle ou presque parallèle au rameau, soutenus sur des supports très-peu saillants dont l'arête médiane se prolonge peu distinctement; écailles d'un marron rougeâtre peu foncé.

Pousses d'été d'un vert clair et gai, lavées de rouge et finement duveteuses à leur sommet.

Feuilles des pousses d'été petites, obovales, se terminant peu brusquement en une pointe un peu longue et bien fine, un peu concaves, paraissant plutôt crénelées que dentées par leurs bords, bien dressées sur des pétioles de moyenne longueur, bien grêles et presque appliqués au rameau.

Stipules de moyenne longueur, en alênes fines et recourbées.

Feuilles stipulaires manquant le plus souvent.

Boutons à fruit assez petits, conico-ellipsoïdes, un peu allongés et obtus; écailles d'un marron rougeâtre peu foncé.

Fleurs assez grandes; pétales ovales-elliptiques, peu concaves, à onglet peu long, un peu écartés entre eux; divisions du calice courtes, bien aiguës et à peine recourbées en dessous; pédicelles un peu longs, un peu forts et peu duveteux.

Feuilles des productions fruitières à peine moyennes, obovales-elliptiques, se terminant brusquement en une pointe courte et bien fine, peu concaves ou presque planes, bordées de dents un peu larges, un peu profondes et bien recourbées, bien soutenues sur des pétioles longs, grêles et très-raides.

Caractère saillant de l'arbre : teinte générale du feuillage d'un beau vert d'eau; toutes les feuilles bien finement acuminées; tous les pétioles bien raides.

Fruit moyen, sphérico-conique ou sphérique déprimé à ses deux pôles, uni dans son contour, atteignant sa plus grande épaisseur presque au milieu ou peu au-dessous du milieu de sa hauteur; au-dessus de ce point, s'arrondissant par une courbe largement convexe jusque vers le point d'attache de la queue; au-dessous du même point, s'arrondissant par une courbe à peu près également convexe jusque dans la cavité de l'œil.

Peau un peu épaisse, d'abord d'un vert clair semé de points d'un gris brun, peu larges, bien arrondis, très-nombreux et bien régulièrement espacés. On trouve ordinairement quelques traces de rouille dans la cavité de l'œil et parfois sur la surface du fruit. A la maturité, **octobre, novembre**, le vert fondamental passe au jaune paille conservant, par places, une teinte un peu verdâtre.

Œil assez grand, ouvert, placé dans une cavité un peu profonde, évasée et ordinairement régulière par ses bords.

Queue assez courte, forte, charnue à sa base, formant la continuation de la pointe du fruit.

Chair blanchâtre, peu fine, grenue, demi-beurrée, pierreuse vers le cœur, abondante en eau légèrement sucrée et acidulée.

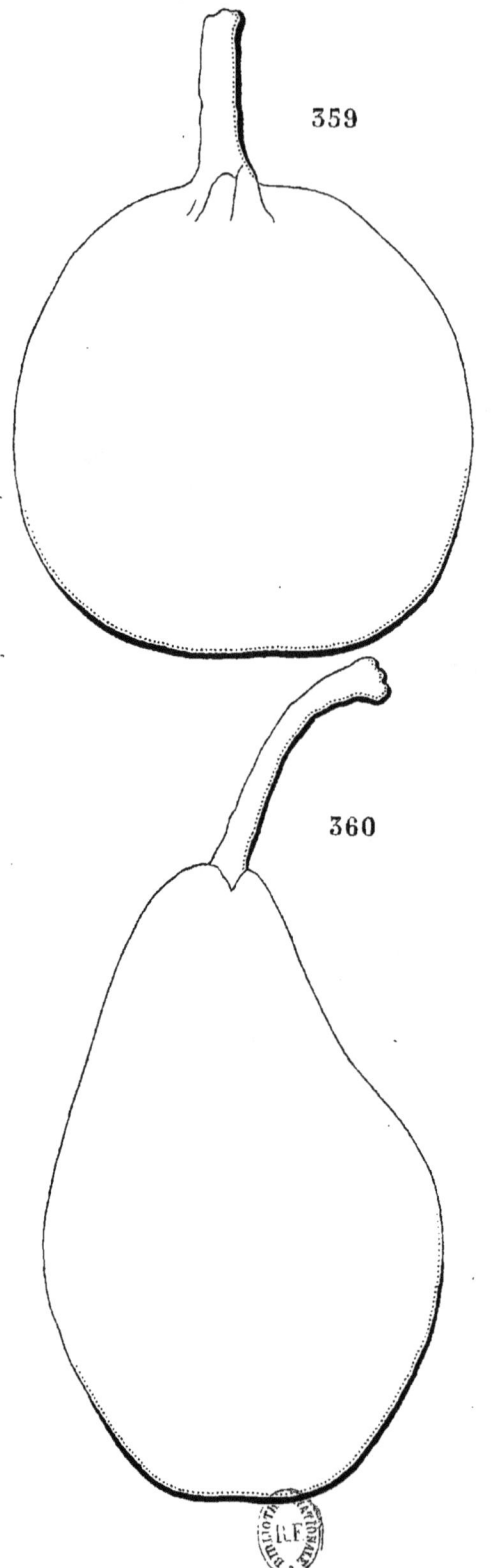

359. WILLIAMSON.   360. BEURRÉ SEUTIN.

POIRE SEUTIN

(N° 360)

Album de pomologie. BIVORT.
SEUTIN. *Jardin fruitier du Muséum.* DECAISNE.
BEURRÉ SEUTIN. *The Fruits and the fruit-trees of America.* DOWNING.
SEUTINS-BIRNE. *Illustrirtes Handbuch der Obstkunde.* JAHN.

OBSERVATIONS. — D'après Bivort, cette variété fut obtenue par M. Bouvier, de Jodoigne, et dédiée à M. Seutin, docteur en médecine à Bruxelles. — L'arbre, d'une vigueur peu satisfaisante sur cognassier, exige quelques soins pour être maintenu sous forme régulière. Sa fertilité est assez précoce et seulement moyenne. Son fruit, d'assez bonne qualité, est peu estimé par quelques auteurs. Cette opinion est sans doute le résultat d'une cueillette et d'une consommation intempestives. La Poire Seutin doit, comme la Marie Guisse avec laquelle elle a quelques rapports, être cueillie le plus tardivement possible, sinon elle flétrit et n'arrive pas à maturité. Elle n'est bonne à consommer qu'au moment de l'extrême maturité et lorsque sa chair commence à devenir tendre.

DESCRIPTION.

Rameaux assez peu forts, presque unis ou très-finement anguleux dans leur contour, un peu flexueux, à entre-nœuds longs, de couleur jaunâtre intense; lenticelles blanches, petites, nombreuses et un peu apparentes.

Boutons à bois assez petits, coniques, un peu courts, bien épais, très-courtement aigus ou émoussés, à direction écartée du rameau, soutenus sur des supports un peu saillants dont l'arête médiane se prolonge très-finement; écailles d'un marron peu foncé.

Pousses d'été d'un vert clair, lavées de rouge et un peu soyeuses à leur sommet.

Feuilles des pousses d'été moyennes, ovales-allongées et étroites, longuement et bien sensiblement atténuées vers le pétiole, se terminant régulièrement en une pointe finement aiguë, creusées en gouttière, un peu arquées et souvent contournées sur leur longueur, bordées de dents larges, profondes, émoussées ou obtuses, s'abaissant un peu sur des pétioles un peu longs, peu forts et un peu souples.

Stipules de moyenne longueur, lancéolées.

Feuilles stipulaires manquant ordinairement.

Boutons à fruit moyens, conico-ovoïdes, aigus; écailles d'un marron foncé.

Fleurs petites; pétales ovales-étroits, allongés et recourbés en dedans, veinés de rose avant et après l'épanouissement; divisions du calice assez courtes et recourbées en dessous; pédicelles assez courts, forts et duveteux.

Feuilles des productions fruitières plus grandes, plus larges que celles des pousses d'été, ovales-elliptiques et allongées, se terminant un peu brusquement en une pointe très-courte et très-fine, largement creusées en gouttière et à peine arquées, bordées de dents larges, assez peu profondes, couchées et émoussées, mal soutenues sur des pétioles longs, peu forts et souples.

Caractère saillant de l'arbre : teinte générale du feuillage d'un vert pré vif et brillant; feuilles des pousses d'été allongées, étroites et remarquablement atténuées à leurs deux extrémités; tous les pétioles plus ou moins longs et souples.

Fruit moyen, ovoïde-piriforme, plus ou moins allongé, tantôt uni, tantôt obscurément anguleux dans son contour, atteignant sa plus grande épaisseur bien au-dessous du milieu de sa hauteur; au-dessus de ce point, s'atténuant par une courbe d'abord à peine convexe puis à peine concave en une pointe plus ou moins longue, peu épaisse et obtuse à son sommet; au-dessous du même point, s'atténuant par une courbe peu convexe pour diminuer plus ou moins sensiblement d'épaisseur vers la cavité de l'œil.

Peau épaisse, ferme, d'abord d'un vert gai semé de points d'un gris vert, nombreux, irrégulièrement espacés et assez peu apparents. Une rouille fine et de couleur fauve couvre la cavité de l'œil et le sommet du fruit, et rarement se disperse un peu sur sa surface. A la maturité, **courant d'hiver,** le vert fondamental passe au jaune citron doré ou lavé de roux doré du côté du soleil.

Œil grand, ouvert ou demi-ouvert, placé dans une cavité peu profonde, évasée, plissée dans ses parois et dont les bords sont aussi divisés en côtes peu saillantes qui souvent se prolongent sur le ventre du fruit.

Queue de moyenne longueur, forte, épaissie à son point d'attache au rameau, bien ligneuse, courbée ou contournée, attachée à fleur de la pointe du fruit.

Chair blanchâtre, assez fine, à peine pierreuse vers le cœur, demi-beurrée, suffisante en eau douce, sucrée et délicatement parfumée.

CAPUCINE VAN MONS

(N° 361)

Album de pomologie. BIVORT.
The Fruits and the fruit-trees of America. DOWNING.
Dictionnaire de pomologie. ANDRÉ LEROY.

OBSERVATIONS. — Cette variété fut obtenue par M. Bouvier, de Jodoigne, qui la dédia, lors de son premier rapport, en 1828, à son ami, le professeur Van Mons. Elle fut ainsi nommée à cause de sa ressemblance avec une ancienne Poire appelée Capucine. — L'arbre, de végétation contenue sur cognassier, s'accommode assez bien des formes régulières et surtout de celle de pyramide. Sa fertilité n'est pas précoce et devient grande plus tard. Son fruit, de maturation prolongée, est de bonne qualité.

DESCRIPTION.

Rameaux peu forts, très-finement anguleux dans leur contour, droits, à entre-nœuds alternativement courts et de moyenne longueur, d'un brun jaunâtre; lenticelles blanchâtres, petites, fines, un peu allongées, assez nombreuses et peu apparentes.

Boutons à bois petits, coniques, courts, épais et courtement aigus, à direction bien écartée du rameau, soutenus sur des supports peu saillants dont l'arête médiane se prolonge très-finement; écailles d'un marron rougeâtre peu foncé.

Pousses d'été d'un vert vif, lavées d'un rouge sanguin terne à leur sommet couvert d'un duvet blanc et soyeux.

Feuilles des pousses d'été à peine moyennes, souvent un peu obovales, se terminant peu brusquement en une pointe longue, un peu creusées en gouttière en non arquées, bordées de dents inégales entre elles, assez peu profondes et émoussées, s'abaissant sur des pétioles un peu longs, de moyenne force et flexibles.

Stipules longues, linéaires-lancéolées, dentées.

Feuilles stipulaires manquant le plus souvent.

Boutons à fruit petits, coniques, un peu renflés, un peu aigus ; écailles d'un marron rougeâtre peu foncé et largement maculé de grisâtre.

Fleurs moyennes ; pétales elliptiques, peu concaves, écartés entre eux ; divisions du calice de moyenne longueur, finement aiguës et recourbées en dessous ; pédicelles assez courts, un peu forts et un peu duveteux.

Feuilles des productions fruitières moyennes, obovales-elliptiques, se terminant un peu brusquement en une pointe longue et large, à peine repliées sur leur nervure médiane, à peine arquées, entières par leurs bords, assez peu soutenues sur des pétioles un peu courts, forts et divergents.

Caractère saillant de l'arbre : teinte générale du feuillage d'un vert foncé et terne ; toutes les feuilles à peine repliées sur leur nervure médiane.

Fruit assez petit ou presque moyen, ovoïde-piriforme, bien uni dans son contour, atteignant sa plus grande épaisseur bien au-dessous du milieu de sa hauteur ; au-dessus de ce point, s'atténuant par une courbe d'abord convexe puis largement concave en une pointe longue, un peu maigre, un peu obtuse ou un peu aiguë à son sommet ; au-dessous du même point, s'atténuant par une courbe très-largement convexe pour diminuer sensiblement d'épaisseur vers la cavité de l'œil.

Peau épaisse, d'abord d'un vert herbacé semé de points grisâtres, un peu larges, nombreux, régulièrement espacés et apparents. On remarque parfois de légères traces de rouille dans la cavité de l'œil et rarement sur la surface du fruit. A la maturité, **fin d'hiver**, le vert fondamental s'éclaircit peu en jaune, et le côté du soleil se distingue seulement par un ton un peu plus chaud.

Œil assez grand, demi-ouvert, placé presque à fleur de la base du fruit dans une dépression très-peu profonde, évasée et finement plissée dans ses parois.

Queue de moyenne longueur, grêle, bien ligneuse, courbée ou contournée, attachée un peu obliquement à fleur de la pointe du fruit.

Chair d'un blanc à peine teinté de jaune, fine, beurrée, fondante, abondante en eau douce, sucrée et délicatement parfumée.

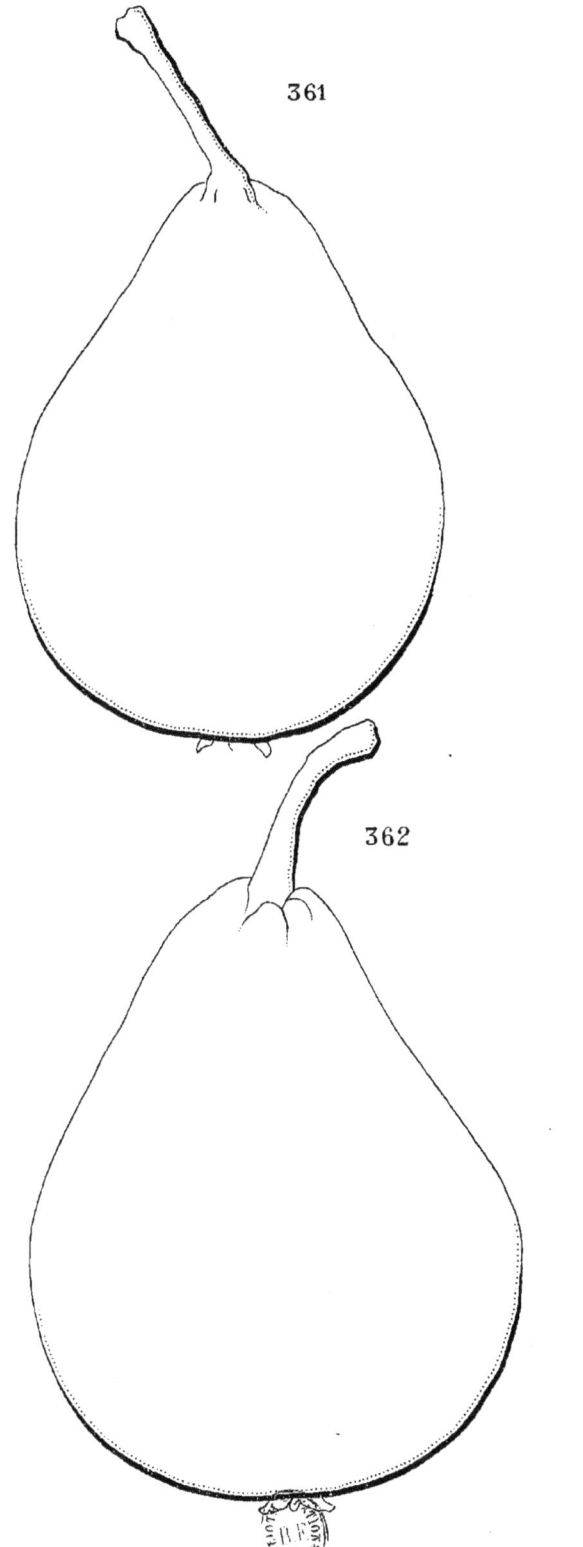

361. CAPUCINE VAN MONS.   362. MADAME VERTÉ.

MADAME VERTÉ

(N° 362)

Catalogue de Jonghe, de Bruxelles.
Dictionnaire de pomologie. André Leroy.

Observations. — J'ai reçu cette variété de M. de Jonghe, de Bruxelles. Est-il l'obtenteur ou le premier propagateur de cette variété? Je n'ai pu trouver une réponse à cette question. — L'arbre, de vigueur moyenne sur cognassier, s'accommode bien des formes régulières. Sa fertilité est précoce, bonne et soutenue. Son fruit, de première qualité, a beaucoup de rapports par sa chair et sa saveur avec le Beurré Diel.

DESCRIPTION.

Rameaux de moyenne force, unis dans leur contour, flexueux, à entrenœuds assez longs, de couleur jaunâtre terne; lenticelles d'un blanc jaunâtre, peu larges, assez nombreuses et peu apparentes.

Boutons à bois gros, coniques, épais, renflés sur le dos, très-courtement aigus, à direction parallèle ou presque parallèle au rameau, soutenus sur des supports un peu renflés dont les côtés et l'arête médiane ne se prolongent pas; écailles d'un marron peu foncé et largement maculé de gris blanchâtre.

Pousses d'été d'un vert clair, lavées de rouge sanguin sur une assez grande étendue et un peu duveteuses à leur partie supérieure.

Feuilles des pousses d'été assez grandes, ovales-allongées et étroites, bien atténuées vers le pétiole, se terminant presque régulièrement en une pointe peu longue, peu repliées sur leur nervure médiane et peu arquées, bordées de dents larges, un peu profondes et aiguës, assez peu soutenues sur des pétioles longs, forts et un peu flexibles.

Stipules longues, lancéolées-étroites et dentées.

Feuilles stipulaires assez fréquentes.

Boutons à fruit à peine moyens, ovoïdes très-courts, émoussés ou très-courtement aigus; écailles d'un marron peu foncé.

Fleurs petites; pétales ovales, écartés entre eux, souvent ondulés et chiffonnés dans leur contour, striés de rose avant et après l'épanouissement; divisions du calice courtes et peu aiguës; pédicelles de moyenne longueur, grêles et duveteux.

Feuilles des productions fruitières assez grandes, ovales-allongées, se terminant presque régulièrement en une pointe très-courte, un peu creusées en gouttière ou repliées sur leur nervure médiane et arquées, bordées de dents assez fines, très-peu profondes et émoussées, mal soutenues sur des pétioles longs, grêles et flexibles.

Caractère saillant de l'arbre : teinte générale du feuillage d'un vert clair; toutes les feuilles allongées et plus ou moins étroites, mal soutenues sur des pétioles longs, grêles et flexibles.

Fruit moyen, conique ou conico-ovoïde, uni dans son contour, atteignant sa plus grande épaisseur bien au-dessous du milieu de sa hauteur; au-dessus de ce point, s'atténuant par une courbe d'abord peu convexe puis à peine concave en une pointe un peu longue, un peu épaisse et plus ou moins obtuse à son sommet; au-dessous du même point, s'atténuant brusquement par une courbe assez convexe pour diminuer assez sensiblement d'épaisseur vers la cavité de l'œil.

Peau un peu épaisse, d'abord d'un vert décidé semé de points bruns, un peu larges, un peu saillants, nombreux et apparents, souvent confondus ou cachés sous un nuage d'une rouille bronzée qui s'étend sur une grande partie de sa surface et se disperse sur le reste en petits traits ou en petites taches. A la maturité, **courant d'hiver,** le vert fondamental passe au jaune intense, la rouille s'éclaire et devient d'un roux doré du côté du soleil.

Œil grand, ouvert, placé dans une dépression étroite, peu profonde et ondulée par ses bords.

Queue de moyenne longueur, plus ou moins forte, un peu souple, ordinairement épaissie à son point d'attache au rameau, un peu courbée et fixée entre des plis divergents formés par la pointe du fruit.

Chair teintée de jaune, fine, beurrée, fondante, à peine pierreuse vers le cœur, abondante en eau bien sucrée et richement parfumée.

BESI DE BRETAGNE

(N° 363)

Catalogue Papeleu, de Wetteren. 1860-1861.
Catalogue Thiery, de Haelen.

Observations. — J'ai reçu cette variété, il y a environ quinze ans, de M. Papeleu et je n'ai pu m'expliquer encore la cause de son nom. Elle est différente du Besi de Caissoy d'hiver et du Besi de Caissoy d'été auxquels quelques pomologistes l'ont assimilée. Dans les deux Catalogues que je cite, elle est accompagnée de l'indication (Bouvier), dont la signification est difficile à présumer. L'époque de maturité de son fruit s'est toujours, jusqu'à présent chez moi, beaucoup éloignée de celle indiquée par M. Papeleu. — L'arbre, de bonne vigueur sur cognassier, s'accommode bien des formes régulières et surtout de celle de pyramide. Sa fertilité peu précoce devient ensuite seulement moyenne. Son fruit n'atteint que la seconde qualité.

DESCRIPTION.

Rameaux de moyenne force, très-finement anguleux dans leur contour, presque droits, à entre-nœuds un peu longs, d'un jaune verdâtre à l'ombre, lavés de rouge clair du côté du soleil et à leur partie supérieure ; lenticelles blanchâtres, larges, peu nombreuses et apparentes.

Boutons à bois moyens, courts, épaissis à leur base, courtement aigus, à direction peu écartée du rameau, soutenus sur des supports saillants dont l'arête médiane se prolonge finement et distinctement ; écailles d'un marron rougeâtre presque entièrement recouvert de gris argenté.

Pousses d'été d'un vert très-clair, lavées de rouge vif et un peu soyeuses à leur sommet.

Feuilles des pousses d'été petites, ovales-elliptiques, se terminant brusquement en une pointe un peu longue et extraordinairement fine, bien concaves et non arquées, bordées de dents un peu profondes, un peu larges, couchées et émoussées, soutenues horizontalement sur des pétioles longs, assez grêles, presque horizontaux et raides.

Stipules en alênes courtes, bien fines et très-caduques.

Feuilles stipulaires assez fréquentes.

Boutons à fruit assez petits, coniques, un peu renflés et courtement aigus; écailles d'un marron rougeâtre foncé.

Fleurs assez petites; pétales arrondis-élargis, bien concaves, se touchant entre eux; divisions du calice assez longues et recourbées en dessous; pédicelles longs, grêles et glabres.

Feuilles des productions fruitières à peine un peu plus grandes que celles des pousses d'été, elliptiques-arrondies, se terminant brusquement en une pointe courte et bien aiguë, bien concaves, souvent entières sur une partie de leur contour, bordées de dents très-peu profondes, couchées et bien émoussées, assez bien soutenues sur des pétioles extraordinairement longs, grêles, peu flexibles et redressés.

Caractère saillant de l'arbre : teinte générale du feuillage d'un vert pré très-clair et brillant; toutes les feuilles petites et tendant à la forme elliptique ou arrondie et très-finement acuminées ; tous les pétioles remarquablement longs et plus ou moins grêles.

Fruit moyen, presque sphérique ou sphérico-conique, uni dans son contour, atteignant sa plus grande épaisseur tantôt au milieu, tantôt un peu au-dessous du milieu de sa hauteur; au-dessus de ce point, tantôt s'arrondissant en demi-sphère, tantôt s'atténuant par une courbe très-peu convexe en une pointe très-courte, bien épaisse, largement obtuse ou tronquée à son sommet; au-dessous du même point, s'arrondissant par une courbe bien convexe jusque dans la cavité de l'œil.

Peau un peu épaisse et ferme, chagrinée dans sa surface à la manière des Poires Orange, d'abord d'un vert clair et vif semé de points d'un vert un peu plus foncé et peu apparents. On ne remarque ordinairement pas de traces de rouille sur la surface du fruit. A la maturité, **milieu d'août,** le vert fondamental passe au jaune citron clair, conservant une teinte un peu verdâtre, et le côté du soleil se distingue seulement par un ton un peu plus chaud.

Œil moyen, demi-fermé, à divisions longues, placé dans une cavité étroite, peu profonde et régulière.

Queue tantôt assez courte, tantôt un peu plus longue, peu forte, ligneuse et cependant souple, à peine courbée et attachée dans un pli large et souvent un peu irrégulier.

Chair blanchâtre, grossière, demi-cassante ou cassante, abondante en eau douce, sucrée et relevée d'une saveur assez agréable.

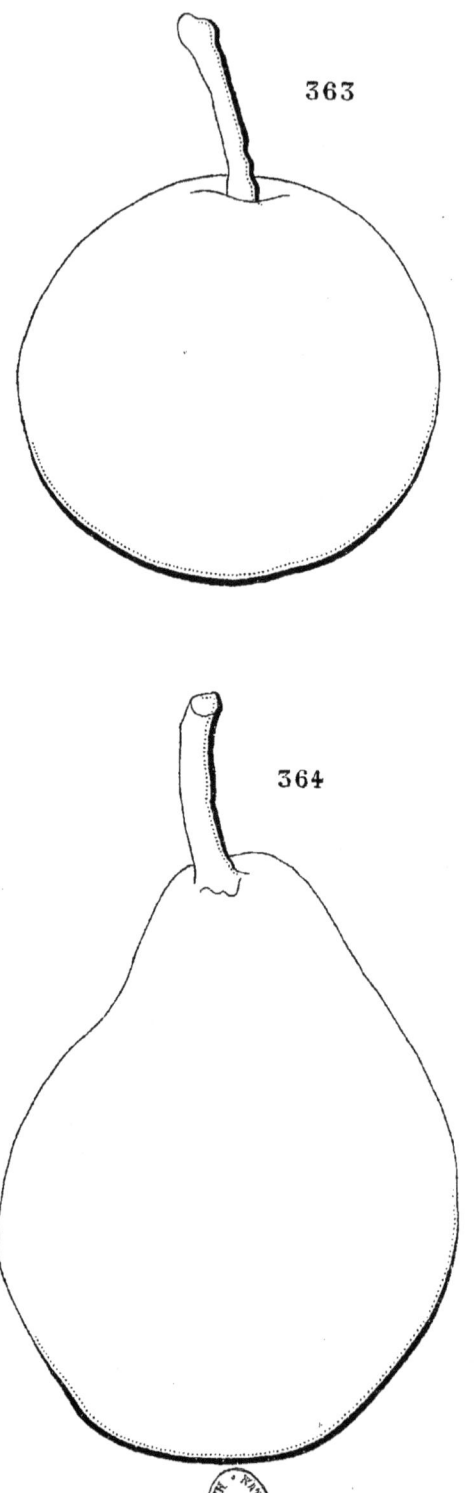

363. BESI DE BRETAGNE. 364. JULES D'AIROLES (LÉON LECLERC).

JULES D'AIROLES (LÉON LECLERC)

(N° 364)

Notices pomologiques. DE LIRON D'AIROLES.
Revue horticole. DE LIRON D'AIROLES. 1865.
Dictionnaire de pomologie. ANDRÉ LEROY.

OBSERVATIONS. — Cette variété, qui doit être distinguée de celle de même nom obtenue par M. Grégoire, de Jodoigne, est un semis de M. Léon Leclerc et fut propagé, après sa mort, par M. Hutin, son ancien jardinier, depuis pépiniériste à Laval (Mayenne). Elle rapporta ses premiers fruits en 1852. — L'arbre, de vigueur bien contenue sur cognassier, exige quelques soins pour être maintenu sous forme régulière et s'accommode mieux de celles appliquées à un treillage. Sa fertilité est assez précoce et bonne. Son fruit est de première qualité et de jolie apparence.

DESCRIPTION.

Rameaux peu forts et souvent épaissis à leur sommet, un peu anguleux dans leur contour, à peine flexueux, à entre-nœuds un peu longs, de couleur brune; lenticelles blanchâtres, peu nombreuses, largement espacées, petites et un peu apparentes.

Boutons à bois gros, coniques, bien renflés, peu aigus, à direction peu écartée du rameau, soutenus sur des supports bien saillants dont les côtés et l'arête médiane se prolongent peu distinctement; écailles d'un marron rougeâtre foncé et brillant, bordées de gris argenté.

Pousses d'été d'un vert clair un peu teinté de jaune, peu colorées de rouge et peu duveteuses à leur sommet.

Feuilles des pousses d'été moyennes, ovales-elliptiques et un peu élargies, se terminant brusquement en une pointe courte et finement aiguë, très-peu repliées sur leur nervure médiane ou presque planes, un peu recourbées en dessous seulement par leur pointe, bordées de dents larges, un peu profondes et obtuses, bien soutenues sur des pétioles courts, de moyenne force, raides et dressés.

Stipules en alênes courtes et très-caduques.

Feuilles stipulaires manquant presque toujours.

Boutons à fruit moyens, presque sphériques, à pointe presque nulle; écailles d'un beau marron rougeâtre brillant.

Fleurs grandes et jolies; pétales ovales-allongés et élargis, bien concaves, lavés d'un rose tendre avant l'épanouissement; divisions du calice de moyenne longueur et étalées; pédicelles de moyenne longueur, grêles et presque glabres.

Feuilles des productions fruitières plus petites que celles des pousses d'été, le plus souvent exactement elliptiques, se terminant brusquement en une pointe très-courte et très-fine, planes ou presque planes, bordées de dents peu profondes et émoussées, mal soutenues sur des pétioles un peu courts, très-grêles et très-flexibles.

Caractère saillant de l'arbre : teinte générale du feuillage d'un vert jaune; feuilles des pousses d'été épaisses et souvent largement ondulées dans leur contour; faciès général ayant quelques rapports de ressemblance avec celui du Beurré d'Hardenpont.

Fruit presque moyen, ovoïde-piriforme, ordinairement uni dans son contour, atteignant sa plus grande épaisseur au-dessous du milieu de sa hauteur; au-dessus de ce point, s'atténuant par une courbe d'abord convexe puis largement concave en une pointe un peu longue, peu épaisse et obtuse à son sommet; au-dessous du même point, s'atténuant par une courbe largement convexe pour diminuer plus ou moins sensiblement d'épaisseur vers la cavité de l'œil.

Peau fine, mince, d'abord d'un vert pâle semé de points fauves, très-petits, à peine visibles et extraordinairement nombreux. Une large tache d'une rouille brune et fine couvre le sommet du fruit. A la maturité, **décembre et janvier**, le vert fondamental passe au jaune paille chaudement doré et le côté du soleil, sur les fruits bien exposés, est lavé de rouge vermillon.

Œil fermé ou demi-fermé, placé dans une cavité étroite, peu profonde, profondément plissée dans ses parois et par ses bords.

Queue de moyenne longueur, forte, un peu courbée, attachée à fleur de la pointe du fruit.

Chair jaune, bien fine, bien fondante, abondante en eau sucrée, vineuse et parfumée.

MUSQUÉE D'AOUT

(N° 365)

Bulletin de la Société Van Mons.

Observations. — Cette variété, que je tiens de la Société Van Mons, est plusieurs fois citée dans les Catalogues de son *Bulletin*, et sans indication d'origine. Serait-elle un des gains obtenus dans son jardin ? — L'arbre, de vigueur contenue sur cognassier, s'accommode assez peu des formes soumises à la taille. Il convient mieux en haute tige, dans le verger et en sol riche, afin d'assurer le volume trop peu développé de son fruit. Sa fertilité est précoce, grande et soutenue. Son fruit, qui atteint à peine la seconde qualité, doit être classé parmi les Poires Orange.

DESCRIPTION.

Rameaux de moyenne force, unis dans leur contour, presque droits, à entre-nœuds assez courts, d'un gris jaunâtre du côté de l'ombre, à peine teintés de rouge du côté du soleil et à leur partie supérieure ; lenticelles d'un blanc jaunâtre, larges, largement espacées et apparentes.

Boutons à bois très-petits, coniques, bien comprimés, obtus, exactement appliqués au rameau, soutenus sur des supports presque nuls et dont l'arête médiane ne se prolonge pas ; écailles d'un marron jaunâtre ombré de gris.

Pousses d'été d'un vert d'eau, colorées de rouge rosat à leur sommet et couvertes sur une grande partie de leur longueur d'un duvet cotonneux et épais.

Feuilles des pousses d'été petites, ovales-elliptiques, se terminant régulièrement en une pointe très-courte et très-fine, largement creusées en gouttière ou repliées sur leur nervure médiane et bien arquées, irrégulièrement découpées plutôt que dentées par leurs bords, bien soutenues sur des pétioles un peu courts, peu forts, bien redressés et bien raides.

Stipules en alènes de moyenne longueur et finement aiguës.

Feuilles stipulaires manquant ordinairement.

Boutons à fruit moyens, conico-ovoïdes et très-courtement aigus; écailles extérieures grisâtres; écailles intérieures couvertes d'un duvet fauve.

Fleurs très-petites; pétales arrondis, concaves, à onglet très-court, se touchant entre eux; divisions du calice courtes et peu recourbées en dessous; pédicelles courts, très-grêles et un peu cotonneux.

Feuilles des productions fruitières petites, ovales un peu allongées et peu larges, se terminant régulièrement en une pointe finement aiguë, à peine repliées sur leur nervure médiane ou presque planes, un peu arquées, bordées de dents très-peu profondes, bien couchées, peu appréciables, s'abaissant sur des pétioles de moyenne longueur ou assez courts, très-grêles, redressés et très-raides.

Caractère saillant de l'arbre : teinte générale du feuillage d'un vert pré clair et mat; toutes les feuilles petites et bien finement acuminées; pétioles des feuilles des productions fruitières extraordinairement grêles et cependant bien raides.

Fruit petit ou assez petit, sphérico-turbiné, ordinairement uni dans son contour, atteignant sa plus grande épaisseur à peu près au milieu de sa hauteur; au-dessus de ce point, s'atténuant brusquement par une courbe largement convexe en une pointe très-courte et un peu obtuse à son sommet; au-dessous du même point, s'arrondissant par une courbe plus convexe jusque vers la cavité de l'œil.

Peau un peu épaisse et ferme, d'abord d'un vert d'eau blanchâtre semé de points grisâtres, larges, nombreux et apparents. On ne remarque ordinairement aucune trace de rouille sur sa surface. A la maturité, **commencement d'août**, le vert fondamental passe au jaune citron clair, et le côté du soleil est lavé ou flammé de rouge orangé sur lequel ressortent des points d'un gris blanchâtre.

Œil très-grand, ouvert, à divisions longues, recourbées en dessous ou étalées, placé presque à fleur de la base du fruit dans une dépression très-peu sensible.

Queue un peu longue, grêle, un peu flexible, de couleur fauve, à peine courbée, attachée le plus souvent perpendiculairement dans un pli très-peu prononcé formé par la pointe du fruit.

Chair blanchâtre, peu fine, mi-cassante, marcescente, suffisante en eau douce, sucrée, relevée d'un parfum de musc assez prononcé.

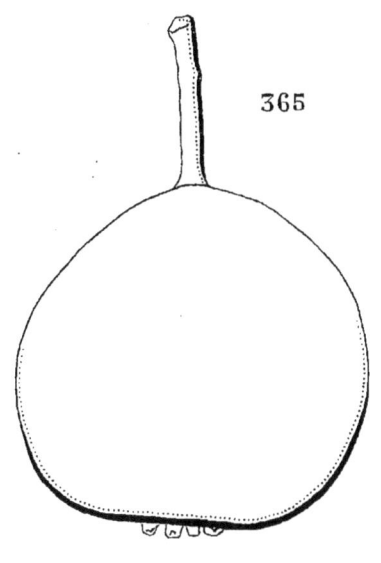
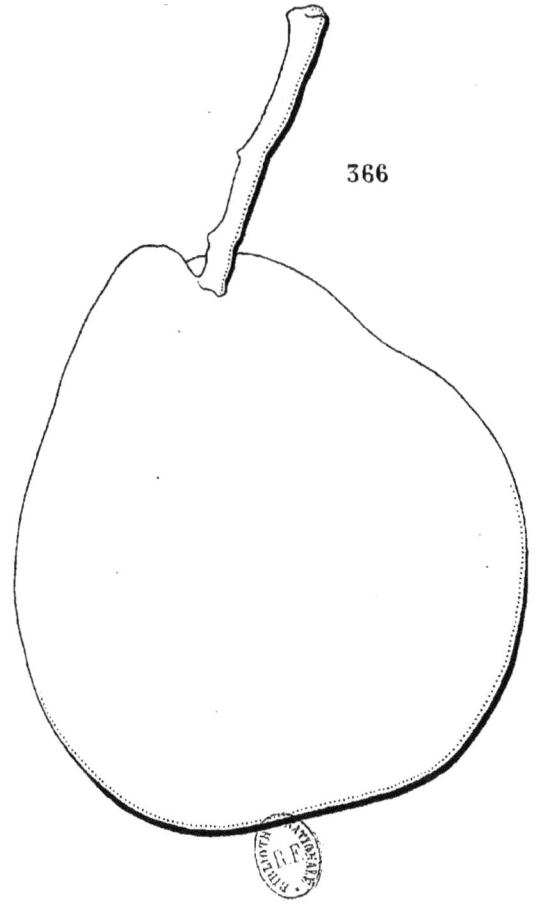

365, MUSQUÉE D'AOÛT. 366, POIRE DE BARON.

Peingeon, Del.

POIRE DE BARON

(BARONSBIRNE)

(N° 366)

Versuch einer systematischen Beschreibung der Kernobstsorten. Diel.
Systematisches Handbuch der Obstkunde. Dittrich.
Handbuch der Pomologie. Hinkert.
Illustrirtes Handbuch der Obstkunde. Oberdieck.

Observations. — M. Oberdieck considère cette variété comme d'origine hollandaise. Diel la reçut de Groningue et dit que, si elle n'est pas décrite dans la *Pomologie* de Knoop, elle se trouve dans un autre de ses ouvrages intitulé *Hovenier*. — L'arbre, de vigueur contenue sur cognassier, s'accommode bien des formes régulières. Son meilleur emploi est la haute tige, sur laquelle son fruit bien attaché résiste bien au vent. Sa fertilité est précoce et grande. Son fruit, de longue et facile conservation, est propre seulement aux usages du ménage.

DESCRIPTION.

Rameaux de moyenne force, anguleux dans leur contour, presque droits, à entre-nœuds de moyenne longueur, d'un brun jaunâtre du côté de l'ombre, d'un brun rougeâtre du côté du soleil; lenticelles blanchâtres, petites, nombreuses et peu apparentes.

Boutons à bois, moyens, un peu courts, épais, courtement aigus, à direction écartée du rameau, soutenus sur des supports saillants dont l'arête médiane se prolonge assez distinctement; écailles d'un marron rougeâtre largement maculé de gris blanchâtre.

Pousses d'été d'un vert très-clair, lavées de rouge sanguin à leur sommet et longtemps couvertes d'un duvet blanc, court, épais et cotonneux.

Feuilles des pousses d'été moyennes, ovales un peu élargies, s'atténuant promptement pour se terminer en une pointe longue, un peu repliées sur leur nervure médiane et non arquées, bordées de dents très-peu appréciables, bien soutenues sur des pétioles longs, de moyenne force et redressés.

Stipules de moyenne longueur, linéaires et caduques.

Feuilles stipulaires manquant toujours.

Boutons à fruit gros, coniques, un peu renflés, émoussés ou très-courtement aigus; écailles d'un marron rougeâtre clair et brillant.

Fleurs moyennes; pétales elliptiques-arrondis, peu concaves, un peu lavés de rose avant l'épanouissement; divisions du calice de moyenne longueur et étalées; pédicelles de moyenne longueur, de moyenne force et bien duveteux.

Feuilles des productions fruitières moyennes, exactement ovales, s'atténuant un peu brusquement en une pointe longue, bien creusées en gouttière et un peu recourbées en dessous par leur pointe, entières ou presque entières par leurs bords, assez bien soutenues sur des pétioles de moyenne longueur, un peu forts, raides et divergents.

Caractère saillant de l'arbre : teinte générale du feuillage d'un vert d'eau peu foncé; page inférieure des feuilles d'un vert pâle recouvert d'un duvet cotonneux; toutes les feuilles sensiblement repliées sur leur nervure médiane ou creusées en gouttière.

Fruit gros, tantôt turbiné-allongé et bien ventru, tantôt conique-piriforme, tantôt uni, tantôt un peu bosselé dans son contour, atteignant sa plus grande épaisseur au-dessous du milieu de sa hauteur ; au-dessus de ce point, s'atténuant par une courbe d'abord largement convexe puis largement concave en une pointe plus ou moins longue, plus ou moins épaisse, obtuse ou tronquée à son sommet ; au-dessous du même point, s'atténuant par une courbe largement convexe pour diminuer assez sensiblement d'épaisseur vers la cavité de l'œil.

Peau un peu ferme, d'abord d'un vert pâle semé de points d'un brun fauve, petits, nombreux, régulièrement espacés et peu apparents. Une tache d'une rouille fauve couvre la cavité de l'œil. A la maturité, **courant et fin d'hiver,** le vert fondamental passe au jaune citron clair, largement lavé et pointillé de rouge vermillon du côté du soleil.

Œil petit, demi-fermé, à divisions bien fermes et dressées, placé dans une cavité étroite, peu profonde, plissée dans ses parois et un peu irrégulière par ses bords.

Queue plus ou moins longue, forte, ligneuse, un peu courbée ou contournée, attachée obliquement dans un pli irrégulier formé par la pointe du fruit.

Chair blanche, peu fine, cassante, assez abondante en eau douce, sucrée, sans parfum appréciable.

CHARLES FREDERICKX

(N° 367)

Annales de pomologie belge. BIVORT.
The Fruits and the fruit-trees of America. DOWNING.
Dictionnaire de pomologie. ANDRÉ LEROY.

OBSERVATIONS. — Cette variété est un semis de Van Mons, dont le premier rapport eut lieu en 1840 ou 1841. Les fils du célèbre semeur belge la dédièrent au colonel Frederickx, directeur de la fonderie de canons, de Liége. — L'arbre, de bonne vigueur aussi bien sur cognassier que sur franc, est disposé naturellement à la forme pyramidale. Sa fertilité, assez précoce, est seulement moyenne. Son fruit est de bonne qualité.

DESCRIPTION.

Rameaux de moyenne force, allongés et cependant épaissis à leur sommet, unis dans leur contour, presque droits, à entre-nœuds longs et inégaux entre eux, de couleur jaunâtre; lenticelles d'un blanc jaunâtre, larges, bien allongées, peu nombreuses et bien apparentes.

Boutons à bois très-petits, épatés, bien obtus, appliqués au rameau, soutenus sur des supports presque nuls dont les côtés et l'arête médiane ne se prolongent pas; écailles entièrement recouvertes d'un duvet gris de souris.

Pousses d'été d'un vert clair, lavées de rouge sanguin sur la plus grande partie de leur longueur et à peine duveteuses à leur sommet.

Feuilles des pousses d'été moyennes, ovales-elliptiques et élargies, se terminant brusquement en une pointe large, tantôt courte, tantôt un peu longue, concaves et non arquées, bordées de dents larges, assez peu profondes, couchées et émoussées, soutenues horizontalement sur des pétioles un peu longs, forts et redressés.

Stipules de moyenne longueur, filiformes, très-caduques.

Feuilles stipulaires manquant ordinairement.

Boutons à fruit petits, coniques, peu aigus ; écailles extérieures d'un marron peu foncé ; écailles intérieures recouvertes d'un duvet d'un fauve doré.

Fleurs presque moyennes ; pétales ovales-élargis et un peu allongés, lavés de rose avant l'épanouissement ; divisions du calice assez longues, presque annulaires ; pédicelles courts, assez grêles et duveteux.

Feuilles des productions fruitières moyennes, ovales-elliptiques et un peu élargies, se terminant très-brusquement en une pointe très-courte et très-fine, concaves, parfois largement ondulées dans leur contour, bordées de dents peu profondes, couchées et peu aiguës, mal soutenues sur des pétioles de moyenne longueur, de moyenne force et flexibles.

Caractère saillant de l'arbre : teinte générale du feuillage d'un vert gai et luisant ; toutes les feuilles tendant un peu à la forme arrondie et plus ou moins concaves ; aspect lisse et brillant des feuilles et des pousses d'été.

Fruit petit ou à peine moyen, turbiné-conique ou conico-ovoïde, tantôt uni, tantôt un peu irrégulier dans son contour, atteignant sa plus grande épaisseur près de sa base ; au-dessus de ce point, s'atténuant plus ou moins promptement par une courbe tantôt peu convexe, tantôt légèrement concave en une pointe plus ou moins courte, obtuse ou tronquée à son sommet ; au-dessous du même point, s'arrondissant régulièrement pour ensuite s'aplatir un peu autour de la cavité de l'œil.

Peau un peu épaisse et cependant tendre, d'abord d'un vert gai semé de points d'un gris brun, nombreux et bien régulièrement espacés. Une rouille d'un brun fauve couvre ordinairement le sommet du fruit et la cavité de l'œil. A la maturité, **novembre,** le vert fondamental passe au jaune verdâtre, et sur le côté du soleil un peu doré, ressortent des points bien serrés et d'un gris blanchâtre.

Œil grand, bien ouvert, à divisions bien étalées dans une cavité très-peu profonde, évasée, qui le contient exactement.

Queue longue ou assez courte, un peu forte, un peu épaissie à son point d'attache au rameau, un peu courbée, attachée simplement à fleur de la pointe du fruit ou fixée dans une dépression irrégulièrement bosselée où souvent aussi elle est repoussée obliquement.

Chair d'un blanc verdâtre, fine, beurrée, suffisante en eau sucrée et assez agréablement parfumée.

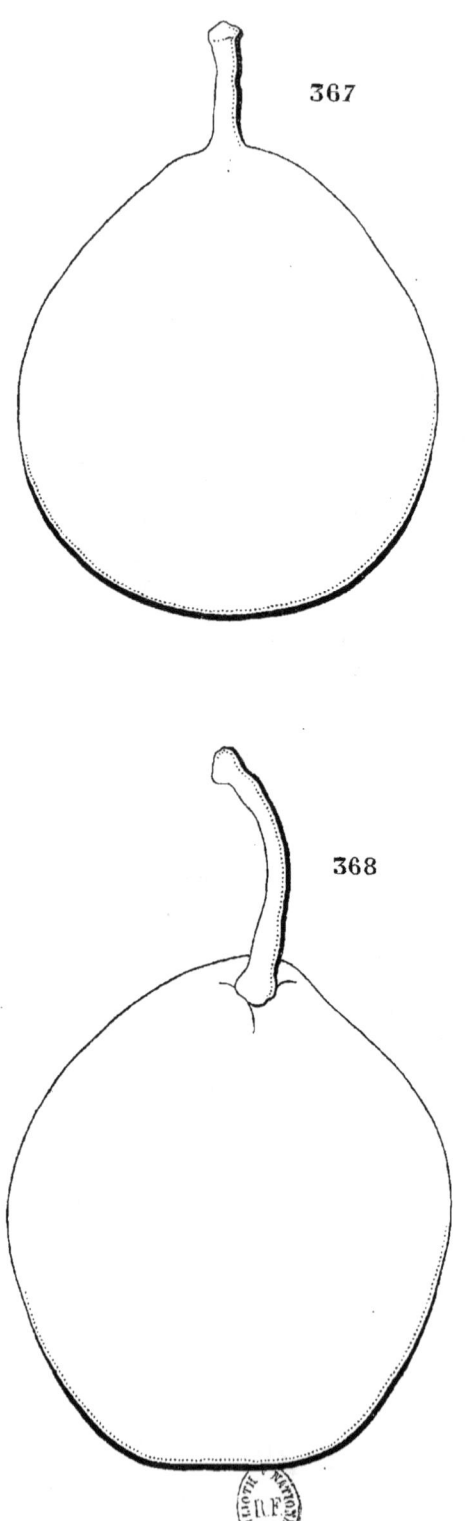

367. CHARLES FREDERICKX. 368. HUHLE DE PRINTEMPS.

HUHLE DE PRINTEMPS

(N° 368)

Catalogue Papeleu. 1860-1861.

Observations. — M. Papeleu dit qu'il reçut cette variété de M. Hartwiss, Directeur des Jardins impériaux de Nikita, en Crimée. — L'arbre, de vigueur contenue sur cognassier, s'accommode assez bien de la forme pyramidale et encore mieux de celles qui peuvent être appliquées à un treillage sur lequel s'étendent facilement ses branches souples et allongées. Sa fertilité se fait attendre quelque temps, devient grande par la suite, mais les années de rapports alternent avec des saisons de stérilité complète. M. Papeleu indique son fruit comme fondant. Je n'ai pu encore lui reconnaître cette qualité chez moi ; aussi ne puis-je le ranger que parmi les poires propres seulement aux usages du ménage.

DESCRIPTION.

Rameaux peu forts, un peu anguleux dans leur contour, à peine flexueux, à entre-nœuds de moyenne longueur, d'un brun verdâtre à l'ombre, un peu teintés de rouge et ombrés de gris du côté du soleil.

Boutons à bois moyens, coniques, un peu épais, courtement aigus ou émoussés, soutenus sur des supports saillants dont l'arête médiane se prolonge assez distinctement ; écailles d'un marron rougeâtre largement maculé de gris blanchâtre.

Pousses d'été d'un vert pâle, un peu lavées de rouge rosat du côté du soleil et surtout à leur sommet, duveteuses sur une assez grande partie de leur longueur.

Feuilles des pousses d'été petites, ovales, brusquement et très-sensiblement atténuées vers le pétiole, se terminant peu brusquement en une pointe courte et fine, concaves, bordées de dents profondes et aiguës, soutenues horizontalement sur des pétioles longs, grêles et un peu flexibles.

Stipules longues, linéaires-étroites, dentées.

Feuilles stipulaires manquant le plus souvent.

Boutons à fruit moyens, conico-ovoïdes, peu aigus; écailles d'un marron rougeâtre.

Fleurs assez grandes; pétales ovales-elliptiques, peu concaves, à onglet long, bien écartés entre eux; divisions du calice de moyenne longueur, très-finement aiguës et bien repliées en dessous; pédicelles assez longs, grêles et à peine duveteux.

Feuilles des productions fruitières moyennes, ovales un peu élargies, se terminant un peu brusquement en une pointe un peu longue et large, peu repliées sur leur nervure médiane et peu arquées, bordées de dents assez fines, un peu profondes et aiguës, mal soutenues sur des pétioles longs, grêles et flexibles.

Caractère saillant de l'arbre : teinte générale du feuillage d'un vert vif et brillant; les plus jeunes feuilles bien colorées de rouge; toutes les feuilles assez profondément dentées; tous les pétioles bien grêles.

Fruit moyen, cylindrico-ovoïde, un peu en forme de tonnelet, bien uni dans son contour, atteignant sa plus grande épaisseur souvent un peu au-dessus du milieu de sa hauteur; au-dessus de ce point, s'atténuant promptement par une courbe largement convexe en une pointe courte, épaisse et obtuse à son sommet; au-dessous du même point, s'atténuant par une courbe moins convexe pour diminuer assez sensiblement d'épaisseur vers la cavité de l'œil.

Peau épaisse, ferme, d'abord d'un vert plus ou moins intense semé de points d'un gris brun, très-petits, très-nombreux et confondus avec de petits traits d'une rouille de même couleur, très-fins, très-nombreux et dispersés sur presque toute la surface du fruit. Une tache d'une rouille fauve couvre la cavité de l'œil. A la maturité, **fin d'hiver et printemps,** le vert fondamental s'éclaircit un peu en jaune et le côté du soleil, sur les fruits bien exposés, est largement lavé d'un rouge sanguin foncé et finement pointillé de gris blanchâtre.

Œil moyen, ouvert, placé dans une cavité peu large, peu profonde, unie dans ses parois et régulière par ses bords.

Queue longue, un peu grêle, bien ligneuse, courbée ou contournée, attachée dans un pli plus ou moins prononcé formé par la pointe du fruit.

Chair d'un blanc jaunâtre, grossière, marcescente, demi-cassante, un peu pierreuse vers le cœur, suffisante en jus légèrement sucré, relevé d'un saveur rafraîchissante et assez agréable.

APPOLLINE

(N° 369)

Notices pomologiques. DE LIRON D'AIROLES.

OBSERVATIONS. — D'après M. de Liron d'Airoles, cette variété aurait été obtenue par M. le président Parigot, de Poitiers, et aurait été propagée, pour la première fois, par M. Larclause. Elle sortit d'un semis fait en 1845 et l'époque de son premier rapport n'est pas indiquée dans les *Notices pomologiques*. — L'arbre, de grande vigueur aussi bien sur cognassier que sur franc, se plie assez difficilement aux formes régulières et s'accommode tout au plus de celle de vase. Sa véritable destination est la haute tige dans le verger, en sol riche et profond, où elle se distingue par sa fertilité très-précoce et très-grande. Son fruit serait de première qualité s'il n'était sujet à passer promptement et doit être entre-cueilli.

DESCRIPTION.

Rameaux d'une bonne force bien soutenue jusqu'à leur partie supérieure, unis dans leur contour, bien droits, à entre-nœuds de moyenne longueur, d'un brun violet souvent presque noir; lenticelles blanchâtres, un peu larges, bien arrondies, bien régulièrement espacées et apparentes.

Boutons à bois gros, coniques, aigus, à direction peu écartée du rameau vers lequel ils se recourbent un peu par leur pointe, soutenus sur des supports peu saillants dont les côtés et l'arête médiane ne se prolongent pas; écailles d'un marron rougeâtre très-foncé et largement maculé de gris blanchâtre.

Pousses d'été d'un vert d'eau peu foncé, lavées de rouge rosat du côté du soleil et couvertes sur toute leur longueur d'un duvet laineux, long et épais.

Feuilles des pousses d'été moyennes ou assez petites, ovales-allongées et peu larges, se terminant régulièrement en une pointe très-courte, un peu repliées sur leur nervure médiane et un peu arquées, bordées de dents très-peu profondes, couchées et bien émoussées, souvent presque entières, mal soutenues sur des pétioles longs, grêles et souples.

Stipules de moyenne longueur, en alênes très-fines et très-caduques.

Feuilles stipulaires se présentent quelquefois.

Boutons à fruit moyens, conico-ovoïdes, un peu allongés et aigus; écailles d'un marron rougeâtre bien foncé.

Fleurs moyennes ou presque moyennes; pétales ovales, peu concaves, à onglet un peu long, écartés entre eux; divisions du calice de moyenne longueur, étroites, finement aiguës et peu recourbées en dessous; pédicelles de moyenne longueur, grêles et peu duveteux.

Feuilles des productions fruitières petites, exactement ovales, se terminant régulièrement en une pointe très-courte et recourbée, un peu creusées en gouttière et à peine arquées, bordées de dents extraordinairement peu profondes, écartées entre elles et émoussées, mal soutenues sur des pétioles longs, très-grêles et souples.

Caractère saillant de l'arbre : teinte générale du feuillage d'un vert d'eau peu foncé et un peu luisant; toutes les feuilles très-peu profondément dentées; tous les pétioles longs et grêles; pousses d'été bien duveteuses.

Fruit assez petit, presque sphérique ou sphérico-ovoïde, bien uni dans son contour, atteignant sa plus grande épaisseur, tantôt au milieu, tantôt un peu au-dessous du milieu de sa hauteur; au-dessus de ce point, se terminant, tantôt en demi-sphère, tantôt en une pointe très-courte, très-épaisse, très-obtuse ou un peu tronquée à son sommet; au-dessous du même point, s'arrondissant par une courbe bien convexe jusque vers l'œil.

Peau fine, mince, d'abord d'un vert assez intense et mat sur lequel les points sont peu visibles. On remarque parfois des traces d'une rouille brune, soit sur le sommet du fruit, soit sur sa base. A la maturité, **fin d'août,** le vert fondamental s'éclaircit un peu en jaune, et sur les fruits bien exposés, le côté du soleil est un peu lavé de rouge sombre.

Œil assez grand, fermé ou demi-fermé, un peu saillant dans une dépression très-peu profonde.

Queue longue, forte, bien ligneuse, bien courbée, charnue à son point d'attache dans un pli ou fixée à fleur du sommet du fruit.

Chair d'un blanc à peine teinté de vert, fine, bien fondante, à peine pierreuse vers le cœur, abondante en eau sucrée, finement acidulée et relevée d'une saveur agréable.

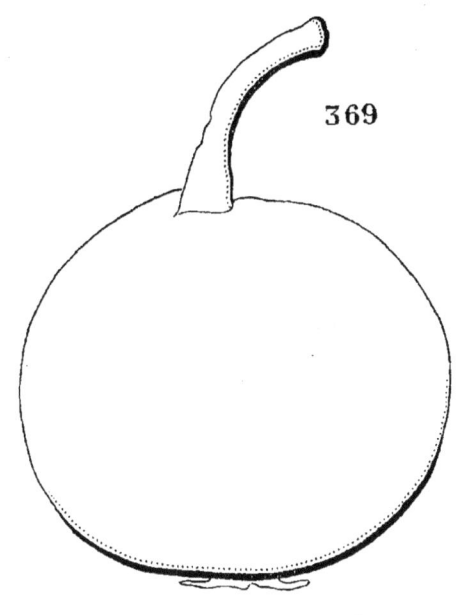
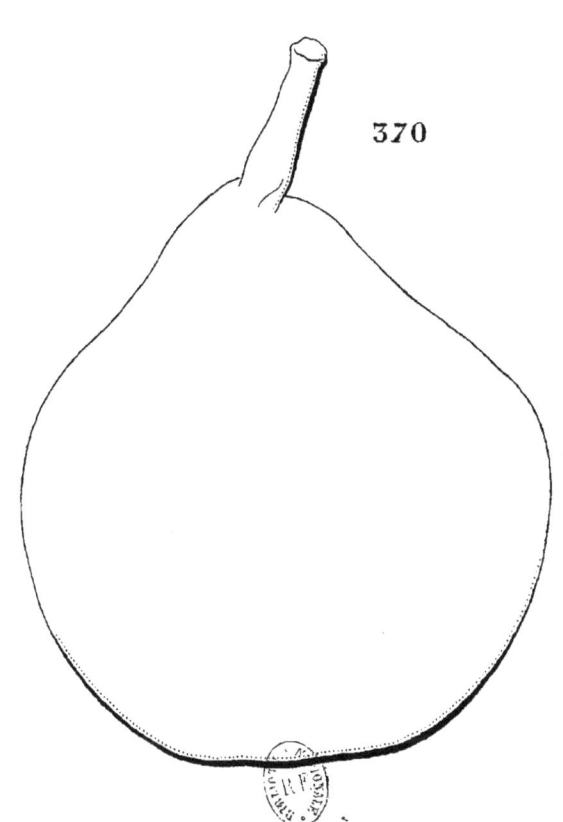

369. APPOLLINE . 370. DUC ALFRED DE CROY.

DUC ALFRED DE CROY

(N° 370)

Bulletin de la Société Van Mons.
Catalogue Galopin, *de Liége.*
The Fruit Manual. Robert Hogg.

Observations. — Cette variété est indiquée comme ayant été obtenue ou propagée par M. de Jonghe, de Bruxelles. — L'arbre, de vigueur normale sur cognassier, s'accommode assez bien des formes régulières. Sa fertilité est assez précoce et seulement moyenne. Son fruit est de bonne qualité, lorsque son acidité n'est pas trop développée.

DESCRIPTION.

Rameaux de force moyenne et bien soutenue jusqu'à leur partie supérieure, obscurément anguleux dans leur contour, un peu flexueux, à entre-nœuds courts, d'un brun olivâtre intense ; lenticelles blanches, petites, assez nombreuses et un peu apparentes.
Boutons à bois gros, un peu courts, très-épais et obtus, à direction plus ou moins écartée du rameau, soutenus sur des supports bien saillants dont les côtés et l'arête médiane se prolongent peu distinctement ; écailles presque entièrement recouvertes de gris blanchâtre.
Pousses d'été d'un joli vert clair, à peine lavées de rouge et presque glabres à leur sommet.
Feuilles des pousses d'été moyennes, ovales un peu élargies, se terminant brusquement en une pointe courte et bien fine, à peine repliées sur leur nervure médiane et à peine arquées, souvent très-largement ondu-

lées dans leur contour, bordées de dents un peu profondes, couchées et un peu aiguës, soutenues horizontalement sur des pétioles longs, grêles, raides et un peu redressés.

Stipules de moyenne longueur, linéaires-étroites.

Feuilles stipulaires manquant presque toujours.

Boutons à fruit moyens, coniques, à peine renflés et émoussés; écailles d'un marron foncé et largement maculé de gris blanchâtre.

Fleurs moyennes; pétales ovales, étroits, allongés, peu concaves, à onglet long, bien écartés entre eux; divisions du calice courtes et finement aiguës; pédicelles de moyenne longueur, assez forts et un peu duveteux.

Feuilles des productions fruitières de même dimension que celles des pousses d'été, ovales, s'atténuant régulièrement pour se terminer en une pointe bien aiguë, un peu ferme et un peu recourbée en dessous, presque planes et souvent largement ondulées dans leur contour, bordées de dents très-fines, très-peu profondes et un peu émoussées, assez peu soutenues sur des pétioles longs, grêles et divergents.

Caractère saillant de l'arbre : teinte générale du feuillage d'un vert gai; toutes les feuilles presque planes et souvent largement ondulées dans leur contour.

Fruit gros, turbiné-piriforme, bien uni dans son contour, atteignant sa plus grande épaisseur à peu près au milieu de sa hauteur; au-dessus de ce point, s'atténuant promptement par une courbe d'abord convexe puis brusquement et bien largement concave en une pointe peu longue, maigre et aiguë à son sommet; au-dessous du même point, s'atténuant bien par une courbe largement convexe pour diminuer bien sensiblement d'épaisseur vers la cavité de l'œil.

Peau assez fine et mince, d'abord d'un vert d'eau mat semé de points d'un gris noir, cernés de vert plus foncé, nombreux, bien régulièrement espacés et assez apparents sur les parties les mieux éclairées. On remarque parfois quelques traces d'une rouille brune soit sur le sommet du fruit, soit dans la cavité de l'œil. A la maturité, **novembre,** le vert fondamental s'éclaircit en jaune terne, et parfois le côté du soleil est lavé d'un nuage de rouge brun un peu sombre.

Œil moyen, ouvert, à divisions très-finement aiguës, appliquées aux parois d'une cavité très-étroite, peu profonde et parfois un peu ondulée dans ses bords.

Queue assez courte, forte, un peu courbée, de couleur bois, formant obliquement la continuation de la pointe du fruit.

Chair jaunâtre, fine, beurrée, entièrement fondante, abondante en eau sucrée, acidulée et assez agréablement relevée.

MARIE

(MARY)

(N° 371)

The Fruits and the fruit-trees of America. Downing.

Observations. — Cette variété ne doit point être confondue avec la Fondante Mary obtenue par Van Mons et que M. André Leroy nomme simplement Mary. D'après Downing, elle aurait été obtenue sur les terres de William Case, Clèveland, Ohio.—L'arbre, de bonne vigueur aussi bien sur cognassier que sur franc, se plie facilement aux formes régulières. Toutefois, sa meilleure destination est la haute tige sur franc dans le verger de campagne, où doivent le faire admettre sa rusticité, sa fertilité précoce et très-grande. Son fruit, de la plus jolie apparence, est seulement de seconde qualité et doit être cueilli un peu longtemps d'avance, car il perd bientôt sa saveur.

DESCRIPTION.

Rameaux assez peu forts, très-finement anguleux dans leur contour, droits, à entre-nœuds courts, rougeâtres ; lenticelles blanches, nombreuses, très-petites et un peu apparentes.
Boutons à bois petits, coniques, courts, épatés, appliqués ou parallèles au rameau, soutenus sur des supports saillants dont les côtés se prolongent très-finement ; écailles presque entièrement recouvertes d'un duvet gris.

Pousses d'été d'un vert vif, bien colorées de rouge à leur sommet et longtemps couvertes d'un duvet fin et court.

Feuilles des pousses d'été moyennes, elliptiques-arrondies, se terminant brusquement en une pointe longue et finement aiguë, bien creusées en gouttière et très-légèrement arquées, bordées de dents profondes, recourbées et bien aiguës, bien soutenues sur des pétioles courts, de moyenne force, bien redressés, presque parallèles à la pousse.

Stipules de moyenne longueur, lancéolées-étroites et dentées.

Feuilles stipulaires manquant le plus souvent.

Boutons à fruit moyens, conico-ovoïdes, courts et courtement aigus, écailles extérieures d'un marron clair; écailles intérieures couvertes d'un duvet jaune.

Fleurs moyennes; pétales ovales-élargis, concaves, à onglet long, écartés entre eux; divisions du calice courtes et un peu recourbées en dessous seulement par leur pointe; pédicelles courts, un peu forts et cotonneux.

Feuilles des productions fruitières moyennes, ovales-elliptiques, se terminant un peu brusquement en une pointe courte et très-fine, bien creusées en gouttière et à peine arquées, bordées de dents fines, un peu profondes, bien couchées et aiguës, assez peu soutenues sur des pétioles longs, grêles et un peu souples.

Caractère saillant de l'arbre : teinte générale du feuillage d'un vert clair et gai; toutes les feuilles très-finement acuminées; pétioles des feuilles des pousses d'été remarquablement raides.

Fruit moyen ou presque moyen, sphérico-conique ou conique, ordinairement uni dans son contour, atteignant sa plus grande épaisseur bien au-dessous du milieu de sa hauteur; au-dessus de ce point, s'atténuant par une courbe à peine convexe ou d'abord peu convexe puis à peine concave, pour se terminer en une pointe plus ou moins courte et obtuse; au-dessous du même point, s'arrondissant par une courbe largement convexe jusque dans la cavité de l'œil.

Peau un peu épaisse, d'abord d'un vert assez vif semé de points d'un vert plus foncé, nombreux et régulièrement espacés. On remarque parfois quelques traces de rouille, soit sur le sommet du fruit, soit autour de l'œil. A la maturité, **fin de juillet, commencement d'août**, le vert fondamental s'éclaircit un peu en jaune et le côté du soleil est largement lavé d'un nuage sanguin sur lequel ressortent bien des points d'un blanc jaunâtre et cernés de rouge plus foncé.

Œil grand, ouvert, à divisions larges, étalées, placé dans une cavité étroite, peu profonde et ordinairement régulière par ses bords.

Queue un peu longue, forte, courbée, élastique, attachée à fleur de la pointe du fruit, souvent un peu déjetée de côté.

Chair d'un blanc à peine teinté de vert, peu fine, tendre sans être entièrement beurrée, peu abondante en eau sucrée et acidulée, assez agréable.

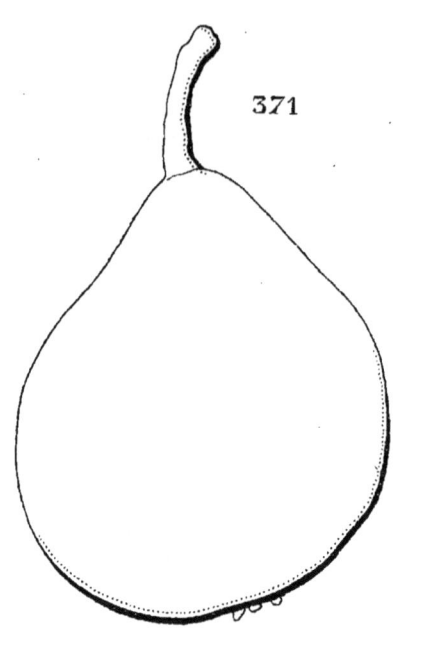
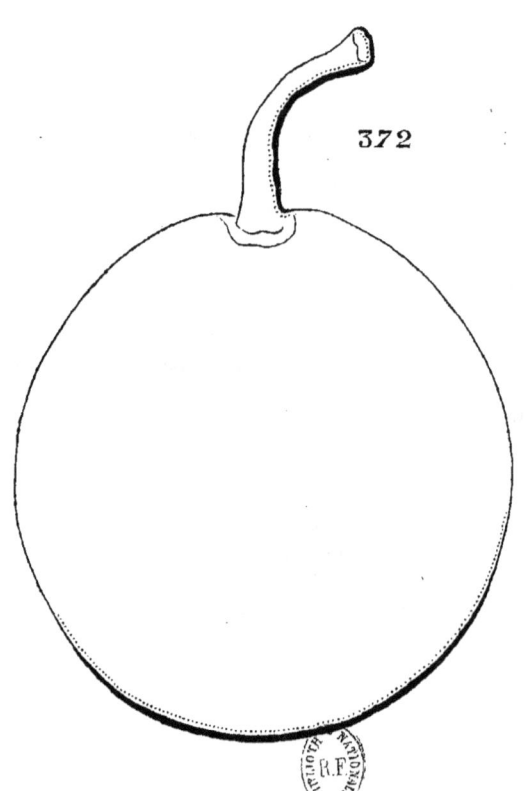

371. MARIE . 372. DÉLICES COLUMBS.

DÉLICES COLUMBS

(N° 372)

Catalogue Papeleu, de Wetteren.
BEURRÉ SAINT-MARC. *Dictionnaire de pomologie.* André Leroy.

Observations. — J'ai conservé à cette variété le nom sous lequel elle a été propagée par M. Papeleu, parce que je le crois plus généralement répandu que celui de Beurré Saint-Marc, sous lequel la décrit M. André Leroy. Je n'ai pu mieux que lui recueillir des renseignements sur son origine. — L'arbre, de vigueur moyenne sur cognassier, s'accommode bien des formes régulières et surtout de celle de pyramide. Sa fertilité est assez précoce, bonne et soutenue. Son fruit est de première qualité et surtout pour l'époque tardive de sa maturité.

DESCRIPTION.

Rameaux de moyenne force, presque unis ou très-obscurément anguleux dans leur contour, droits, à entre-nœuds courts ou très-courts, de couleur verdâtre; lenticelles blanches, peu larges, assez peu nombreuses et apparentes.

Boutons à bois assez gros, coniques, épais et émoussés, à direction plus ou moins écartée du rameau, soutenus sur des supports un peu renflés dont l'arête médiane ne se prolonge pas ou très-obscurément; écailles d'un marron clair.

Pousses d'été d'un vert très-clair et un peu teinté de jaune, à peine lavées de rouge et presque glabres à leur sommet.

Feuilles des pousses d'été moyennes, régulièrement ovales, se terminant peu brusquement en une pointe courte et fine, creusées en gouttière et arquées, bordées de dents peu profondes et obtuses, s'abaissant peu sur des pétioles de moyenne longueur, de moyenne force, un peu redressés et peu souples.

Stipules courtes, filiformes, très-caduques.

Feuilles stipulaires manquant ordinairement.

Boutons à fruit assez petits, conico-ovoïdes, peu aigus ; écailles d'un marron jaunâtre peu foncé.

Fleurs petites ; pétales ovales, tronqués à leur sommet, concaves, bien écartés entre eux ; divisions du calice de moyenne longueur, étroites et recourbées en dessous ; pédicelles assez courts, grêles et peu duveteux.

Feuilles des productions fruitières plus grandes que celles des pousses d'été, ovales-cordiformes ou ovales-élargies, se terminant presque régulièrement en une pointe très-courte, presque planes ou peu concaves, bordées de dents très-peu profondes et bien couchées ou parfois presque entières, s'abaissant un peu sur des pétioles de moyenne longueur, de moyenne force, peu redressés ou divergents.

Caractère saillant de l'arbre : teinte générale du feuillage d'un vert herbacé peu foncé et peu brillant ; les plus jeunes feuilles d'un vert clair et un peu jaune.

Fruit moyen, ovo-ellipsoïde, bien uni dans son contour, atteignant sa plus grande épaisseur peu au-dessous du milieu de sa hauteur ; au-dessus de ce point, se terminant presque en demi-sphère du côté de la queue ; au-dessous du même point, s'atténuant par une courbe largement convexe jusque vers l'œil.

Peau un peu épaisse, d'abord d'un vert gai semé de points d'un gris brun, larges, régulièrement espacés et assez apparents. On remarque rarement quelques traces de rouille seulement dans la cavité de l'œil. A la maturité, **courant et fin d'hiver,** le vert fondamental passe au jaune intense et mat, et le côté du soleil est chaudement doré ou parfois lavé d'un soupçon de rouge.

Œil moyen, bien ouvert, à divisions appliquées aux parois bien unies d'une cavité bien régulière.

Queue de moyenne longueur, épaissie à son point d'attache au rameau, bien ligneuse, courbée ou parfois contournée, attachée dans une dépression très-peu profonde et le plus souvent régulière.

Chair d'un blanc teinté de jaune, fine, beurrée, entièrement fondante, abondante en eau sucrée, agréablement acidulée et délicatement parfumée.

OIGNON

(N° 373)

Dictionnaire de pomologie. ANDRÉ LEROY.

OBSERVATIONS. — M. André Leroy dit qu'il n'a pu retrouver l'origine de cette ancienne variété cultivée principalement dans quelques-uns de nos départements de l'Ouest. — L'arbre, de vigueur normale sur cognassier, s'accommode bien des formes régulières. Il convient surtout à la grande culture par sa rusticité. Sa fertilité est précoce, bonne et soutenue. Son fruit, seulement de seconde qualité, est d'une maturation assez prolongée pour supporter facilement le transport.

DESCRIPTION.

Rameaux de moyenne force, un peu anguleux dans leur contour, presque droits, à entre-nœuds de moyenne longueur, d'un vert intense et un peu teintés de jaune du côté de l'ombre, brunis du côté du soleil ; lenticelles blanchâtres, petites, un peu allongées, nombreuses et peu apparentes.

Boutons à bois assez petits, coniques, très-courts, épatés, obtus ou émoussés, appliqués au rameau, soutenus sur des supports saillants dont les côtés et l'arête médiane se prolongent assez distinctement ; écailles d'un marron peu foncé et un peu brillant.

Pousses d'été d'un vert très-clair, à peine lavées de rouge et peu duveteuses à leur sommet.

Feuilles des pousses d'été à peine moyennes, obovales-arrondies, se terminant assez brusquement en une pointe peu longue et très-fine, bien concaves, bordées de dents irrégulières, très-peu profondes et obtuses, bien soutenues sur des pétioles un peu longs, forts, raides et plus ou moins redressés.

Stipules longues, presque filiformes.

Feuilles stipulaires manquant le plus souvent.

Boutons à fruit moyens, conico-ovoïdes, un peu allongés et aigus ; écailles d'un marron peu foncé.

Fleurs moyennes ; pétales arrondis, concaves, peu lavés de rose avant l'épanouissement ; divisions du calice longues et réfléchies en dessous ; pédicelles longs, grêles et peu duveteux.

Feuilles des productions fruitières plus petites que celles des pousses d'été, ovales-cordiformes, se terminant presque régulièrement en une pointe extraordinairement courte et fine, souvent nulle, un peu concaves, bordées de dents extraordinairement fines, peu profondes et un peu aiguës, bien soutenues sur des pétioles courts, grêles, raides et divergents.

Caractère saillant de l'arbre : teinte générale du feuillage d'un vert herbacé et mat ; serrature de toutes les feuilles formée de dents remarquablement fines et peu profondes ; raideur de tous les pétioles.

Fruit presque moyen, sphérico-turbiné, bien uni dans son contour, atteignant sa plus grande épaisseur à peu près au milieu de sa hauteur ; au-dessus de ce point, s'atténuant brusquement par une courbe d'abord convexe puis à peine concave en une pointe très-courte, bien atténuée et un peu tronquée à son sommet ; au-dessous du même point, s'arrondissant par une courbe bien convexe pour s'aplatir ensuite sur une petite étendue autour de la cavité de l'œil.

Peau assez fine, d'abord d'un vert clair et gai semé de points gris, largement et régulièrement espacés et un peu apparents. Rarement on trouve un peu de rouille très-fine sur le sommet du fruit. A la maturité, **milieu d'août,** le vert fondamental passe au jaune clair, conservant un ton à peine verdâtre, et le côté du soleil est lavé ou flammé de rouge sanguin sur lequel ressortent un peu des points gris et cernés de jaune.

Œil grand, ouvert ou demi-ouvert, à divisions longues, placé dans une cavité très-peu profonde, bien évasée et unie dans ses parois et par ses bords.

Queue un peu longue, bien grêle, courbée, ligneuse, attachée tantôt à fleur de la pointe du fruit, tantôt dans un pli peu prononcé et bien régulier.

Chair blanchâtre, demi-fine, demi-beurrée, un peu ferme, peu abondante en eau douce, sucrée et relevée d'une saveur rafraîchissante.

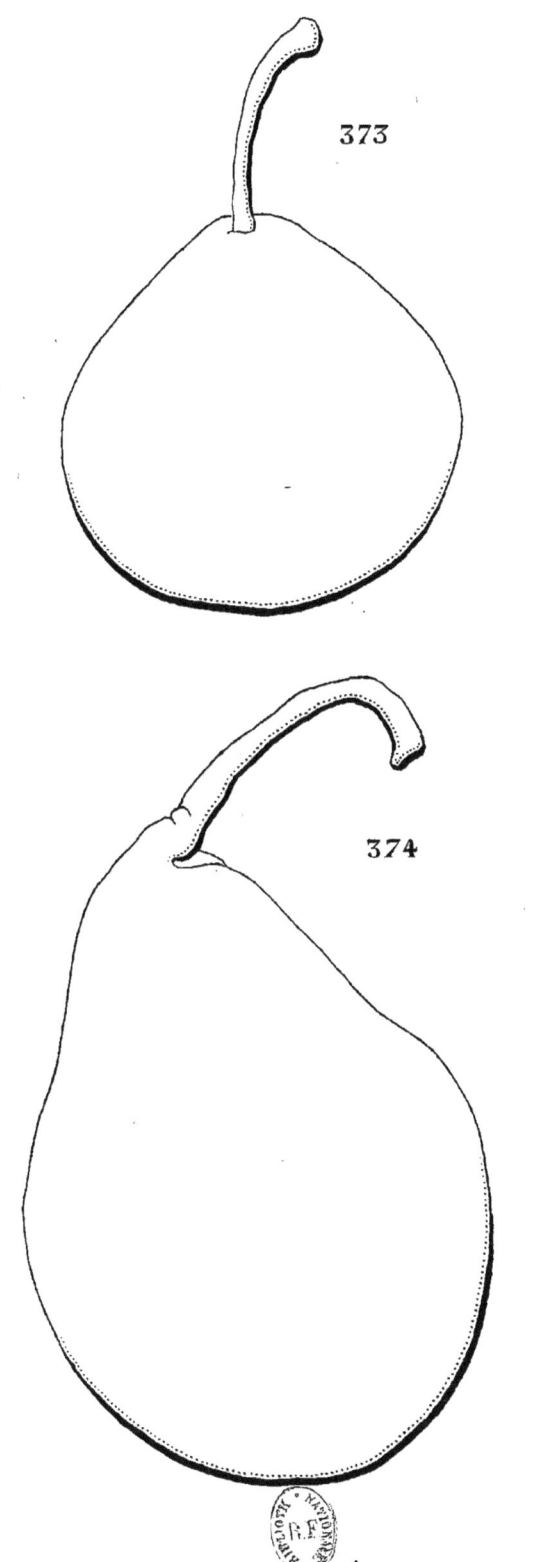

373. OIGNON. 374. BRONZÉE D'ENGHIEN.

BRONZÉE D'ENGHIEN

(N° 374)

Catalogue Papeleu, de Wetteren.
Catalogue Galopin, de Liége.

Observations. — Cette variété semble être un gain de M. de Jonghe, de Bruxelles, d'après les indications du Catalogue de M. Galopin. — L'arbre, de vigueur moyenne sur cognassier, se plie assez facilement à la forme pyramidale et s'accommode encore mieux de celles appliquées à un treillage. Sa fertilité est assez précoce, grande et soutenue. Son fruit est trop souvent entaché d'une âpreté décidée pour que l'on puisse le ranger parmi les fruits de table, et ne peut être considéré que comme propre aux usages du ménage.

DESCRIPTION.

Rameaux de moyenne force, distinctement anguleux dans leur contour, un peu flexueux, à entre-nœuds un peu inégaux entre eux, d'un brun rouge vif et un peu voilé de gris du côté du soleil ; lenticelles blanchâtres, un peu larges, assez nombreuses, régulièrement espacées et apparentes.

Boutons à bois gros, coniques, bien renflés sur le dos et se recourbant vers le rameau, finement aigus, soutenus sur des supports saillants dont les côtés et l'arête médiane se prolongent distinctement ; écailles d'un marron rougeâtre, largement bordées de gris argenté.

Pousses d'été fortes, lavées de rouge et peu duveteuses à leur sommet.

Feuilles des pousses d'été moyennes, ovales-allongées, quelquefois sensiblement atténuées vers le pétiole, s'atténuant lentement pour se terminer ensuite presque régulièrement en une pointe peu longue, bien creusées en gouttière et arquées, bordées de dents larges, profondes et assez aiguës, s'abaissant sur des pétioles bien longs, forts et exactement horizontaux.

Stipules assez longues, linéaires, dentées.

Feuilles stipulaires se présentent quelquefois.

Boutons à fruit moyens, conico-ovoïdes, aigus; écailles d'un beau marron rougeâtre.

Fleurs assez grandes; pétales ovales-allongés, à onglet long, froissés et repliés en dessus, entièrement blancs avant l'épanouissement; divisions du calice de moyenne longueur, finement aiguës et peu recourbées en dessous; pédicelles longs, un peu forts et presque glabres.

Feuilles des productions fruitières petites, ovales-étroites et allongées, s'atténuant lentement pour se terminer en une pointe presque nulle, creusées en gouttière et arquées, bordées de dents très-fines, très-peu profondes et aiguës, assez peu soutenues sur des pétioles longs, très-grêles et un peu flexibles.

Caractère saillant de l'arbre : toutes les feuilles remarquablement creusées en gouttière et arquées; pétioles des feuilles des pousses d'été très-longs et horizontaux; direction bien perpendiculaire des rameaux.

Fruit moyen, ovoïde-piriforme, ordinairement uni ou à peine déformé dans son contour, atteignant sa plus grande épaisseur au-dessous du milieu de sa hauteur; au-dessus de ce point, s'atténuant par une courbe très-largement concave en une pointe longue, peu épaisse, aiguë ou à peine obtuse à son sommet; au-dessous du même point, s'atténuant par une courbe peu convexe pour diminuer sensiblement d'épaisseur vers la cavité de l'œil.

Peau épaisse, ferme, d'abord d'un vert d'eau semé de points bruns, arrondis, très-nombreux, très-serrés, apparents, mais souvent cachés sous une couche d'une rouille épaisse de couleur cannelle qui s'étend sur presque toute la surface du fruit. A la maturité, **décembre,** le vert fondamental passe au jaune paille, la rouille s'éclaire, se couvre de points grisâtres, très-nombreux, se touchant presque entre eux, et se lave d'un rouge bronzé du côté du soleil.

Œil assez petit, demi-ouvert, à divisions courtes, dressées, placé dans une cavité étroite, peu profonde, à peine plissée dans ses parois et à peine ondulée par ses bords.

Queue longue ou de moyenne longueur, assez forte, ligneuse, épaissie à son point d'attache au rameau, plus ou moins courbée, formant la continuation de la pointe du fruit qui se déjète de côté et lui donne une direction plus ou moins oblique.

Chair jaune, fine, un peu tassée, beurrée, fondante, abondante en eau sucrée, acidulée, sans parfum appréciable.

SUCRÉE ROUGE D'ÉTÉ

(ROTHBACKIGE SOMMER ZUCKERBIRNE)

(N° 375)

Versuch einer systematischen Beschreibung der Kernobstsorten. DIEL.
Systematisches Handbuch der Obstkunde. DITTRICH.
Anleitung der besten Obstes. OBERDIECK.
Handbuch aller bekannten Obstsorten. BIEDENFELD.
Illustrirtes Handbuch der Obstkunde. JAHN.

OBSERVATIONS. — D'après Diel, cette variété serait d'origine allemande. — L'arbre, de bonne vigueur aussi bien sur cognassier que sur franc, se plie assez difficilement aux formes régulières. Sa meilleure destination est la haute tige dans le grand verger. Sa fertilité est précoce, bonne et soutenue. Son fruit, de seconde qualité pour la table, est très-bon pour les usages du ménage.

DESCRIPTION.

Rameaux de moyenne force, bien allongés et fluets à leur partie supérieure, anguleux dans leur contour, un peu flexueux, à entre-nœuds longs, jaunâtres du côté de l'ombre, d'un rouge sanguin vif du côté du soleil; lenticelles blanchâtres, un peu larges, arrondies, largement espacées et apparentes.

Boutons à bois moyens, courts, obtus, comprimés, appliqués ou presque appliqués au rameau, soutenus sur des supports saillants dont les côtés et l'arête médiane se prolongent distinctement; écailles d'un rouge intense.

Pousses d'été d'un vert très-clair, à peine lavées de rouge à leur sommet et couvertes sur toute leur longueur d'un duvet court et très-peu épais.

Feuilles des pousses d'été moyennes ou assez grandes, ovales ou ovales-elliptiques, se terminant un peu brusquement en une pointe longue, repliées sur leur nervure médiane et bien arquées par leur extrémité, bordées de dents très-inégales entre elles, peu profondes, couchées et peu aiguës ou souvent plutôt irrégulièrement et peu profondément découpées par leurs bords, mal soutenues sur des pétioles de moyenne longueur, grêles et souples.

Stipules de moyenne longueur, linéaires très-étroites, presque filiformes.

Feuilles stipulaires manquant toujours.

Boutons à fruit à peine moyens, conico-ovoïdes, aigus ; écailles d'un marron rougeâtre foncé.

Fleurs grandes ; pétales arrondis, concaves, à onglet court, se touchant entre eux ; divisions du calice courtes, larges et recourbées en dessous ; pédicelles longs, de moyenne force et un peu duveteux.

Feuilles des productions fruitières plus grandes que celles des pousses d'été, ovales-elliptiques, se terminant un peu brusquement en une pointe plus ou moins longue, largement creusées en gouttière et peu arquées, bordées de dents très-peu profondes, bien couchées, peu aiguës ou émoussées, mal soutenues sur des pétioles un peu longs, assez grêles et souples.

Caractère saillant de l'arbre : teinte générale du feuillage d'un vert clair, vif et bien brillant ; toutes les feuilles très-peu profondément dentées et parfois presque entières ; tous les pétioles plus ou moins souples.

Fruit moyen, piriforme bien ventru, ordinairement uni dans son contour, atteignant sa plus grande épaisseur au-dessous du milieu de sa hauteur ; au-dessus de ce point, s'atténuant par une courbe d'abord bien convexe puis largement concave en une pointe peu longue, maigre et presque aiguë à son sommet ; au-dessous du même point, s'atténuant par une courbe largement convexe pour diminuer sensiblement d'épaisseur vers la cavité de l'œil.

Peau un peu ferme, d'abord d'un vert d'eau semé de points d'un vert plus foncé, larges, nombreux, bien régulièrement espacés et apparents. Une rouille d'un brun verdâtre couvre ordinairement le sommet du fruit et la cavité de l'œil. A la maturité, **septembre**, le vert fondamental passe au jaune citron, et le côté du soleil est très-largement lavé d'un rouge de grenade sur lequel ressortent assez bien une multitude de petits points d'un gris blanchâtre.

Œil petit, fermé, placé dans une cavité peu profonde, évasée et ordinairement régulière.

Queue de moyenne longueur, bien grêle, bien ligneuse, repoussée un peu obliquement dans un pli formé par la pointe du fruit.

Chair blanche, assez fine, cassante ou demi-cassante, suffisante en eau bien sucrée et un peu parfumée.

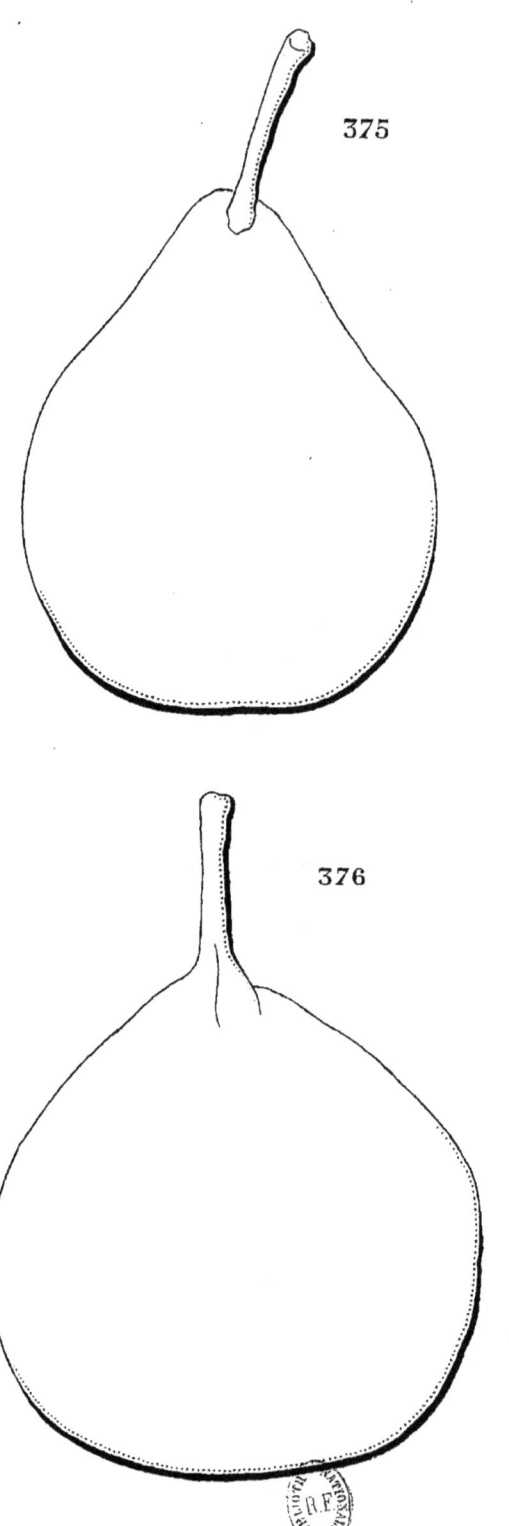

375. SUCRÉE-ROUGE D'ÉTÉ.   376. BEURRÉ STEINS.

Imp. E. Protat, à Mâcon.

BEURRÉ STEINS

(BUTTERBIRNE STEINS)

(N° 376)

Catalogue Jahn. 1864.

Observations. — J'ai reçu cette variété de M. Jahn et sans renseignements sur son origine. Serait-elle d'origine hollandaise comme semblerait l'indiquer le nom de son patron ? — L'arbre, de bonne vigueur sur cognassier, forme sur ce sujet de grandes et belles pyramides. Il convient bien aussi à la haute tige dont le rapport se fait un peu attendre pour devenir riche par la suite et sans être sujet à des alternats complets. Son fruit, d'assez bonne qualité, a beaucoup de rapports, par sa saveur, avec le Martin-Sec.

DESCRIPTION.

Rameaux assez forts, finement anguleux dans leur contour, à entre-nœuds de moyenne longueur, d'un brun jaunâtre, plus intense du côté du soleil ; lenticelles blanchâtres, larges, nombreuses et apparentes.

Boutons à bois petits, coniques, courts, épaissis à leur base, bien aigus, à direction peu écartée du rameau, soutenus sur des supports peu saillants dont l'arête médiane se prolonge finement et distinctement ; écailles d'un marron jaunâtre terne.

Pousses d'été d'un vert d'eau, lavées de rouge rosat et couvertes d'un duvet très-court à leur sommet.

Feuilles des pousses d'été moyennes, ovales-allongées, se terminant en une pointe longue et finement aiguë, bien repliées sur leur nervure médiane et bien arquées, bordées de dents larges et obtuses du côté du pétiole, fines, bien courbées et bien aiguës du côté de leur pointe, se recourbant sur des pétioles de moyenne longueur, assez grêles et bien redressés.

Stipules en alênes assez longues.

Feuilles stipulaires manquant ordinairement.

Boutons à fruit moyens, coniques, épais, un peu renflés et courtement aigus; écailles d'un marron jaunâtre.

Fleurs moyennes; pétales ovales-arrondis, concaves, à onglet un peu long, un peu écartés entre eux; divisions du calice longues et recourbées en dessous; pédicelles longs, grêles, à peine duveteux.

Feuilles des productions fruitières plus grandes que celles des pousses d'été, ovales plus ou moins élargies, se terminant régulièrement en une pointe finement aiguë et souvent contournée, largement creusées en gouttière et souvent finement ondulées dans leur contour, bordées de dents très-fines, très-peu profondes, peu appréciables ou presque entières, assez peu soutenues sur des pétioles de moyenne longueur, de moyenne force et un peu souples.

Caractère saillant de l'arbre : teinte générale du feuillage d'un vert herbacé vif et brillant; feuilles des pousses d'été remarquablement repliées sur leur nervure médiane, arquées et bien finement acuminées.

Fruit moyen, turbiné, uni dans son contour, atteignant sa plus grande épaisseur presque au milieu de sa hauteur; au-dessus de ce point, s'atténuant promptement par une courbe peu convexe en une pointe courte et aiguë à son sommet; au-dessous du même point, s'arrondissant par une courbe bien convexe pour ensuite s'aplatir autour de la cavité de l'œil.

Peau un peu ferme, d'abord d'un vert d'eau le plus souvent entièrement ou presque entièrement caché sous une couche d'une rouille fine, bien fondue, bien uniforme, d'un brun jaunâtre, un peu âpre au toucher et semée de points d'un gris blanc, très-petits, très-nombreux et très-peu apparents. A la maturité, **octobre,** la rouille se dore en prenant une teinte un peu orangée du côté du soleil.

Œil grand, fermé, à divisions longues et appliquées les unes aux autres, placé dans une cavité un peu profonde, un peu évasée et ordinairement plissée dans ses parois.

Queue de moyenne longueur, grêle, bien ligneuse, bien ferme, droite ou à peine courbée, formant exactement la continuation de la pointe du fruit.

Chair blanchâtre, fine, serrée, demi-beurrée, suffisante en eau douce, sucrée et agréablement relevée.

SUCRÉE D'HIVER

(WINTER SUKEREY, WINTER-SUICKEREY PEER)

(N° 377)

Pomologie. Jean Hermann Knoop.
Catalogue Jahn. 1864.

Observations. — Cette ancienne variété est encore cultivée en Hollande, d'où elle est probablement originaire. M. Jahn la reçut de M. Ottolander, de Boskop, et a bien voulu me la communiquer. — L'arbre, de vigueur normale sur cognassier, forme naturellement des pyramides bien régulières. Il conviendrait très-bien au verger de campagne par sa rusticité et par la solidité de son fruit. Sa fertilité est précoce, grande et soutenue. Son fruit, de longue et facile conservation, subit facilement les influences du sol et de la saison, et atteint rarement une qualité suffisante pour la table, mais il est toujours très-propre aux usages du ménage.

DESCRIPTION.

Rameaux courts et d'une bonne force bien soutenue jusqu'à leur partie supérieure, à peine flexueux, à entre-nœuds de moyenne longueur, d'un gris jaunâtre; lenticelles grisâtres, larges, un peu allongées, largement espacées et peu apparentes.

Boutons à bois assez gros, coniques, élargis à leur base et aigus, à direction parallèle au rameau, soutenus sur des supports un peu saillants dont les côtés et l'arête médiane se prolongent finement et assez peu distinctement; écailles d'un marron rougeâtre largement bordé de gris blanchâtre.

Pousses d'été d'un vert d'eau, couvertes sur une assez grande longueur d'un duvet laineux et un peu épais.

Feuilles des pousses d'été moyennes, ovales, se terminant régulièrement en une pointe longue et recourbée, bien repliées sur leur nervure médiane et bien arquées, entières ou presque entières par leurs bords, assez bien soutenues sur des pétioles longs, forts et redressés.

Stipules très-caduques.

Feuilles stipulaires manquant ordinairement.

Boutons à fruit gros, conico-ovoïdes, aigus; écailles d'un marron foncé.

Fleurs grandes; pétales obovales-élargis, peu concaves, à onglet très-court, se touchant entre eux; divisions du calice de moyenne longueur et recourbées en dessous; pédicelles de moyenne longueur, bien forts et cotonneux.

Feuilles des productions fruitières plus grandes que celles des pousses d'été, ovales plus élargies, se terminant régulièrement en une pointe bien recourbée, peu repliées sur leur nervure médiane et peu arquées, souvent un peu ondulées dans leur contour, bordées de dents très-fines, extraordinairement peu profondes, peu appréciables, irrégulièrement soutenues sur des pétioles un peu longs, un peu forts et un peu souples.

Caractère saillant de l'arbre : teinte générale du feuillage d'un vert d'eau terne; serrature des feuilles des productions fruitières presque imperceptible; toutes les feuilles bien épaisses et bien fermes; tous les pétioles un peu forts.

Fruit petit, turbiné-sphérique ou presque sphérique, uni dans son contour, atteignant sa plus grande épaisseur peu au-dessous du milieu de sa hauteur; au-dessus de ce point, s'atténuant promptement par une courbe largement convexe en une pointe courte et un peu obtuse à son sommet; au-dessous du même point, s'arrondissant presque en demi-sphère autour de l'œil.

Peau très-épaisse, d'abord d'un vert d'eau semé de points qui se confondent avec des taches nombreuses d'une rouille de couleur canelle et qui se condensent en une tache plus large sur la base du fruit. A la maturité, **fin d'hiver,** le vert fondamental passe au jaune intense et le côté du soleil est doré plus ou moins chaudement.

Œil assez grand, ouvert, à divisions courtes, fermes, dressées, comme creusé dans la base du fruit bien régulièrement convexe.

Queue assez courte ou de moyenne longueur, forte, bien ligneuse, un peu courbée, attachée à fleur de la pointe du fruit.

Chair d'un blanc à peine teinté de jaune, peu fine, granuleuse, cassante, peu abondante en eau richement sucrée, vineuse et d'une saveur un peu douceâtre.

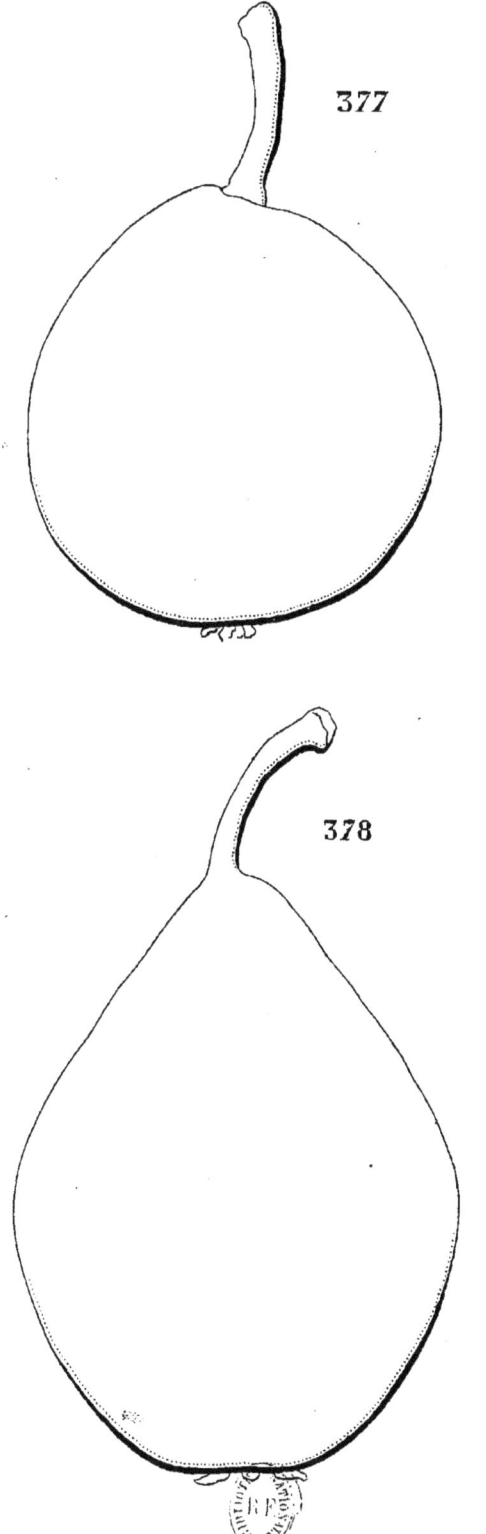

377. SUCRÉE D'HIVER. 378. GÉNÉRAL LAMORICIÈRE.

GÉNÉRAL LAMORICIÈRE

(N° 378)

Dictionnaire de pomologie. André Leroy.

Observations. — J'ai reçu cette variété de M. André Leroy, d'abord sous le nom de Beurré Citron et plus tard sous celui de Général Lamoricière. J'ai démontré à l'article Beurré Citron, du premier volume de ma *Pomologie générale*, que cette variété, obtenue par Van Mons, était entièrement différente. L'origine du Général Lamoricière nous reste donc inconnue. — L'arbre, de vigueur contenue sur cognassier, s'accommode assez bien des formes régulières. Sa fertilité est précoce, bonne et soutenue. Son fruit est de bonne qualité.

DESCRIPTION.

Rameaux assez peu forts, très-finement anguleux dans leur contour, un peu flexueux, à entre-nœuds assez courts, d'un brun verdâtre à l'ombre, d'un brun foncé du côté du soleil; lenticelles blanchâtres, un peu larges, peu nombreuses et un peu apparentes.

Boutons à bois assez gros, coniques, bien aigus, à direction peu écartée du rameau, soutenus sur des supports un peu saillants dont l'arête médiane se prolonge très-finement; écailles d'un marron rougeâtre foncé.

Pousses d'été d'un vert intense, de bonne heure lavées de rouge sanguin sur toute leur longueur et couvertes à leur sommet d'un duvet blanc et soyeux.

Feuilles des pousses d'été moyennes ou assez petites, ovales bien élargies et arrondies vers le pétiole, se terminant brusquement en une pointe un peu longue et fine, largement concaves et non arquées, bien régulièrement bordées de dents très-fines, très-peu profondes et aiguës, mollement soutenues sur des pétioles longs, très-grêles et souples.

Stipules de moyenne longueur, filiformes ou presque filiformes.

Feuilles stipulaires manquant ordinairement.

Boutons à fruit assez petits, conico-ovoïdes, un peu aigus; écailles d'un marron foncé.

Fleurs moyennes ou assez grandes; pétales ovales-élargis ou ovales elliptiques, bien concaves, à onglet court, se touchant entre eux; divisions du calice de moyenne longueur et peu recourbées en dessous; pédicelles assez courts, très-grêles et duveteux.

Feuilles des productions fruitières plus grandes que celles des pousses d'été et de la même forme, se terminant moins brusquement en une pointe courte et recourbée, à peine repliées sur leur nervure médiane et souvent même un peu convexes par leurs côtés, bien régulièrement bordées de dents fines, peu profondes et aiguës, irrégulièrement soutenues sur des pétioles peu longs, assez grêles et divergents.

Caractère saillant de l'arbre : teinte générale du feuillage d'un vert herbacé intense et terne; serrature de toutes les feuilles remarquablement régulière et formée de dents fines, peu profondes et aiguës.

Fruit moyen, ovoïde, plus ou moins allongé, uni dans son contour, atteignant sa plus grande épaisseur plus ou moins au-dessous du milieu de sa hauteur; au-dessus de ce point, s'atténuant par une courbe à peine convexe ou à peine concave en une pointe plus ou moins longue, peu épaisse, obtuse ou presque aiguë à son sommet; au-dessous du même point, s'atténuant par une courbe peu convexe pour diminuer sensiblement d'épaisseur vers la cavité de l'œil.

Peau un peu épaisse, d'abord d'un vert intense semé de points bruns, en partie ou entièrement cachés sous une couche d'une rouille de même couleur, plus dense sur le sommet du fruit et sur sa base et souvent un peu rude au toucher. A la maturité, **octobre, novembre,** le vert fondamental passe au jaune conservant un ton un peu verdâtre et la rouille s'éclaire un peu.

Œil grand, bien ouvert, à divisions longues et larges, placé dans une cavité large, peu profonde, régulière et dont les bords offrent peu d'épaisseur.

Queue de moyenne longueur, un peu forte, un peu épaissie à son point d'attache au rameau, droite ou courbée, bien ligneuse, tantôt attachée à fleur de la pointe du fruit, tantôt un peu repoussée dans un pli peu prononcé et oblique.

Chair verdâtre, assez fine, beurrée, fondante, un peu pierreuse vers le cœur, abondante en eau sucrée et assez agréablement relevée.

WADLEIGH

(N° 379)

The Fruits and the fruit-trees of America. Downing.
The American fruit Culturist. Thomas.

Observations. — D'après Downing, cette variété serait originaire du New-Hampshire. — L'arbre, de vigueur normale sur cognassier, s'accommode assez bien des formes régulières. Sa fertilité est précoce, bonne et soutenue. Son fruit est de bonne qualité.

DESCRIPTION.

Rameaux de moyenne force, presque unis dans leur contour, à peine flexueux, à entre-nœuds courts, d'un brun verdâtre ; lenticelles blanches, bien arrondies, peu nombreuses et un peu apparentes.

Boutons à bois moyens, coniques, allongés, un peu aigus, à direction écartée du rameau, soutenus sur des supports peu saillants dont l'arête médiane se prolonge peu distinctement ; écailles d'un marron peu foncé et brillant.

Pousses d'été d'un vert vif, lavées de rouge et duveteuses à leur sommet.

Feuilles des pousses d'été petites, ovales-elliptiques, se terminant brusquement en une pointe longue et finement aiguë, bien creusées en gouttière et non arquées, bordées de dents bien fines, peu profondes et finement aiguës, s'abaissant à peine sur des pétioles courts, grêles et un peu recourbés.

Stipules longues, en alênes très-finement aiguës ou presque filiformes.
Feuilles stipulaires manquant ordinairement.
Boutons à fruit moyens, conico-ovoïdes, allongés et bien aigus ; écailles d'un marron peu foncé.
Fleurs moyennes ; pétales ovales-allongés, étroits et aigus à leur sommet, peu concaves, à onglet court, écartés entre eux ; divisions du calice de moyenne longueur et bien recourbées en dessous ; pédicelles de moyenne longueur, grêles et un peu duveteux.
Feuilles des productions fruitières plus grandes que celles des pousses d'été, ovales-elliptiques ou exactement elliptiques, se terminant très-brusquement en une pointe courte et un peu large, largement creusées en gouttière et largement ondulées dans leur contour, bien régulièrement bordées de dents fines, peu profondes et aiguës, mollement soutenues sur des pétioles de moyenne longueur, très-grêles et très-souples.
Caractère saillant de l'arbre : teinte générale du feuillage d'un vert pré peu foncé, vif et brillant ; toutes les feuilles bien creusées en gouttière et garnies d'une serrature formée de dents remarquablement fines et acérées ; feuilles des productions fruitières remarquablement ondulées ; tous les pétioles bien grêles et souples.
Fruit assez petit ou presque moyen, sphérico-ovoïde ou ovoïde court, bien uni dans son contour, atteignant sa plus grande épaisseur peu au-dessous du milieu de sa hauteur ; au-dessus de ce point, s'atténuant par une courbe peu convexe en une pointe plus ou moins courte, épaisse et obtuse à son sommet ; au-dessous du même point, s'arrondissant par une courbe largement convexe pour ensuite s'aplatir un peu autour de la cavité de l'œil.
Peau fine, mince, unie, d'abord d'un vert pâle semé de points fauves, très-petits, très-nombreux et très-peu apparents. On remarque parfois quelques traces d'une rouille très-fine et de même couleur, soit sur le sommet du fruit, soit dans la cavité de l'œil. A la maturité, **octobre,** le vert fondamental passe au jaune paille et le côté du soleil, sur les fruits bien exposés, se couvre d'un nuage très-léger d'un rouge vermillon.
Œil grand, ouvert, à divisions grisâtres, longues et étroites, appliquées aux parois d'une cavité peu profonde, évasée et plissée par ses bords.
Queue un peu longue, peu forte, un peu souple, presque droite, attachée dans un pli peu prononcé, tantôt régulier, tantôt un peu irrégulier formé par la pointe du fruit.
Chair d'un blanc à peine teinté de jaune, fine, beurrée, un peu pierreuse vers le cœur, suffisante en eau douce, sucrée et délicatement parfumée.

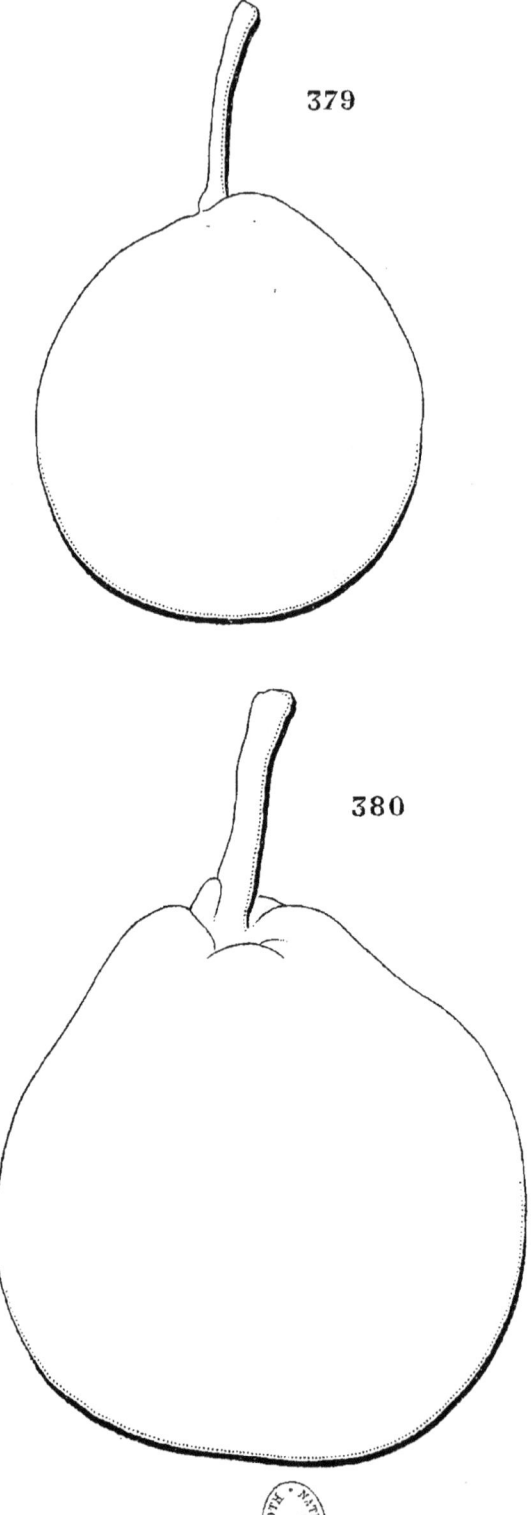

379. WADLEIGH. 380. BEURRÉ D'AVOINE.

BEURRÉ D'AVOINE

(N° 380)

Catalogue des Pépinières royales de Vilvorde. De Bavay.
Catalogue Papeleu, *de Wetteren.*
Bulletin de la Société Van Mons.
Dictionnaire de pomologie. André Leroy.

Observations. — Cette variété est un gain de M. Thuerlinckx, de Malines, qu'il dédia au docteur d'Avoine, secrétaire de la Société d'horticulture de cette ville et un des fondateurs de la Société Van Mons. M. Leroy fait remarquer avec raison que l'époque de maturité du fruit de cette variété n'est pas restée chez lui aussi tardive que l'avait annoncé les premiers auteurs qui l'ont publiée. Le même fait s'est reproduit chez moi et se reproduit presque régulièrement sur les variétés d'obtention récente. A mesure qu'une variété acquiert de l'âge, son fruit mûrit plus tôt et il faut toujours en tenir compte ; il n'est pas rare de voir un fruit, déclaré de printemps, devenir plus tard seulement fruit d'hiver et le fruit d'abord d'hiver, au moment des premières productions, venir bientôt se ranger parmi ceux d'automne. — L'arbre, de vigueur normale sur cognassier, ne se plie pas facilement aux formes régulières. Sa fertilité est précoce et seulement moyenne. Son fruit ne peut être considéré que comme propre aux usages de la cuisine.

DESCRIPTION.

Rameaux de moyenne force, finement anguleux dans leur contour, presque droits, à entre-nœuds alternativement courts et de moyenne longueur, d'un brun jaunâtre du côté de l'ombre, d'un brun rougeâtre ombré de gris du côté du soleil ; lenticelles blanchâtres, assez petites, assez nombreuses et apparentes.

Boutons à bois moyens, coniques-allongés, renflés sur le dos et finement aigus, parallèles ou presque appliqués au rameau vers lequel ils se recourbent par leur pointe, soutenus sur des supports saillants dont l'arête médiane se prolonge assez distinctement; écailles d'un marron rougeâtre.

Pousses d'été d'un vert d'eau peu foncé et couvertes sur une grande partie de leur longueur d'un duvet laineux et un peu persistant.

Feuilles des pousses d'été petites, ovales-elliptiques, allongées et peu larges, se terminant très-brusquement en une pointe extraordinairement courte et fine, un peu repliées sur leur nervure médiane, convexes par leurs côtés et bien arquées, entières par leurs bords, se recourbant bien sur des pétioles courts, grêles et redressés.

Stipules en alênes un peu longues, bien finement aiguës et recourbées.

Feuilles stipulaires fréquentes.

Boutons à fruit gros, coniques, un peu renflés et peu aigus; écailles d'un marron clair.

Fleurs assez grandes; pétales elliptiques-arrondis, bien concaves, peu lavés de rose avant l'épanouissement; divisions du calice très-courtes, obtuses ou très-courtement aiguës, étalées; pédicelles de moyenne longueur, grêles et un peu duveteux.

Feuilles des productions fruitières assez petites, obovales-elliptiques et allongées, se terminant très-brusquement en une pointe extraordinairement courte, à peine repliées sur leur nervure médiane ou presque planes, entières par leurs bords, assez peu soutenues sur des pétioles peu longs, bien grêles et flexibles.

Caractère saillant de l'arbre : teinte générale du feuillage d'un vert bleu intense; toutes les feuilles plus ou moins allongées et entières par leurs bords; fruits prenant de bonne heure une couleur claire.

Fruit moyen ou assez gros, cylindrico-piriforme, ordinairement irrégulier dans sa forme et bosselé dans son contour, atteignant sa plus grande épaisseur à peu près au milieu de sa hauteur; au-dessus de ce point, s'atténuant par une courbe peu convexe et irrégulière en une pointe courte, épaisse et tronquée à son sommet; au-dessous du même point, s'atténuant par une courbe à peine un peu plus convexe pour diminuer un peu moins sensiblement d'épaisseur du côté de l'œil que du côté de la queue.

Peau épaisse, d'abord d'un vert pâle semé de points gris, très-petits, nombreux et très-peu apparents surtout sur certaines parties. Une rouille fauve forme des traits dans la cavité de l'œil et sur la base du fruit. A la maturité, **novembre,** le vert fondamental passe au jaune paille et le côté du soleil est seulement un peu doré.

Œil grand, demi-ouvert, à divisions fermes, dressées, placé dans une cavité un peu large, un peu profonde et le plus souvent irrégulière.

Queue de moyenne longueur, un peu forte, bien ligneuse, un peu courbée, de couleur claire à sa partie inférieure comme la peau, attachée un peu obliquement entre des plis prononcés, inégaux entre eux, divergents, formés par la pointe du fruit.

Chair jaune, assez fine, demi-beurrée, peu abondante en eau douce, sucrée, sans parfum appréciable.

FONDANTE DE THINES

(N° 381)

Bulletin de la Société Van Mons.

OBSERVATIONS. — J'ai reçu cette variété de la Société Van Mons et sans désignation d'origine. Aurait-elle été ainsi nommée du nom de la localité où elle a été produite ? — L'arbre, de vigueur normale sur cognassier, s'accommode bien des formes régulières. Sa fertilité est assez précoce, moyenne et soutenue. Son fruit, de maturation assez prolongée, est de bonne qualité.

DESCRIPTION.

Rameaux de moyenne force, un peu anguleux dans leur contour, un peu flexueux, à entre-nœuds longs ; lenticelles d'un blanc jaunâtre, un peu larges, allongées, très-nombreuses et apparentes.

Boutons à bois gros, coniques, un peu épais et peu aigus, à direction bien écartée du rameau, soutenus sur des supports saillants dont l'arête médiane se prolonge plus ou moins distinctement ; écailles d'un marron clair, très-largement maculées de gris blanchâtre.

Pousses d'été d'un vert assez intense et un peu teinté de jaune, lavées de rouge sanguin terne et un peu duveteuses sur une assez grande longueur à leur partie supérieure.

Feuilles des pousses d'été moyennes, ovales-allongées et étroites, sensiblement atténuées vers le pétiole, se terminant régulièrement en une pointe fine, creusées en gouttière et un peu arquées, bordées de dents larges, profondes et obtuses, s'abaissant un peu sur des pétioles un peu longs, de moyenne force et un peu souples.

Stipules longues, linéaires, plus ou moins étroites.

Feuilles stipulaires très-fréquentes.

Boutons à fruit assez gros, coniques-allongés, un peu renflés et aigus; écailles d'un marron peu foncé.

Fleurs moyennes; pétales ovales un peu élargis, peu larges, concaves, recourbés en dessus, à onglet très-long, très-écartés entre eux; divisions du calice de moyenne longueur, finement aiguës et bien recourbées en dessous; pédicelles longs, de moyenne force et peu duveteux.

Feuilles des productions fruitières assez petites, ovales un peu allongées et peu larges, moins sensiblement atténuées vers le pétiole, se terminant régulièrement en une pointe bien aiguë, creusées en gouttière et un peu arquées, bordées de dents peu profondes et émoussées, assez mal soutenues sur des pétioles de moyenne longueur, grêles et flexibles.

Caractère saillant de l'arbre . teinte générale du feuillage d'un vert herbacé mat; toutes les feuilles un peu allongées, peu larges et régulièrement creusées en gouttière; serrature de toutes les feuilles formée de dents obtuses ou émoussées.

Fruit presque moyen, piriforme allongé, peu ventru, atteignant sa plus grande épaisseur bien au-dessous du milieu de sa hauteur; au-dessus de ce point, s'atténuant par une courbe d'abord peu convexe puis bien largement concave en une pointe longue, maigre et aiguë à son sommet; au-dessous du même point, s'atténuant par une courbe peu concave pour diminuer bien sensiblement d'épaisseur vers la cavité de l'œil.

Peau fine, mince, d'abord d'un vert très-clair semé de points d'un gris brun, très-petits, nombreux, très-peu apparents et manquant sur certaines parties. A la maturité, **octobre,** le vert fondamental passe au jaune paille et le côté du soleil est lavé d'un nuage de rouge rosat.

Œil grand, demi-ouvert ou presque entièrement ouvert, à divisions un peu dressées, placé à fleur de la base du fruit entre des plis divergents.

Queue longue, peu forte, un peu souple, un peu courbée ou souvent contournée, attachée à fleur de la pointe du fruit.

Chair d'un blanc à peine teinté de jaune, bien fine, entièrement fondante, abondante en eau sucrée et relevée d'un musc délicat et agréable.

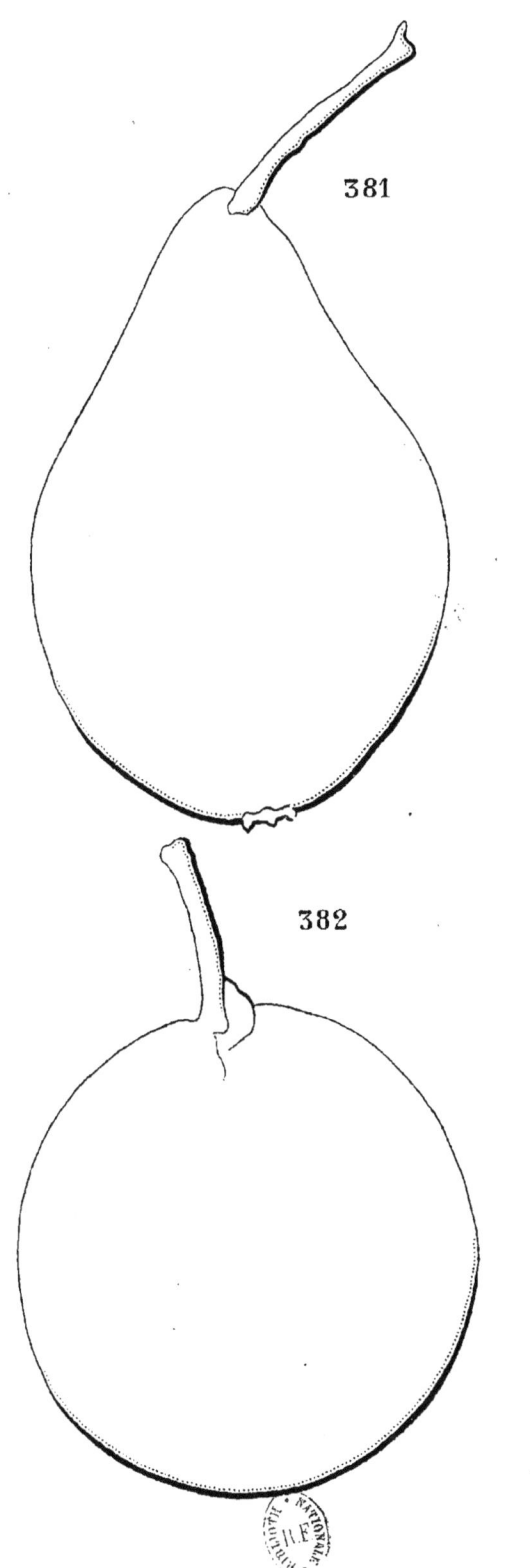

381. FONDANTE DE THINES.   382. D'ARAD.

D'ARAD

(N° 382)

Catalogue Simon-Louis, de Metz.

Observations. — Messieurs Simon-Louis indiquent cette variété comme leur provenant de Hongrie. Elle est probablement originaire du Comitat d'Arad, à l'ouest de la Transylvanie et née aux environs d'une des deux villes du Vieil-Arad ou du Nouvel-Arad, situées sur le Maros, et presque en face l'une de l'autre. — L'arbre, de bonne vigueur sur cognassier, s'accommode bien des formes régulières. Sa fertilité est assez précoce, bonne et soutenue. Son fruit est de bonne qualité.

DESCRIPTION.

Rameaux de moyenne force, bien allongés et un peu fluets à leur partie supérieure, un peu anguleux dans leur contour, flexueux, à entre-nœuds très-longs, d'un rouge vineux intense; lenticelles blanches, petites, nombreuses et apparentes.

Boutons à bois assez petits, coniques, un peu courts, épais et bien aigus, à direction parallèle ou presque parallèle au rameau, soutenus sur des supports saillants dont les côtés et l'arête médiane se prolongent distinctement; écailles d'un marron rougeâtre peu foncé.

Pousses d'été d'un vert terne, duveteuses, colorées de rouge à leur sommet et lavées de la même couleur sur toute leur longueur du côté du soleil.

Feuilles des pousses d'été moyennes, ovales, se terminant brusquement en une pointe extraordinairement courte et fine, bien repliées sur leur nervure médiane et un peu arquées, irrégulièrement bordées de dents larges, peu profondes et émoussées ou même obtuses, s'abaissant un peu sur des pétioles de moyenne longueur, de moyenne force et un peu souples.

Stipules courtes, en alênes recourbées.

Feuilles stipulaires manquant ordinairement.

Boutons à fruit gros, coniques, renflés et un peu aigus; écailles d'un marron rougeâtre peu foncé.

Fleurs moyennes; pétales arrondis, peu concaves, à onglet court, se recouvrant un peu entre eux; divisions du calice courtes et bien recourbées en dessous; pédicelles longs, forts et un peu duveteux.

Feuilles des productions fruitières plus petites que celles des pousses d'été, ovales, se terminant régulièrement en une pointe courte et bien recourbée en dessous, bien creusées en gouttière ou repliées sur leur nervure médiane et arquées, bordées de dents fines, peu profondes et aiguës, assez peu soutenues sur des pétioles un peu longs, grêles, divergents et un peu flexibles.

Caractère saillant de l'arbre : teinte générale du feuillage d'un vert herbacé clair et brillant; pousses d'été lavées de rouge sur toute leur longueur du côté du soleil.

Fruit moyen, ellipsoïde ou sphérico-ellipsoïde, uni dans son contour, atteignant sa plus grande épaisseur à peu près au milieu de sa hauteur; au-dessus de ce point, s'arrondissant pour se terminer à peu près en une demi-sphère surmontée d'un petit mamelon; au-dessous du même point, s'arrondissant de même pour ensuite s'aplatir sur une très-petite étendue autour de la cavité de l'œil.

Peau un peu épaisse, d'abord d'un vert d'eau souvent presque entièrement ou entièrement caché sous une couche d'une rouille brune, moins dense du côté de l'ombre et plus dense du côté du soleil. A la maturité, **septembre**, la rouille se dore, et le côté du soleil est largement recouvert d'un rouge brun sur lequel ressortent bien de larges points grisâtres, très-nombreux et saillants.

Œil grand, ouvert ou demi-ouvert, placé dans une cavité étroite, un peu profonde, unie dans ses parois et régulière par ses bords.

Queue de moyenne longueur, de moyenne force, ligneuse, attachée perpendiculairement à fleur du fruit ou du petit mamelon qui le surmonte.

Chair jaunâtre, demi-fine, un peu pierreuse vers le cœur, beurrée, fondante, abondante en eau richement sucrée, vineuse et parfumée.

SURPASSE-VIRGALIEU

(N° 383)

The Fruits and the fruit-trees of America. Downing.
The American fruit Culturist. Thomas.
Dictionnaire de pomologie. André Leroy.

Observations. — M. Downing dit que cette variété fut d'abord propagée par M. Parmentier, de Brooklyn, et que son origine précise est inconnue. Il est même possible qu'elle ait été produite dans un autre pays que les Etats-Unis. Elle fut ainsi nommée de l'excellente qualité de son fruit qui surpasse en saveur et en finesse le Doyenné blanc communément connu, en Amérique, sous le nom de Virgalieu. La forme du fruit représentée par M. André Leroy ne doit être considérée que comme accidentelle ; elle est bien différente de celle reproduite dans le *The Fruits and the fruit-trees of America* qui est entièrement semblable à celle que nous avons toujours obtenue jusqu'à présent et que nous donnons ici.— L'arbre, de vigueur un peu insuffisante sur cognassier, s'accommode assez bien des formes régulières. Sa fertilité est très-précoce et grande. Son fruit est de toute première qualité.

DESCRIPTION.

Rameaux de moyenne force, unis dans leur contour, presque droits, à entre-nœuds courts, jaunâtres ; lenticelles blanches, petites, rares et peu apparentes.

Boutons à bois assez petits, coniques, un peu comprimés, aigus, à direction parallèle ou presque parallèle au rameau, soutenus sur des supports peu saillants dont les côtés et l'arête médiane ne se prolongent pas; écailles d'un marron presque noir.

Pousses d'été d'un vert pâle, à peine lavées de rouge et duveteuses à leur sommet.

Feuilles des pousses d'été moyennes, ovales, souvent un peu allongées, se terminant un peu brusquement en une pointe longue et un peu large, bien creusées en gouttière et peu arquées, souvent ondulées dans leur contour, bordées de dents larges, un peu profondes et bien couchées, soutenues horizontalement sur des pétioles longs, grêles, fermes et plus ou moins redressés.

Stipules en alènes de moyenne longueur.

Feuilles stipulaires manquant le plus souvent.

Boutons à fruit assez gros, ovoïdes, bien aigus; écailles d'un beau marron rougeâtre foncé et brillant.

Fleurs presque moyennes; pétales ovales un peu élargis, bien concaves, peu lavés de rose avant l'épanouissement; divisions du calice de moyenne longueur et finement aiguës; pédicelles courts, grêles, un peu rougeâtres et un peu duveteux.

Feuilles des productions fruitières plus grandes que celles des pousses d'été, ovales-elliptiques, quelques-unes très-étroites et bien allongées, se terminant régulièrement en une pointe finement aiguë, bien creusées en gouttière et arquées, souvent ondulées dans leur contour, bordées de dents irrégulières et souvent peu appréciables, bien soutenues sur des pétioles longs, grêles, bien redressés et bien fermes.

Caractère saillant de l'arbre : teinte générale du feuillage d'un vert vif et gai; toutes les feuilles bien creusées en gouttière; tous les pétioles longs et fermes.

Fruit moyen, sphérico-ovoïde ou presque sphérique, ordinairement uni dans son contour, atteignant sa plus grande épaisseur au-dessous du milieu de sa hauteur; au-dessus de ce point, s'atténuant par une courbe d'abord un peu convexe puis un peu concave en une pointe courte, épaisse et bien obtuse à son sommet; au-dessous du même point, s'arrondissant par une courbe largement convexe jusque dans la cavité de l'œil.

Peau fine, mince, unie, d'abord d'un vert d'eau pâle, recouvert d'une fleur blanche et semé de points d'un gris brun, rares, manquant sur certaines parties et peu apparents. On remarque ordinairement des traces d'une rouille brune, soit sur le sommet du fruit, soit dans la cavité de l'œil. A la maturité, **septembre, octobre,** le vert fondamental passe au jaune citron brillant chaudement doré du côté du soleil et parfois lavé d'un soupçon de jaune orangé.

Œil moyen, presque fermé, à divisions très-fermes et souvent rompues, placé dans une cavité peu profonde, bien évasée, parfois un peu plissée dans ses parois.

Queue courte, peu forte, un peu épaissie à son point d'attache au rameau, d'un brun foncé, souvent repoussée un peu obliquement entre des plis divergents et inégaux entre eux.

Chair blanche, transparente, très-fine, entièrement fondante, abondante en eau bien sucrée et relevée d'un parfum délicieux, ayant quelques rapports avec celui de l'amande.

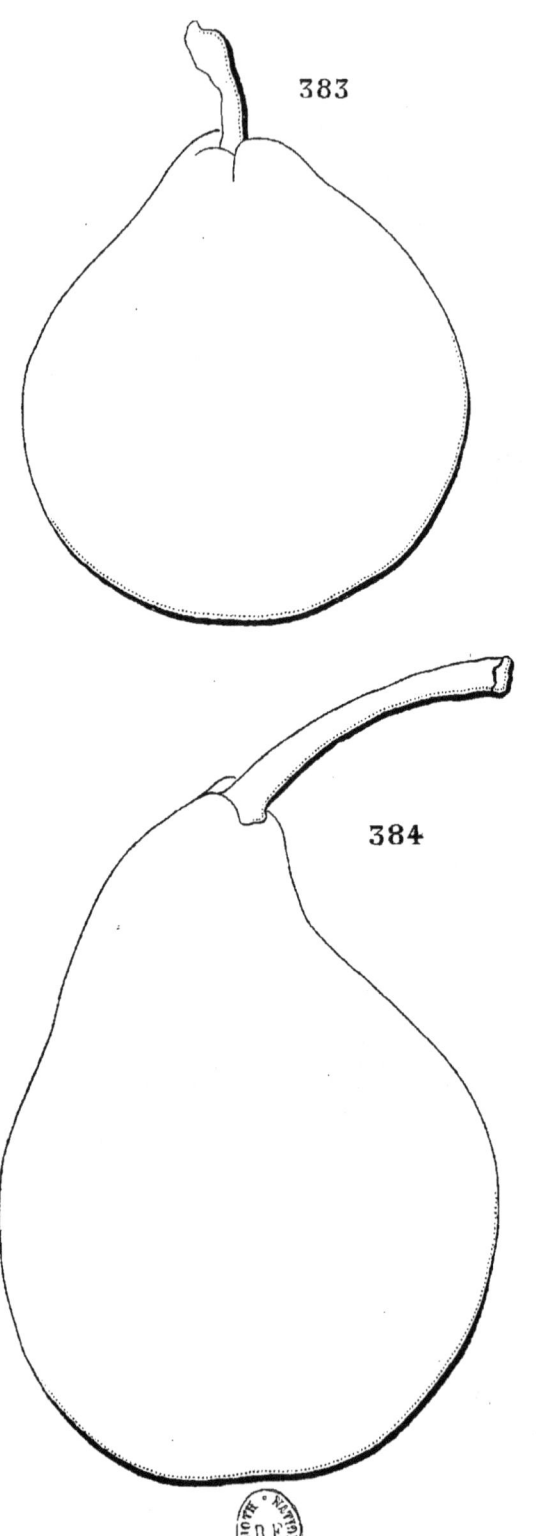

383. SURPASSE-VIRGALIEU. 384. MADAME ANDRÉ LEROY.

Imp. E. Protat, à Mâcon.

MADAME ANDRÉ LEROY

(N° 384)

Dictionnaire de pomologie. André Leroy.

Observations. — Cette variété est un gain de M. André Leroy, et il la dédia à sa femme lors de son premier rapport en 1862.— L'arbre, de bonne vigueur sur cognassier, s'accommode bien des formes régulières. Sa fertilité est précoce et bonne. Son fruit, de bonne qualité, se recommande aussi par sa maturation assez prolongée.

DESCRIPTION.

Rameaux de moyenne force, allongés et fluets à leur partie supérieure, unis dans leur contour, un peu flexueux, à entre-nœuds longs, d'un brun verdâtre; lenticelles grisâtres, très-allongées, assez nombreuses et assez peu apparentes.

Boutons à bois moyens, coniques-allongés, finement aigus, à direction écartée du rameau, soutenus sur des supports très-peu saillants dont les côtés et l'arête médiane ne se prolongent pas; écailles d'un marron rougeâtre foncé et brillant.

Pousses d'été d'un vert très-clair, non colorées de rouge à leur sommet couvert d'un duvet cotonneux peu abondant et peu adhérent.

Feuilles des pousses d'été petites, ovales-elliptiques, se terminant régulièrement en une pointe courte, très-aiguë et bien recourbée en dessous, presque planes ou même souvent un peu convexes, bordées de dents un peu profondes, couchées et aiguës, assez peu soutenues sur des pétioles de moyenne longueur, grêles et un peu souples.

Stipules en alênes de moyenne longueur, bien fines et très-caduques.
Feuilles stipulaires se présentant quelquefois.
Boutons à fruit moyens, conico-ovoïdes, aigus ; écailles d'un marron foncé.

Fleurs moyennes, souvent semi-doubles ; pétales elliptiques-arrondis, bien concaves, à onglet court, se recouvrant un peu entre eux ; divisions du calice de moyenne longueur, extraordinairement fines et recourbées en dessous ; pédicelles longs, de moyenne force et glabres.

Feuilles des productions fruitières moins petites que celles des pousses d'été, ovales un peu allongées, se terminant régulièrement en une pointe bien recourbée, bordées de dents fines, peu profondes, bien couchées et peu aiguës, à peine repliées sur leur nervure médiane, souvent largement ondulées dans leur contour ou contournées sur leur longueur, irrégulièrement soutenues sur des pétioles de moyenne longueur, très-grêles et redressés.

Caractère saillant de l'arbre : teinte générale du feuillage d'un vert pré clair et vif ; toutes les feuilles remarquablement recourbées en dessous par leur pointe ; tous les pétioles grêles ou très-grêles.

Fruit moyen ou assez gros, conique-piriforme, presque uni dans son contour ou un peu déformé par des élévations très-aplanies, atteignant sa plus grande épaisseur bien au-dessous du milieu de sa hauteur ; au-dessus de ce point, s'atténuant par une courbe d'abord peu convexe puis largement concave en une pointe longue, maigre et aiguë ; au-dessous du même point, s'atténuant par une courbe peu convexe pour diminuer un peu sensiblement d'épaisseur vers la cavité de l'œil.

Peau épaisse, d'abord d'un vert décidé semé de points d'un gris noir, nombreux et apparents. Une tache d'une rouille fauve couvre la cavité de l'œil. A la maturité, **septembre, octobre,** le vert fondamental s'éclaircit un peu en jaune par places, change à peine de ton sur le reste de la surface du fruit et se dore un peu du côté du soleil.

Œil grand, ouvert, placé dans une cavité peu profonde, évasée, ondulée par ses bords le plus souvent obliques.

Queue longue, forte, épaissie à son point d'attache au rameau, arquée, de couleur bois, attachée à fleur de la pointe du fruit.

Chair blanchâtre, assez fine, beurrée, fondante, presque sans pierres, abondante en eau sucrée, acidulée, relevée d'une saveur assez agréable.

TABLE ALPHABÉTIQUE

DU

TOME V. — POIRES.

(Les numéros d'ordre des descriptions et des planches sont indiqués à la suite de chaque fruit. Les synonymes sont en caractères italiques.)

	Numéros d'ordre		Numéros d'ordre
Agathe de Lescours	308	*Beurré Seutin*, Poire Seutin	360
Amédée Leclerc	348	— Saint-Marc, Délices Columbs	372
Appolline	369	— Steins	376
Augustine Lelieur	310	— Zotman	323
Avocat Nélis	312	*Brasseur*, Brewer	289
Baronsbirne, Poire de Baron	366	*Braunrothe Frühlingsbirne*, Beurré fauve de Printemps	356
Bergamotte Bugi	293		
— d'été de Lubeck	337	Brewer	289
— d'Ives	333	Bronzée d'Enghien	374
— *du Bugey*, Bergamotte Bugi	293	*Bugi*, Bergamotte Bugi	293
— Hertrich	292	*Bunte Birne*, Poire Bigarrée	303
— Sageret	353		
— *von Bugi*, Bergamotte Bugi	293	*Butterbirne Steins*, Beurré Steins	376
— Welbeck	332	Calebasse Oberdieck	345
Besi de Bretagne	363	Capucine Van Mons	361
— de Grieser de Bohmenkirsch	335	Certeau d'hiver	334
		Ceruttis Durst loche, Coule-soif de Cerutti	296
— de Moncondroiceu	321		
— de Van Mons	315	Charles Frederickx	367
Beurré Coloma, Coloma d'Automne	343	*Coloma*, Coloma d'Automne	343
		Coloma d'Automne	343
— d'Avoine	380	Compôte d'été	342
— d'Hardenpont d'Automne	336	Comte Canal de Malabaila	358
		Coule-soif de Cerutti	296
— *du Coloma*, Coloma d'Automne	343	Cousin blanc	355
		D'Alouette	311
— fauve de Printemps	356	D'Angora	306
— Pauline Delzent	314	D'Arad	382

TABLE ALPHABÉTIQUE

	Numéros d'ordre
Dauphine, Poire sans-peau d'Automne	294
De Dame	346
De Fontarabie	302
Délices Columbs	372
Die Edle Mönchsbirne, Excellente de Moine	318
Dieudonné Anthoine	305
Doyenné Jamin	354
Doyenné rose	299
Duc Alfred de Croy	370
Duchesse de Brabant de Capeinick	297
Duchesse de Mars	295
Dunmore	291
Edel Mönchsbirne, Excellente de Moine	318
Engelsbirne Meiningen, Poire d'Ange de Meiningen	341
Excellente de Moine	318
Fondante de Thines	381
Franz-Madame von Duves, Beurré Zotman	323
Frédéric de Prusse	349
Friedrich von Preussen, Frédéric de Prusse	349
Gabourell's Seedling, Semis de Gabourell	290
Général Lamoricière	378
Glace d'hiver	322
Gönnersche Birne, Poire de Gönnern	357
Graf Canal von Malabaila, Comte Canal de Malabaila	358
Griesers Wildling von Bohmenkirsch, Besi de Grieser de Bohmenkirsch	335
Grosse Verte-Longue précoce de la Sarthe	328
Hellmanns Melonenbirne, Melon d'Hellmann	330
Henri Desportes	304
Herbstbirne ohne Schale, Poire sans-peau d'Automne	294
Huhle de printemps	368
Hussein Armudi, Poire d'été d'Hussein	351
Husseins Butterbirne, Poire d'été d'Hussein	351
Husseins Sommerbirne, Poire d'été d'Hussein	351
Isabelle de Malèves	329
Ives's Bergamot, Bergamotte d'Ives	333
Jansemine, Mouille-Bouche de Bordeaux	309
Jules d'Airoles (Léon Leclerc)	364
Lansac, Poire sans-peau d'Automne	294
Léon Grégoire	347
L'Inconstante	320
Lubecker Sommerbergamotte, Bergamotte d'été de Lubeck	337
Madame André Leroy	384
Madame Elisa Dumas	298
Madame Verté	362
Marie	371
Mary, Marie	371
Meissener Liebchensbirne, Poire d'Amour de Meissen	313
Melon d'Hellmann	330
Messire-Jean rond	340
Mouille-Bouche de Bordeaux	309
Musette	301
Musette d'Anjou, Musette	301
Musquée d'Août	365
Nain à bois monstrueux	300

TABLE ALPHABÉTIQUE 195

	Numéros d'ordre
Nain vert, Nain à bois monstrueux	300
Oignon	373
Paddock	331
Paul Thielens	326
Philippot	344
Pinneo	317
Pinneo or Boston, Pinneo	317
Poire Bigarrée	303
— d'Abbeville	338
— d'Amour de Meissen	313
— d'Ange de Meiningen	341
— d'Aunée d'été	327
— de Baron	336
— de Gönnern	357
— d'été d'Hussein	351
— de *Trouvé*, Certeau d'hiver	334
— sans-peau d'Automne	294
— Seutin	360
— *Trouvé*, Certeau d'hiver	334
Poirier à bois monstrueux, Nain à bois monstrueux	300
Précoce de Jodoigne	339
Pulsifer	319
Rothbackige Sommer Zuckerbirne, Sucrée rouge d'été	375
Rousse Lench	350
Rousselet blanc	307
Sabine	316
Sabine Van Mons, Sabine	316
Sagerets Bergamotte, Bergamotte Sageret	353
Semis de Gabourell	290
Seutin, Poire Seutin	360
Seutins-Birne, Poire Seutin	360
Sommer Alantbirne, Poire d'Aunée d'été	327
Souvenir de Désiré Gilain	325
Sucrée d'hiver	377
Sucrée rouge d'été	375
Summer compote, Compôte d'été	342
Surpasse-Virgalieu	383
Trouvé, Certeau d'hiver	334
Trouvée de montagne, Certeau d'hiver	334
Van de Weyer-Bates	324
Verte-Longue de la Sarthe, Grosse Verte-Longue précoce de la Sarthe	328
Wadleigh	379
Walter Scott	352
Welbeck Bergamot, Bergamotte Welbeck	332
White Cousin, Cousin blanc	355
Wildling von Moncondroiceu, Besi de Moncondroiceu	321
Wildling von Van Mons, Besi de Van Mons	315
Williamson	359
Winter Eisbirne, Glace d'hiver	322
Winter Suickerey-Peer, Sucrée d'hiver	377
Winter Sukerey, Sucrée d'hiver	377

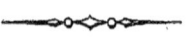

EN VENTE A LA LIBRAIRIE G. MASSON
120, BOULEVARD St-GERMAIN, A PARIS

OUVRAGES DU MÊME AUTEUR:

POMOLOGIE GÉNÉRALE

Suite du VERGER
Par Alphonse MAS

Paraissant dans le même format que le VERGER, avec planches noires.
En vente : Tome I. Poires, 96 fruits............... 12 francs.
          Tome II. Prunes, 96 fruits................ 12 francs.
En souscription à 8 francs le volume :
    Tomes III, IV, V et VI, Poires................ 384 fruits.
    Tomes VII et VIII. Pommes................... 192 fruits.
    Tome IX. Prunes et Cerises................... 96 fruits.

LE VERGER
HISTOIRE, CULTURE & DESCRIPTION

AVEC PLANCHES COLORIÉES
Des variétés de Fruits les plus généralement connues
Par A. MAS
8 volumes grand in-8° jésus

Volume I. *Poires d'hiver* .... 88 fruits.
        II. *Poires d'été* .... 120 —
       III. *Poires d'automne*....................... 176 —
IV et V. *Pommes tardives* et *Pommes précoces*.... 120 —
      VI. *Prunes* .... 80 —
     VII. *Pêches*.................................. 120 —
   VIII. *Cerises et Abricots*..................... 88 —
Prix des 8 volumes cartonnés : 200 francs.

LE VIGNOBLE
HISTOIRE, CULTURE & DESCRIPTION

AVEC PLANCHES COLORIÉES
DES VIGNES A RAISINS DE TABLE ET A RAISINS DE CUVE
LES PLUS GÉNÉRALEMENT CONNUES
Par MM. MAS & PULLIAT

SIXIÈME ANNÉE

Le **Vignoble** publie douze livraisons par année, grand in-8° jésus. Chaque livraison contient quatre aquarelles de Raisins dessinés d'après nature, avec texte descriptif. La durée de la publication sera de six ans, à partir du 1er janvier 1874.

L'abonnement part du 1er janvier et les livraisons paraissent le 15 du mois

Paris et les Départements, UN AN : 30 FRANCS
Les pays de l'Union postale, 32 francs. — Les autres pays, le port en sus.

Bourg. — Imprimerie J.-M. Villefranche, place d'Armes, 1.

www.ingramcontent.com/pod-product-compliance
Lightning Source LLC
Chambersburg PA
CBHW071417150426
43191CB00008B/952